構造工学 第4版

Structural Mechanics

宮本　裕 他著

技報堂出版

■**執筆者**

岩崎正二　岩手大学工学部（11，13 章）
遠藤孝夫　東北学院大学工学部（12 章）
大西弘志　岩手大学理工学部（13 章）
奥山雄介　長野工業高等専門学校（8，9 章）
小出英夫　東北工業大学工学部（4 章，有効数字について）
五郎丸英博　日本大学工学部（13 章）
佐藤恒明　木更津工業高等専門学校（1，2，5 章）
杉田尚男　八戸工業高等専門学校（6 章）
高瀬慎介　八戸工業大学工学部（10 章）
永藤壽宮　長野工業高等専門学校（8，9 章）
長谷川　明　八戸工業大学工学部（10 章）
宮本　裕　岩手大学工学部（まえがき，12 章）
森山卓郎　阿南工業高等専門学校（3，7 章）
（五十音順，かっこ内は執筆担当箇所を示す）

まえがき

すでに『構造工学の基礎と応用』のまえがきで書いたように，われわれのこれまでの一連の教科書の作成は以下のようである．

すなわち，私のフンボルト財団によるドイツ留学のときに購入したドイツの大学の応用力学（機械工学）の問題集を翻訳して出版したいと技報堂出版に相談したところ，翻訳書よりも自分で問題や解答をつくった本のほうがよいとアドバイスを受けた．

そして，そのときに東北地域の主な大学の教員と一緒に本をつくることがポイントであるという助言をもとに，東北地域の大学の力学系教員に加わっていただくほか，岩手大学出身の高専の教員にも声をかけて共著者になっていただくことにした．

こうして毎年集まり，若い著者たちが率直に自分の意見を述べ合い，教室の講義での学生の反応も反映しながら，議論を積み重ねていって理想的な教科書をつくっていった．

最初の本『構造工学の基礎と応用』は一種の演習書だったので，やがて共著者たちは教科書もつくりたいと思うようになって，その結果この『構造工学』ができたのである．

さらに関連の教科の橋梁工学についても教科書『橋梁工学』をつくることができた．このようにして，講義のことや研究のことで連絡をするうちに，いくつかの共同研究チームがつくられ，その成果を学会で研究発表した．そのようにして博士論文も数編書かれたのであった．

そういう結果の一つとして，土木学会創立 80 周年記念出版の土木学会編『土木用語大辞典』の編集にも共著者たちが参加することができた．

当時の著者たちは全員それぞれの大学や高専の教授となることができた．これもひとえに技報堂出版のおかげであるので，この場を借りて感謝する次第である．

著者らの数名は退職したので，新しい著者が加わり，この「第4版」を出版するものである．

2018年2月

著者を代表して　宮本　裕

単位換算

1 N≒0.10 kgf　　1 kN＝10^3 N≒0.10 tf

1 Pa＝1 N/m^2　　1 kPa＝10^3 N/m^2　　1 MPa＝10^6 N/m^2＝1 N/mm^2

1 GPa＝10^9 N/m^2

9.80665 N＝1 kgf　　9.80665 kN＝1 tf

（例）400 N/mm^2＝400 MPa＝4 100 kgf/cm^2（SS400 材の引張強度）

2.0×10^5 N/mm^2＝2.1×10^6 kgf/cm^2（鋼材のヤング係数）

ギリシア文字一覧

A	α	アルファ	B	β	ベータ	Γ	Υ	ガンマ
Δ	δ	デルタ	E	ε	イプシロン	Z	ζ	ゼータ
H	η	イータ	Θ	θ, ϑ	シータ	I	ι	イオタ
K	κ	カッパ	Λ	λ	ラムダ	M	μ	ミュー
N	ν	ニュー	Ξ	ξ	グザイ	O	o	オミクロン
Π	π	パイ	P	ρ	ロー	Σ	σ, ς	シグマ
T	τ	タウ	Υ	υ	ウプシロン	Φ	φ, ϕ	ファイ
X	χ	カイ	Ψ	ψ	プサイ	Ω	ω	オメガ

目　次

第1章　力の釣合い

地球上の橋梁などの物体は，もしそれを支えるものがなければ，重力の働きによって一定の加速度 g（9.8m/sec^2）を得て鉛直方向へ落下していく．したがって，物体を支えつづけるためには，その物体の重さに等しいだけの力（force）が必要である．このような支える力を生じさせる物体の重さもまた力であることを，まず認識しておこう．

1つの力を表現するために，次の3つの要素（力の3要素；three-elements of a force）を考える．そして，それらを矢印で表わすために

大きさ（magnitude）――――――矢印の長さ

方向（direction）―――――――矢印の向きが基準線となす角度（θ）

作用点（point of action or application）――矢印の作用する点の座標（x, y）

とする．図1.1に力を表わす矢印の定義を示す．

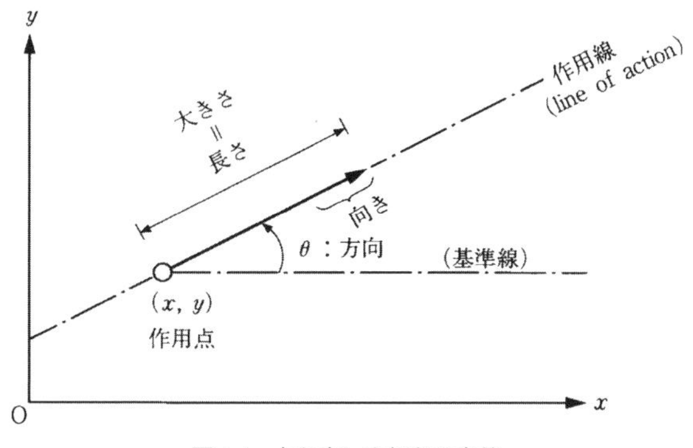

図1.1　力を表わす矢印の定義

1.1　1点に集まる力の合力

(1)　2つの力の合力

図1.2において，P_1とP_2を点Oに作用する2つの力とすると，その合力(resultant force)もまた点Oに作用することは明らかである．

いま，簡単のためにP_1の方向を水平とする．

P_2の水平成分はP_1に加えることができるから，点Oに作用する水平方向の力と垂直方向の力は

$$\left.\begin{aligned} \Sigma H &= P_1 + P_2\cos\theta \\ \Sigma V &= P_2\sin\theta \end{aligned}\right\} \tag{1.1}$$

となる．このことは，図1.2において，P_2なる力を$\overrightarrow{\mathrm{ac}}$へ平行移動させてみるとわかりやすい．

水平方向の力(ΣH)と垂直方向の力(ΣV)を合成すると，合力Rの大きさは

$$R = \sqrt{(\Sigma H)^2 + (\Sigma V)^2} \tag{1.2}$$

によって求まる．

ここに，ΣH：2つの力の水平成分の和，ΣV：2つの力の垂直成分の和．

したがって

$$\begin{aligned} R &= \sqrt{(P_1 + P_2\cos\theta)^2 + (P_2\sin\theta)^2} \\ &= \sqrt{P_1^2 + 2P_1P_2\cos\theta + P_2^2(\cos^2\theta + \sin^2\theta)} \\ &= \sqrt{P_1^2 + P_2^2 + 2P_1P_2\cos\theta} \end{aligned} \tag{1.3}$$

合力Rの方向は

$$\tan\alpha = \frac{\Sigma V}{\Sigma H} = \frac{P_2\sin\theta}{P_1 + P_2\cos\theta} \tag{1.4}$$

によって求まる．

合力Rの向きは，点Oから点cに向かって力が作用するので，点cに矢印の先端↗を描いて示す．合力Rの作用点は点Oである．

したがって，図1.2に示すように矢印$\overrightarrow{\mathrm{Oc}}$によって合力$R$を表わせる．

ここで，合力Rに関係する平行四辺形Oacbを「力の平行四辺形」(parallelo-

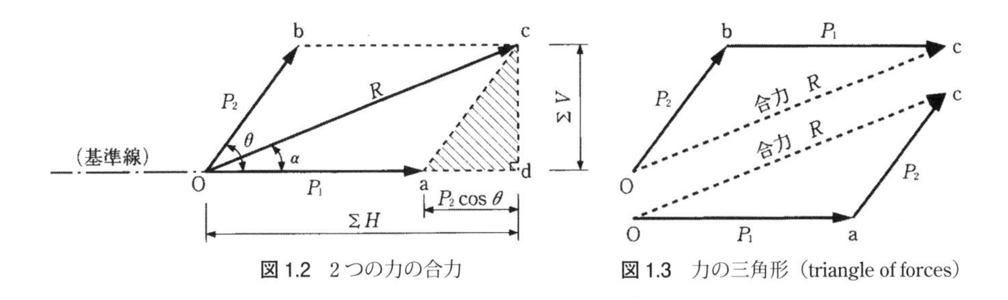

図 1.2　2つの力の合力

図 1.3　力の三角形（triangle of forces）

gram of forces)，三角形 Oac と Obc を「力の三角形」(triangle of forces) という．

図 1.3 に示すように，作用している力 P_1，P_2 を順次 Oa，ac または Ob，bc と連続的に描き，起点 O から終点 c へ向かって矢印を描けば，その矢印が合力 R を表わす．

(2)　多数の力の合力

図 1.4 において，$P_1 \sim P_4$ を点 O に作用する 4 つの力とすると，その合力もまた点 O に作用することは明らかである．

$P_1 \sim P_4$ の各々の水平成分と垂直成分の合計は，合力 R の水平成分と垂直成分にほかならない．

$$\left.\begin{aligned}\text{水平成分の和} &= P_1\cos\theta_1 + P_2\cos\theta_2 + P_3\cos\theta_3 + P_4\cos\theta_4 \\ &= \Sigma P\cos\theta = \Sigma H \\ \text{垂直成分の和} &= P_1\sin\theta_1 + P_2\sin\theta_2 + P_3\sin\theta_3 + P_4\sin\theta_4 \\ &= \Sigma P\sin\theta = \Sigma V\end{aligned}\right\} \tag{1.5}$$

したがって，合力 R の大きさは

$$R = \sqrt{(\Sigma H)^2 + (\Sigma V)^2} \tag{1.6}$$

合力 R の方向は

$$\tan\alpha = \frac{\Sigma V}{\Sigma H} \tag{1.7}$$

によって決まる．

次に合力 R の向きは，力の多角形（force polygon）を描いて求める．図 1.5 に

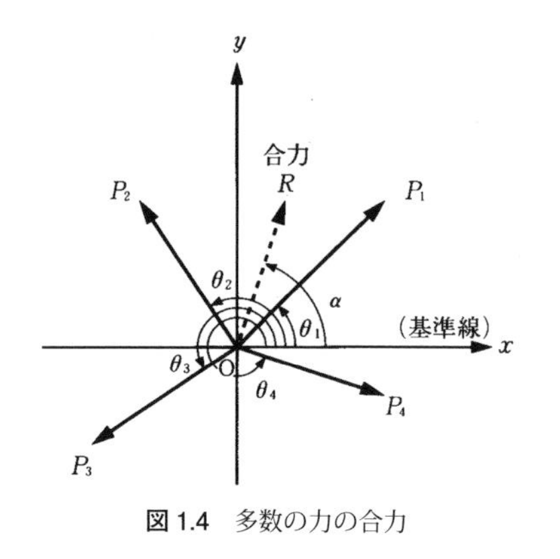

図 1.4　多数の力の合力

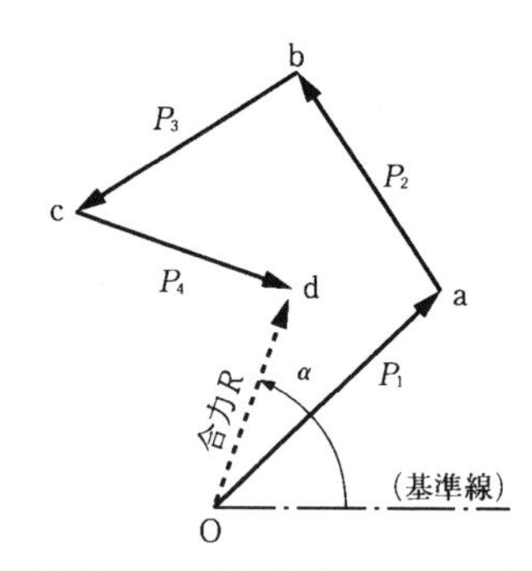

図 1.5　力の多角形（force polygon）

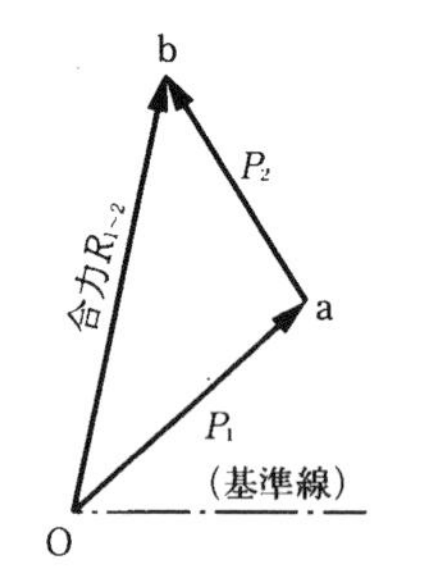

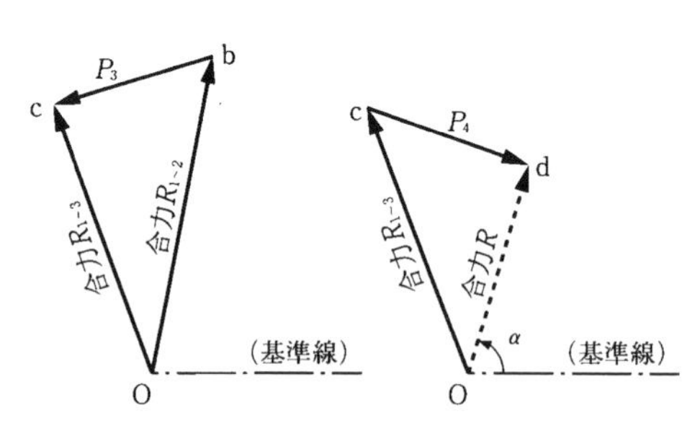

図 1.6　力の多角形を力の三角形に分解

示すように力の多角形は，作用している力 $P_1 \sim P_4$ を順次 Oa，ab，bc，cd と連続的に描いたものである．

力の多角形を力の三角形に分解すると，図 1.6 に示すように $\overrightarrow{\mathrm{Ob}}$ は P_1 と P_2 の合力 $R_{1\sim2}$ を表わしており，$\overrightarrow{\mathrm{Oc}}$ は合力 $R_{1\sim2}$ と P_3 の合力 $R_{1\sim3}$ を表わしている．さらに，$\overrightarrow{\mathrm{Od}}$ は合力 $R_{1\sim3}$ と P_4 の合力となるので，結局，矢印 $\overrightarrow{\mathrm{Od}}$ は $P_1 \sim P_4$ の合力 R を表わしている．

（3）　力の釣合い（equilibrium of forces）

前項では，1 点 O に $P_1 \sim P_4$ の力が作用するとき，力の多角形を描き，起点 O から終点 d に向かって矢印を描けば，その矢印が合力 R を表わすことを述べた．

今度は逆に，終点 d から起点 O へ向かう矢印 P_5 を考えてみる．力を表わす矢

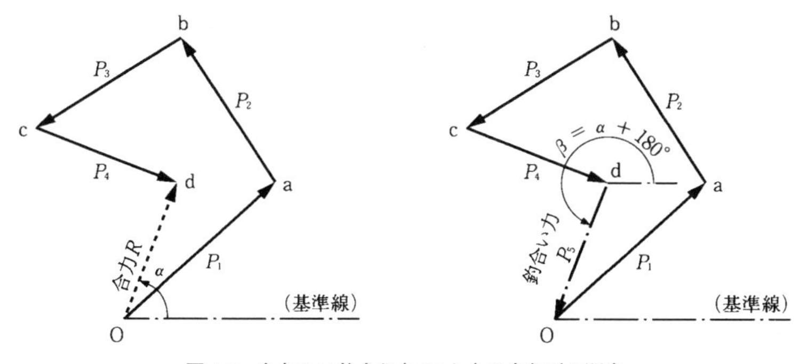

図 1.7　合力 R に釣合う力 P5 と力の多角形の閉合

印の定義から

　大きさ――合力 R と同じ

　方　向――$\beta=\alpha+180°$（合力 R と逆向き）

　作用点――点 O

つまり，合力 R に釣合う力 P_5 が存在するならば，点 O に作用するすべての力 $P_1\sim P_5$ に関して

$$\Sigma H=0,\qquad \Sigma V=0 \tag{1.8}$$

が成立し，力の多角形は点 O に閉合する．

このとき点 O は釣合い（equilibrium）状態にあるという．

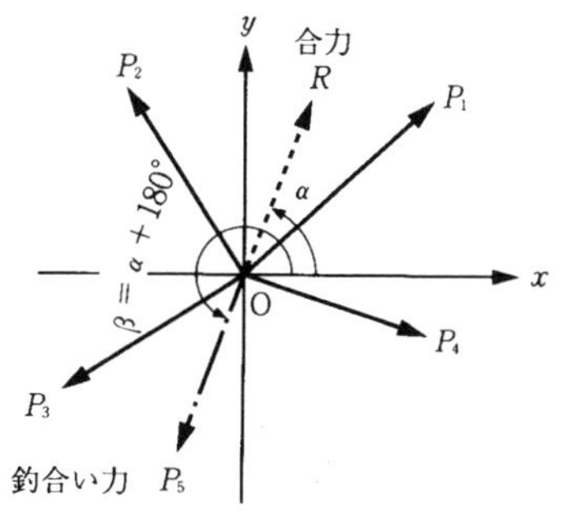

図 1.8　合力 R に釣合う力 P_5

1.2　1 点に集まらない力の合力

(1)　合　力

図 1.9 において 1 点に集まらない力 $P_1\sim P_4$ が，ある物体に作用しているとする．

まず，図 1.10 に示すように力の多角形を描いて，合力 R の大きさ $\overrightarrow{\mathrm{ae}}$ と方向 α を求める．

次に，力の多角形を図 1.11 に示すような力の三角形に分解するために，任意の位置に点 O をとる．

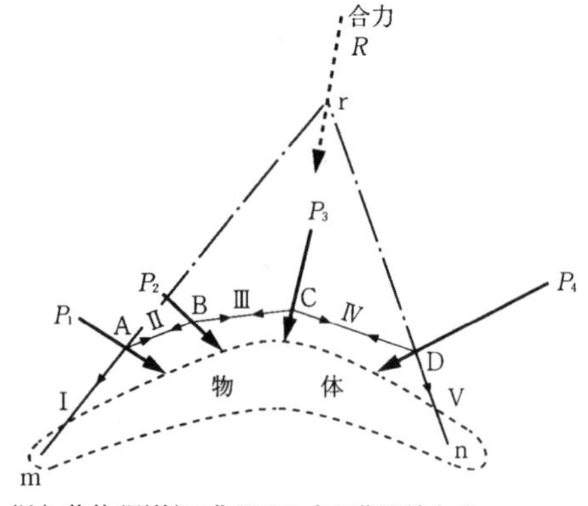

（注）物体（剛体）に作用する力は作用線上の
どこに移動しても効果は同じである．

図 1.9　連力図（funicular polygon）

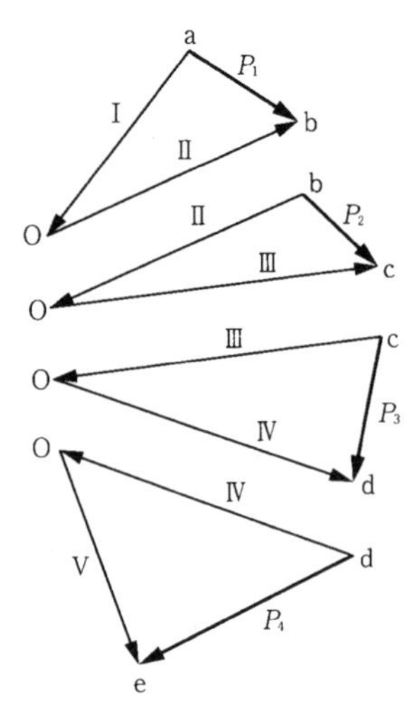

図 1.11　力の多角形を力の三角形に分解

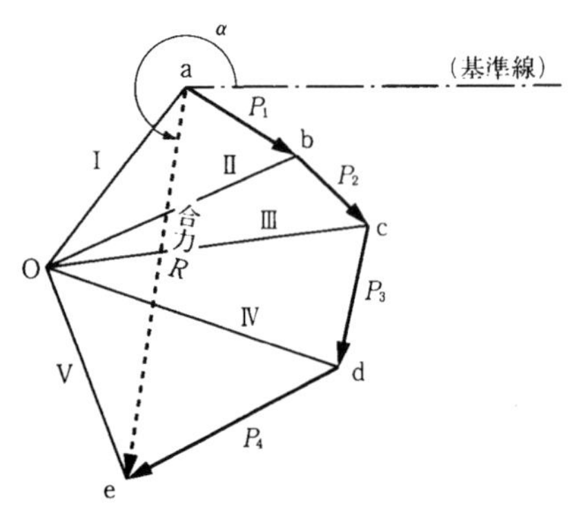

図 1.10　力の多角形（force polygon）

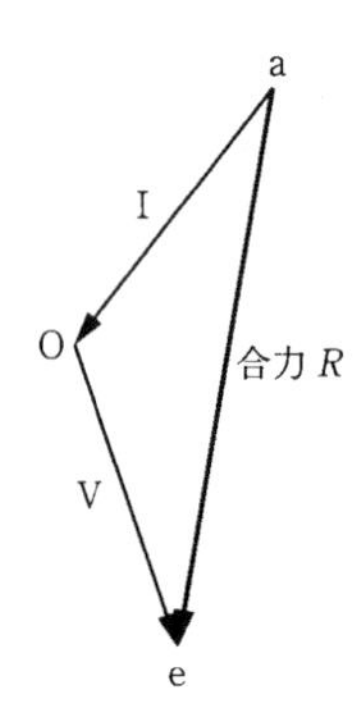

図 1.12　合力 R の分力 I と V

力 P_1 は力の三角形 aOb から力 I と力 II の合力とみなせる．同様に力 P_2 は，力 II と力 III の合力であり，力 P_3 は，力 III と力 IV の合力である．最後の力 P_4 も，力 IV と力 V の合力とみなせる．

図 1.11 において，力の三角形 aOb と力の三角形 bOc に着目すると，P_1 の分力 II と P_2 の分力 II とは，大きさは同じであるが，方向（向き）は反対である．分力 III, IV も同様であるので，分力 II, III, IV は互いに打ち消し合う．結局，図 1.12 に示すように分力 I と分力 V が残り，これが合力 R の分力となる．

このような分力I～Vまでの流れをP_1～P_4のなかに書きこむと，図1.9の図中にmABCDnの多角形が描かれる．これを連力図（funicular polygon）という．そして，分力Iと分力Vの作用線の延長が交わる点rは，合力Rの作用線上の点となる．

力の多角形から与えられる合力Rの大きさ$\overrightarrow{ae}$と方向αを式で表現すると

$$\left.\begin{aligned} R &= \sqrt{\left(\Sigma H\right)^2 + \left(\Sigma V\right)^2} \\ \tan\alpha &= \frac{\Sigma V}{\Sigma H} \end{aligned}\right\} \qquad (1.9)$$

となる．

ここに，ΣH：各力の水平成分の和，ΣV：各力の垂直成分の和．

合力の作用線　合力Rの作用線が通る点（x_0，y_0）の求め方を示す．

1点に集まらない力P_1～P_4の各々の作用点を（x_1，y_1）～（x_4，y_4）とする．また，各力の水平成分，垂直成分をH_1，V_1～H_4，V_4とし，合力Rの水平成分，垂直成分をΣH，ΣVとすると式（1.5）より

$$H_1 + \cdots\cdots + H_4 = \Sigma H$$
$$V_1 + \cdots\cdots + V_4 = \Sigma V$$

である．

各力の水平成分，垂直成分が座標の原点Oに及ぼす回転力のそれぞれの合計値と，水平成分の総和ΣH，垂直成分の総和ΣVが原点Oに及ぼす回転力とは等しい（バリニオン（Varignōn）の定理）はずである．

この回転力は，力のモーメント（moment of force）といわれており，作用する力Pと，回転半径rのそれぞれに比例することは，スパナーでねじを締める回転力を想像すれば理解しやすい[1]．モーメントは，図1.13のように$M=P\times r$で表わされ，単位はN･mmやkN･mとなる．モーメントの符号は，**時計まわりを正（プラス）**とする．

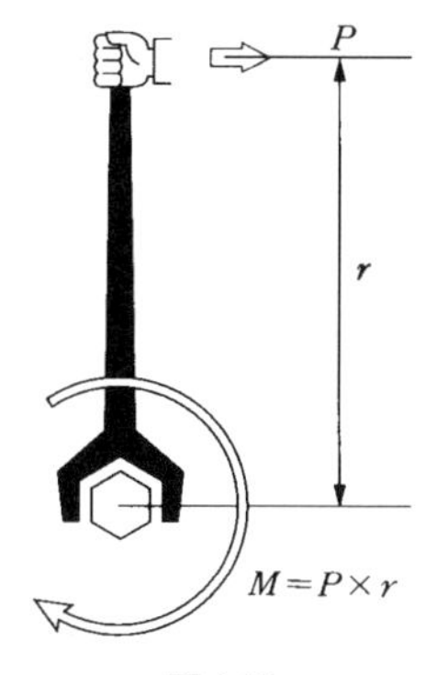

図1.13

計算例1の図1.14において，各力Pの作用点のy座標値は，原点Oに対する各力の水平成分Hの回転半径とみることもでき，同様に，x座標値は垂直成分Vの回転半径とみることもできる．したがって

$$H_1 y_1 + \cdots\cdots + H_4 y_4 = \Sigma\left(H \cdot y\right) = \Sigma H \cdot y_0$$

$$V_1 x_1 + \cdots\cdots + V_4 x_4 = \Sigma\left(V \cdot x\right) = \Sigma V \cdot x_0$$

これより合力 R の作用線が通る点（x_0, y_0）の各値は

$$x_0 = \frac{\Sigma\left(V \cdot x\right)}{\Sigma V}, \qquad y_0 = \frac{\Sigma\left(H \cdot y\right)}{\Sigma H} \tag{1.10 a}$$

によって求めることができる．

式（1.10 a）によって ΣV の作用線 $x=x_0$ と ΣH の作用線 $y=y_0$ が決定し，この交点（x_0, y_0）を合力 R の作用線が通ることになる．

ここで，水平成分 H の符号は，x 軸の正の方向に作用する場合をプラスとする．

また，垂直成分 V の符号は，y 軸の正の方向に作用する場合をプラスとする．

（注）　$\Sigma V = 0$ または $\Sigma H = 0$ のときは，式（1.10 a）の分母がゼロのため，合力 R の作用線の式は，式（1.10 b）から求める．

$$\Sigma V \cdot x - \Sigma H \cdot y = \Sigma\left(V \cdot x\right) - \Sigma\left(H \cdot y\right) \tag{1.10 b}$$

計算例 1

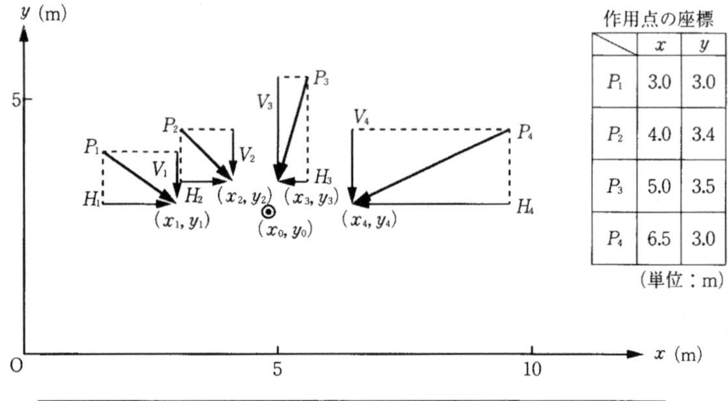

各力＼作用点他	x (m)	y (m)	H(kN)	V(kN)	$H \cdot y$(kN·m)	$V \cdot x$(kN·m)
P_1=1.803kN	3	3	+1.5	−1.0	+4.5	−3.0
P_2=1.414kN	4	3.4	+1.0	−1.0	+3.4	−4.0
P_3=2.062kN	5	3.5	−0.5	−2.0	−1.75	−10.0
P_4=3.354kN	6.5	3	−3.0	−1.5	−9.0	−9.75
計			−1.0	−5.5	−2.85	−26.75

図 1.14　合力 R の作用線が通る点（x_0, y_0）の求め方

$$x_0 = \frac{\Sigma(V \cdot x)}{\Sigma V} = \frac{-26.75}{-5.5} = +4.8636 \quad \text{(m)}$$

$$y_0 = \frac{\Sigma(H \cdot y)}{\Sigma H} = \frac{-2.85}{-1.0} = +2.8500 \quad \text{(m)}$$

これから，合力 R の作用線が通る点（x_0，y_0）が得られた．

$$R = \sqrt{(\Sigma H)^2 + (\Sigma V)^2} = \sqrt{(-1.0)^2 + (-5.5)^2} = 5.59\ \text{kN}$$

$$\tan\alpha = \frac{\Sigma V}{\Sigma H} = \frac{-5.5}{-1.0} = +5.5$$

よって $\alpha = 259.7°$ または $79.7°$.

α の値は2つ存在するように思える．しかしながら，合力 R の水平成分（ΣH）の符号はマイナスであり，垂直成分（ΣV）の符号もマイナスである．ゆえに，合力 R の方向は，図1.15に示すように第3象限であり，$\alpha = 259.7°$ となる.

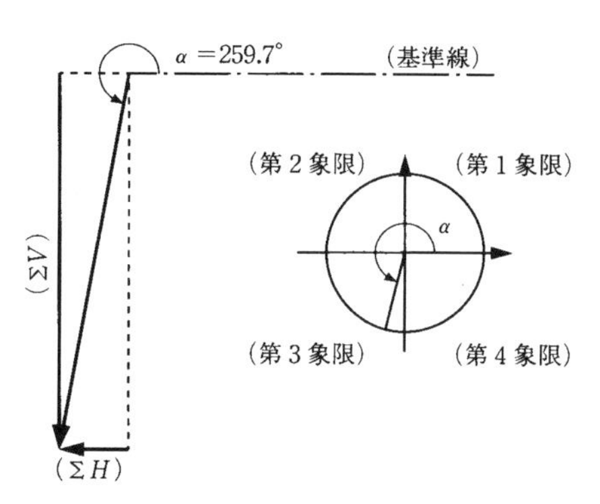

図1.15　合力 R の方向

(2)　力の釣合い

図1.16のような物体に，1点に集まらない力 $P_1 \sim P_3$ が作用しているとする.

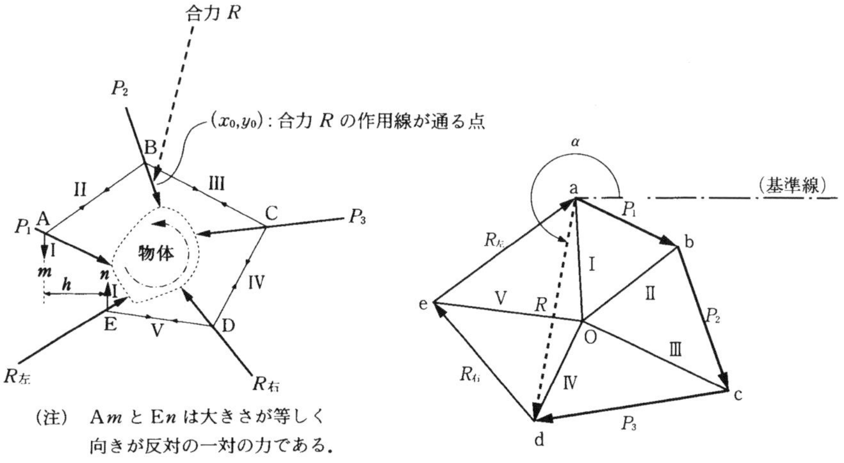

図1.16　偶力を受ける物体

図1.17　力の多角形

図 1.17 に示すように力の多角形を描いて合力 R の大きさ $\overrightarrow{\mathrm{ad}}$ と方向 α を求めることはできるが，合力 R と釣合うような物体を支えるための力 $R_{右}$ と $R_{左}$ の作用点をどう決めたらよいのだろうか．

図 1.16 に示すように，$R_{右}$ と $R_{左}$ の大きさと方向を決めて連力図を描くと，力の多角形（図 1.17）は閉合するが，連力図は点 E において閉合しない．また，合力 R の作用線が通る点（x_0，y_0）を求めて合力 R を図示してみると，図中の点線の矢印となり，物体を支える力 $R_{左}$ の位置がこのままでは，物体は反時計まわりに回転してしまうであろう．

このような回転させる力は，偶力（couple of forces）と呼ばれており，連力図から，$R_{左}$ の分力 I と P_1 の分力 I とが h だけ離れているために生じる回転力 I × h で表わされる[2)]．

この偶力も回転させる力であることから，前述したモーメントと同じである．

これに対し，図 1.18 に示すように $R_{左}$ の作用点を左上へ**平行移動**させていくと，連力図は閉合する．このとき，$R_{右}$ と $R_{左}$ の作用線の延長が交わる点 r は，合力 R の作用線上の点となる．

この状態においては，物体は合力 R なる力の作用を受けつつも，物体を支える力 $R_{右}$ と $R_{左}$ によって**空間に静止しつづける**ことができる．

このように，釣合い状態にあるためには，力の多角形と連力図の両方とも閉合しなければならない．x-y 平面上（2 次元）において，解析的には次式で表わし，これを**力の釣合い条件式**（equilibrium equation）という．

$$\sum H = 0, \qquad \sum V = 0, \qquad \sum M = 0 \tag{1.11}$$

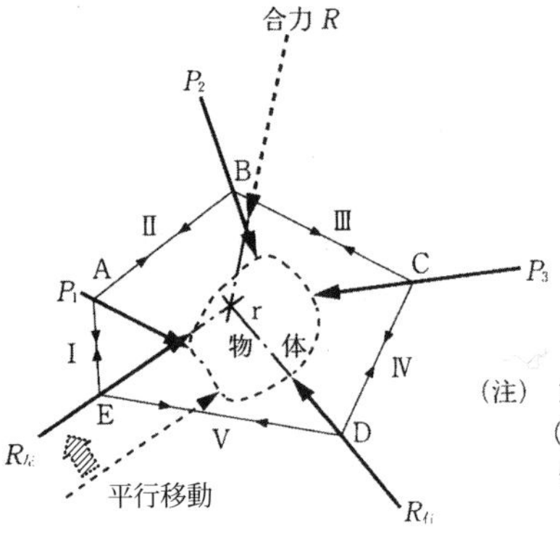

合力 R
P_2
B
II
III
A
C
P_3
P_1
r
物
体
I
IV
E
D
V
$R_{左}$
平行移動
$R_{右}$

（注）　空間に自由に浮かんでいる物体のことを自由体[3)]（free body）と呼ぶ．自由体が空間で**静止状態**を保つには，力は釣合い状態でなければならない．

図 1.18　連力図の閉合

計算例 2

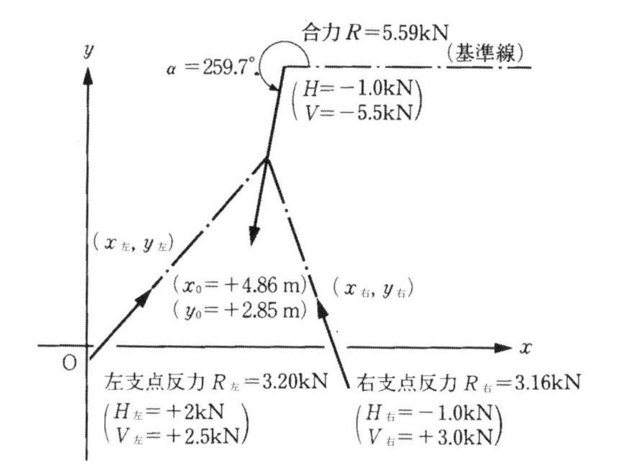

各力＼作用点 他	x (m)	y (m)	H(kN)	V(kN)	$H\cdot y$(kN·m)	$V\cdot x$(kN·m)
R＝5.59kN	4.8636	2.85	−1.0	−5.5	−2.85	−26.75
$R_{左}$＝3.20kN	2.10	1.85	＋2.0	＋2.5	＋3.70	＋5.25
$R_{右}$＝3.16kN	6.83	1.85	−1.0	＋3.0	−1.85	＋20.49
計			$\Sigma H=0$	$\Sigma V=0$	ΣM↖−1.00	ΣM↘−1.01

（H, y, V, O, x　$H\cdot y=-1.00$kN·m は，点 O に対して反時計まわりに作用しており，$V\cdot x=-1.01$kN·m は点 O に対して時計まわりに作用しているので，結局 $\Sigma M=0$ が成立している．）

図 1.19　3つの力の釣合い

ここに，ΣM は任意の点で考えた各力のモーメントの和である．

結局，図 1.19 に示すように 1 点に集まらない力が作用している物体を支える力 $R_{右}$，$R_{左}$の作用線は，合力 R の作用線と 1 点で集まり，3 つの力によるモーメントの和（ΣM）は 0 となる．

連力図の応用例　同じ垂直荷重が等しい間隔で作用（等分布荷重）するときに描ける連力図の形状は，放物線アーチ（parabolic arch）になる[4]．連力図と相似の形状であればアーチ部材には圧縮力しか作用しないはずである．ここでは，このことを利用してアーチの水平反力とアーチ軸線形状を求めてみよう．

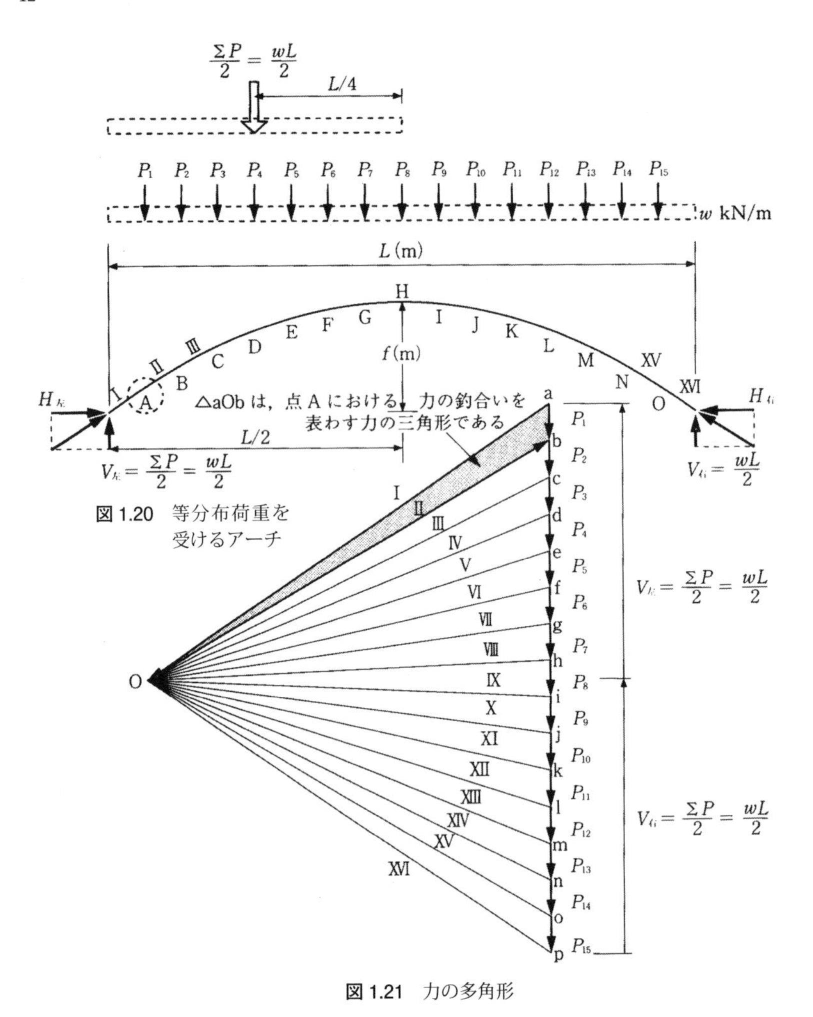

図 1.20　等分布荷重を受けるアーチ

図 1.21　力の多角形

アーチ全体の左半分に着目すると，荷重 $\Sigma P/2=wL/2$ と，アーチを支える力 $H_{左}$，$V_{左}$の 3 つの力が存在しており，点 H では圧縮力しか作用していないはずである．時計まわりのモーメントを正とすると

$$\Sigma M_{at\ H}=\oplus V_{左}\times\frac{L}{2}\ominus H_{左}\times f\ominus\frac{\Sigma P}{2}\times\frac{L}{4}=0$$

$$\therefore H_{左}=\frac{1}{f}\cdot\frac{wL}{2}\left(\frac{L}{2}-\frac{L}{4}\right)=\underline{\frac{wL^2}{8f}}$$

$H_{右}$も同様である．

次に，アーチの軸線形状を求める．図1.22のようにアーチの左支点に原点Oをとる．任意のアーチ軸線の位置（x, y）においても，圧縮力しか作用していないはずである．時計まわりのモーメントを正とすると

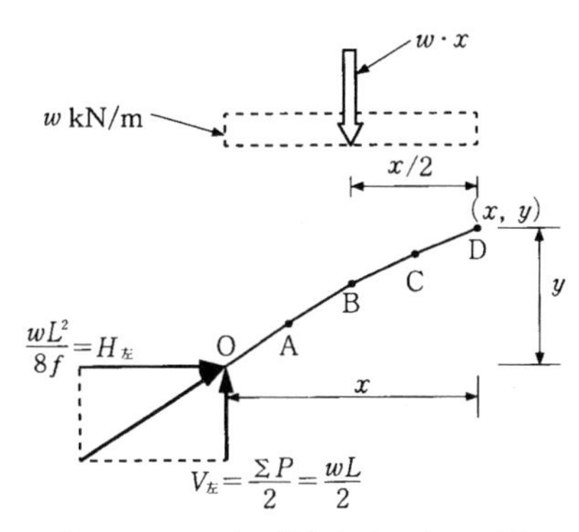

図1.22　アーチの任意点（x, y）の形状

$$\sum M_{at\,D} = \oplus\, V_{左} \times x \ominus H_{左} \times y \ominus wx \times \frac{x}{2} = 0$$

ここで，$V_{左} = wL/2$ を代入すれば

$$\frac{wL}{2}x - H_{左} \cdot y - \frac{wx^2}{2} = 0$$

$$y = \frac{w}{2H_{左}}\left(L \cdot x - x^2\right) = \frac{wx}{2H_{左}}\left(L - x\right)$$

$H_{左} = wL^2/8f$ であることはすでに求めたので，これを代入すれば

$$\therefore y = \frac{4f}{L^2}x\left(L - x\right)$$

となり，アーチ軸線形状は放物線となる．

■参考文献

1)　小池　晋：実用構造力学，理工図書，pp.6 ～ 7，pp.16 ～ 19，1977.
2)　酒井忠明：構造力学，技報堂出版，pp.7 ～ 8，1970.
3)　F.W. ビューフュ他，成岡昌夫訳：コンピュータによる骨組構造解析，培風館，p.327，1972.
4)　倉西　茂：構造の力学基礎，森北出版，pp.133 ～ 138，1999.
5)　土木学会編：構造力学公式集（第2版），1986.
6)　宮本　裕他：構造工学の基礎と応用（第4版），技報堂出版，2016.

ドイツ橋（徳島県鳴門市）
第一次世界大戦のとき青島で捕虜になったドイツ軍将兵約四千人のうち約千人が 1917（大正 6）年 4 月に徳島県板野郡板東町（現在の鳴門市大麻町）に新築された「俘虜収容所」に集められた．会津出身の松江豊寿（まつえとよひさ）所長のはからいで，俘虜たちはかなりの自由を与えられ，地元民に音楽や酪農や畜産などの技術指導を行った．大麻比古神社の裏手にある「ドイツ橋」は，帰国前のドイツ兵俘虜たちが記念に造った橋である．

第2章　静定梁

2.1　静定梁の支点と反力

(1)　反力 (reaction)

中小の河川によく架けられている桁橋を考えてみよう．橋自身の重さや橋上の車などの荷重は，桁の両端の支点（支承）を通して地盤につたえられる．いま，簡単のために自重を無視すると，図2.1に示すように橋桁には荷重 P と地盤が支えてくれる力 R_A と R_B が作用している．この地盤が支えてくれる力を反力 (reaction) という．また，橋桁に対して外から作用する力を外力 (external force) という．桁自身にとっては，荷重も反力も外力となる．つまり，荷重 P と反力 R_A，R_B の3つの力は，桁に作用している「1点に集まらない力」である．桁橋はわずかにたわむが，このように曲げ変形をしてわずかにたわむ部材を梁 (beam) という．桁は梁とも呼ばれるので，これからは「梁」を使って説明する．

さて，梁は荷重と反力の作用に対して，わずかにたわんで静止の状態を保っている．このことは，第1章で述べたとおり，1点に集まらない力（荷重 P と反力 R_A，R_B）について，**力の釣合い条件式** (equilibrium equation)

$$\left.\begin{aligned}\sum H &= 0\\ \sum V &= 0\\ \sum M &= 0\end{aligned}\right\} \tag{2.1}$$

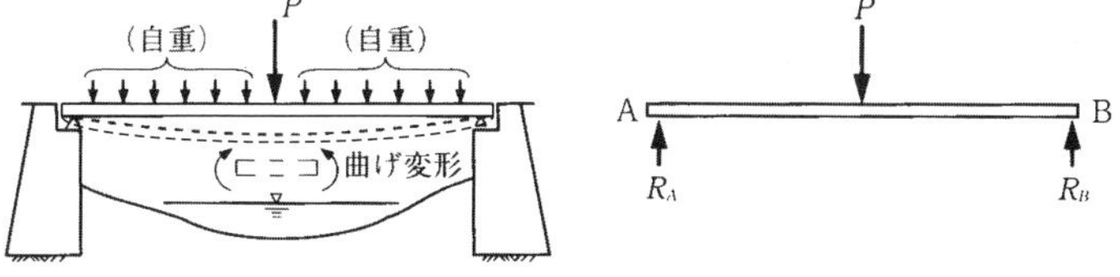

図2.1　荷重と反力

が成立し，荷重と反力とは釣合い状態にあることを意味している．

このように梁に作用する外力は荷重と反力であるが，これらの外力の間には，力の釣合い条件式が成立するので，反力の数が3つであれば，この条件から反力をすべて求めることができる．反力の数が3つの梁を静定梁（statically determinate beam）といい，4つ以上の梁を不静定梁（statically indeterminate beam）という．

（2） 支点（support）の機能

荷重と反力の作用を受けて，わずかにたわみ，両端部にたわみ角を生じている梁を考える（図2.2）．このような梁の支点は，たわみ角を自由に生じるような構造となっていなければならない．

仮に両端にころ（ローラー：roller）を入れると，たわみ角を拘束することはないが，図2.3に示すように，水平成分P_Hをもつような外力Pが作用（たとえば大型車が橋上で急ブレーキをかける場合）すると，梁は水平移動してしまい，破損の原因になる．

一方，図2.4に示すように回転は拘束しないが水平移動は拘束するヒンジを両端に入れると，梁自体の温度変化によって生じる伸縮を拘束してしまう．

以上述べたローラー支点（movable or roller support）およびヒンジ支点（hinged support）に，固定支点（fixed support）を加え，各々の機能と生じる反力をま

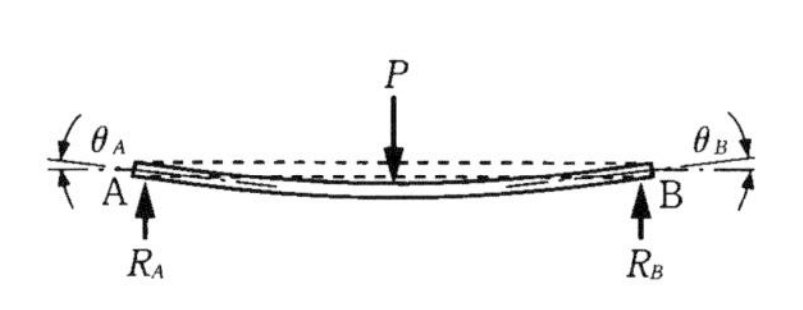

図2.2 両端のたわみ角

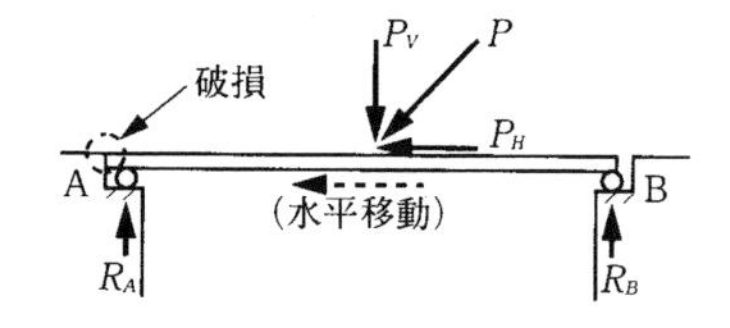

図2.3 両端ローラー支点の梁の水平移動

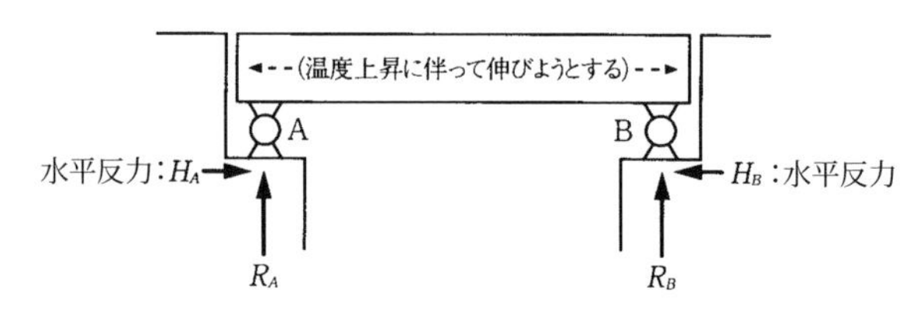

図2.4 両端ヒンジ支点の梁の反力

表 2.1　支点の機能と生じる反力

支点の種類	回転自由	水平移動	垂直移動	略記号と反力	反力数
ローラー支点 (roller support)	○	○	×	R	1
ヒンジ支点 (hinged support)	○	×	×	H, R	2
固定支点 (fixed support)	×	×	×	H, M, R ($\theta=0$)	3

とめて表 2.1 に示す[1)].

なお，固定支点とは，梁端が地盤または強固な厚壁のなかに完全に埋め込まれていて，たわみ角を生じない($\theta=0$)とみなす支点である．それゆえ，固定端(fixed end) とも呼ばれる．したがって，固定支点には垂直方向と水平方向の 2 つの反力のほかに，回転を拘束するため，モーメントの反力（**モーメント反力**）も生じる．また，いかなる拘束も受けない端部のことを自由端(free end)と呼ぶ. 自由端には反力は生じない.

水平反力 H の作用点をヒンジ支点の略記号の下面に合わせて示しているが，力の釣合いを考える際には支点の高さを無視し，水平反力 H は梁の端部に作用する（ $\overrightarrow{H}$ △―― ）と考える.

(3)　梁の種類

水平成分 P_H のある荷重が作用しても，梁自体が水平移動することなく，また温度変化によって梁自体が自由に伸縮できるためには，図 2.5 に示すように一端がヒンジ支点，他端がローラー支点であればよい.

このような支点構造になっている梁を単純梁（simple beam）という．反力の数は 3 つである.

次に，図 2.6 に示すように，一端が固定支点，他端が自由の梁を片持梁(cantilever) という．反力の数は 3 つである.

図 2.7 は，単純梁を延長して，ローラー支点を増やしたもので，連続梁

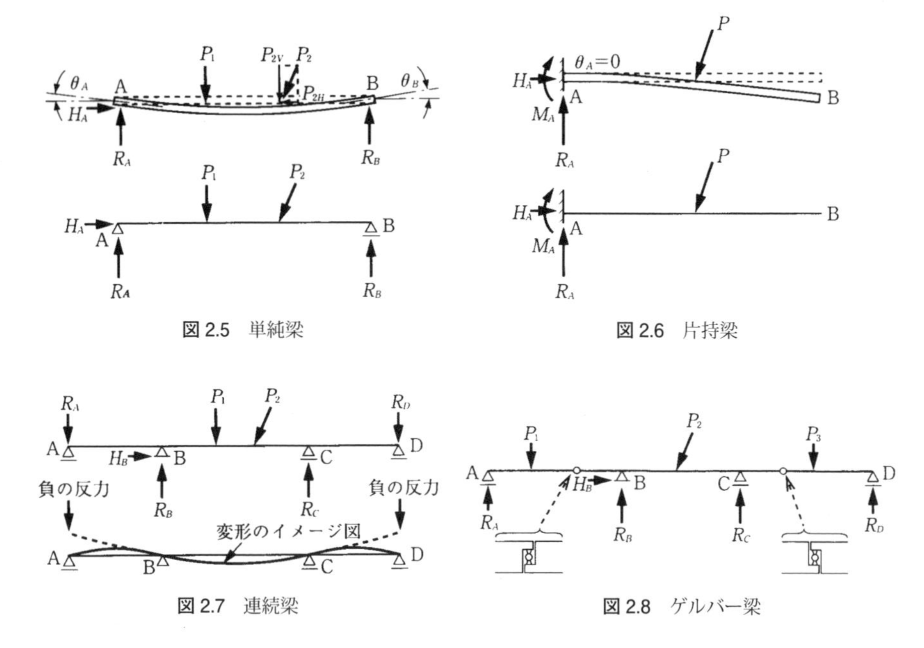

図 2.5 単純梁

図 2.6 片持梁

図 2.7 連続梁

図 2.8 ゲルバー梁

(continuous beam)という．図 2.7 に示すような荷重状態のときには変形のイメージ図から，両端のローラー支点には梁端が浮き上がらないように下向きの反力(**負の反力**：negative reaction）を生じることがある．負の反力が生じる場合は，支点が浮き上がらないようにアンカー装置が必要となる．

図 2.8 は，連続梁において梁の本体を切断してこれをヒンジで連結したもので，ゲルバー梁（Gerber's beam）という．

図 2.8 の例では，反力の数は 5 つで式（2.1）の 3 つの釣合い条件より 2 つ多い．しかし，梁はヒンジのところでモーメントに抵抗できないので，$M=0$ の条件を 2 つ追加することによって，静定梁として解くことができる．

梁の種類を表 2.2 に示す．

（4） 荷　重（load）

梁に作用する荷重として次のものを考える．

① 梁に載荷する自動車などの重さ

② 梁自身の重さ（自重）

表 2.2　梁の種類

種　類	形　　式	反力数	釣合い条件数	静定梁
単純梁		3	3	○
片持梁		3	3	○
連続梁		5	3	×
ゲルバー梁		5	3 +2 (ヒンジ) =5	○
張出し梁		3	3	○
両端固定梁		6	3	×

表 2.3　荷重の種類

集中荷重
(concentrated load)

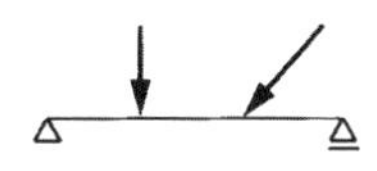

重さの全部が梁との接触点に集中して作用すると仮定してさしつかえない荷重

分布荷重
(distributed load)

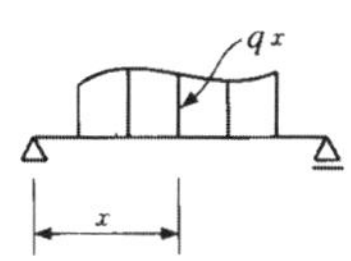

任意点xにおける分布荷重の強さを荷重強度という.
(intensity of distributed load)

等分布荷重
(uniform load)

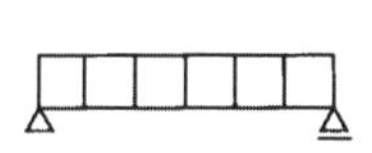

梁の断面が一定ならば，自重は等分布荷重となる.

三角形分布荷重や台形分布荷重
(uniformly varying load)

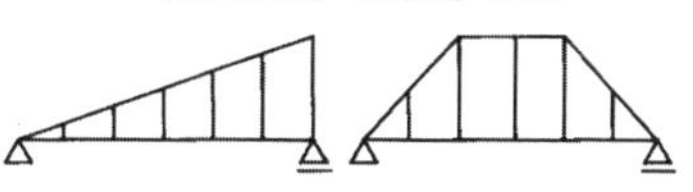

分布荷重の重さ(合力) $\bar{P}$ は，分布荷重図の面積で与えられ，その図心に作用する.

自重を等分布荷重に換算

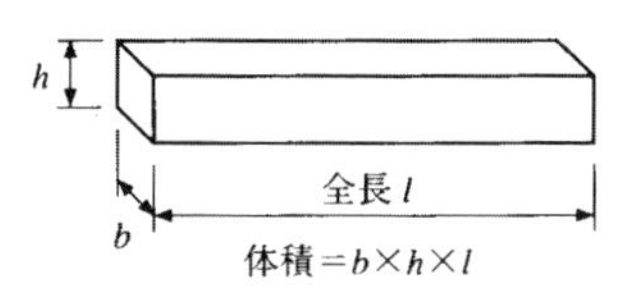

体積 × 単位体積重量 ＝ 全重量
(m^3)　(kN/m^3)　(kN)

全重量 ÷ 全長 ＝ 等分布荷重
(kN)　(m)　(kN/m)

梁を 1 本の重さのない水平線分で表現し，自重は反力と同様に梁に作用する外力と考える．

荷重の種類を表 2.3 に示す．

(5) 単純梁の支点反力

単純梁の支点反力の数は，前節で述べたように 3 つであるので，力の釣合い条件式 (2.1) によって反力をすべて求めることができる．図 2.9 から

$\Sigma H=0$ より　　$H_A-P_H=0$　　$\therefore H_A=+P_H$

$\Sigma V=0$ より　　$R_A-P_V+R_B=0$　　$\therefore R_A+R_B=+P_V$

時計まわりのモーメントを正（プラス）とすると

$\Sigma M_{at\,B}=0$ より　　$\oplus R_A\cdot l\ominus P_V\cdot b=0$　　$\therefore R_A=\dfrac{P_V\cdot b}{l}$

$\Sigma M_{at\,A}=0$ より　　$\oplus P_V\cdot a\ominus R_B\cdot l=0$　　$\therefore R_B=\dfrac{P_V\cdot a}{l}$

左端のヒンジ支点では，水平反力 $H_A=+P_H$ と垂直反力 $R_A=P_V\cdot b/l$ の合反力 A が存在する．

そして，この合反力 A と右支点反力 R_B と荷重 P の 3 つの力の作用線は 1 点 r で交わる．

図 2.10 に示すように，集中荷重が多数載荷される場合は，$\Sigma M_{at\,B}=0$ より時計まわりのモーメントを正（プラス）とすると

$$\oplus R_A\times l\ominus P_1\times b_1\ominus P_2\times b_2\ominus P_3\times b_3\ominus P_4\times b_4=0$$

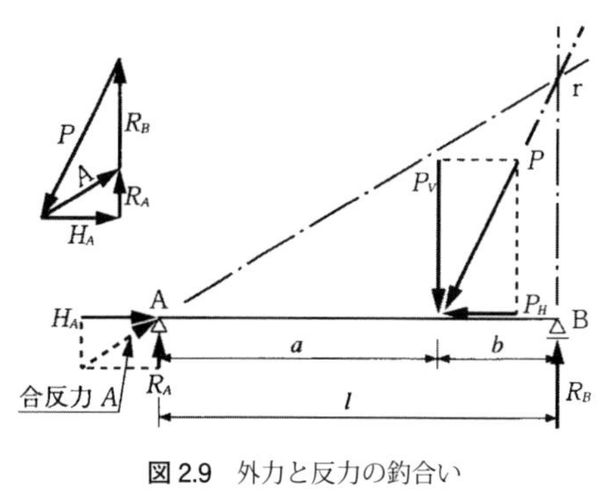

図 2.9　外力と反力の釣合い

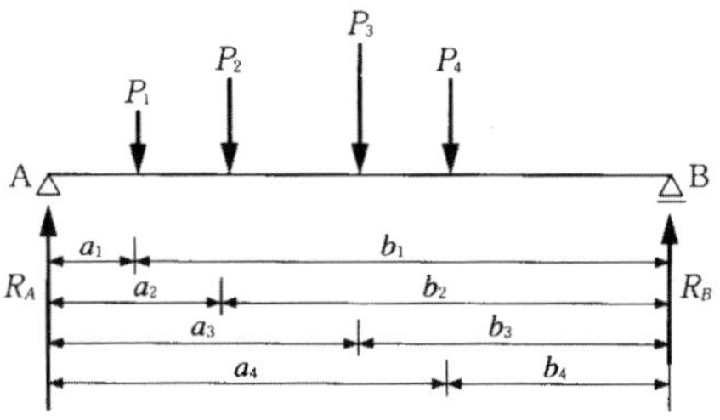

図 2.10　集中荷重群を受ける単純梁

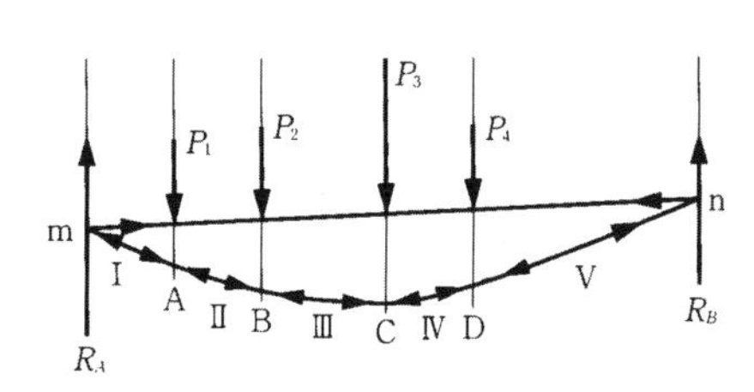

図 2.11　連力図の閉合

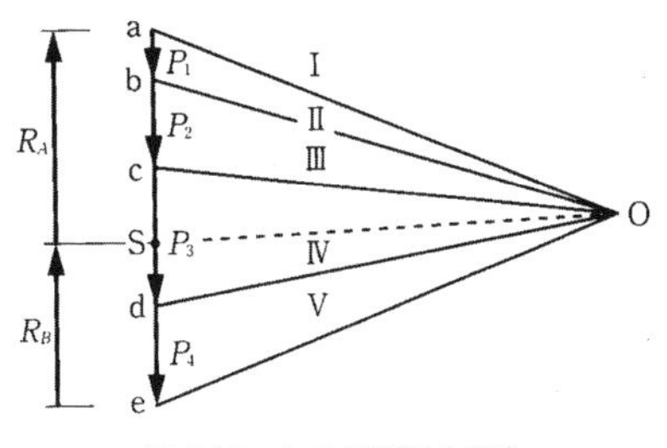

図 2.12　力の多角形の閉合

$$\therefore R_A = \frac{1}{l}\sum_i P_i b_i = \sum_i \left(P_i \cdot \frac{b_i}{l} \right) \tag{2.2a}$$

$\sum M_{at\,A}=0$ より

$$\oplus P_1 \times a_1 \oplus P_2 \times a_2 \oplus P_3 \times a_3 \oplus P_4 \times a_4 \ominus R_B \times l = 0$$

$$\therefore R_B = \frac{1}{l}\sum_i P_i a_i = \sum_i \left(P_i \cdot \frac{a_i}{l} \right) \tag{2.2b}$$

によって容易に反力が求まる．ここで b_i/l と a_i/l は，それぞれ反力 R_A と反力 R_B の影響線の縦距を表している．反力の影響線は，第4章の **4.1（2）反力の影響線**で詳細に説明されている．

支点反力 R_A，R_B の値は，図 2.11 に示すように連力図の閉合条件から m-n 線を求め，これを図 2.12 の力の多角形のなかの点 O に向かって**平行移動**させ，点 S を決めることによっても求められる[2]．

（参考）第1章の図 1.20（p.12）においても，アーチの両支点を水平線で結んで連力図を閉合し，図 1.21 に示す力の多角形の点 O から水平線を右方向へ延ばせば，垂直反力 $V_{右}$ と $V_{左}$ が求まることを示している．

計算例1　3つの集中荷重を受ける単純梁（図 2.13）

図 2.13 に示す3つの集中荷重を受ける単純梁の反力について，式（2.2）を直角三角形で図形化して求めてみよう．

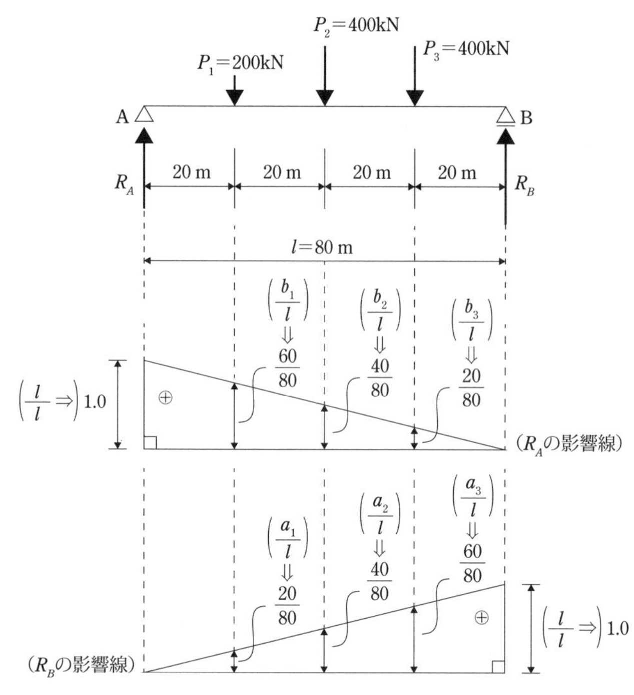

図 2.13　3 つの集中荷重を受ける単純梁の反力

$$
\begin{aligned}
R_A &= \sum\left(P_1 \times \frac{b_1}{l} + P_2 \times \frac{b_2}{l} + P_3 \times \frac{b_3}{l}\right) \\
&= 200 \times \frac{60}{80} + 400 \times \frac{40}{80} + 400 \times \frac{20}{80} \\
&= 150 + 200 + 100 = 450\,(\mathrm{kN})
\end{aligned}
$$

$$
\begin{aligned}
R_B &= \sum\left(P_1 \times \frac{a_1}{l} + P_2 \times \frac{a_2}{l} + P_3 \times \frac{a_3}{l}\right) \\
&= 200 \times \frac{20}{80} + 400 \times \frac{40}{80} + 400 \times \frac{60}{80} \\
&= 50 + 200 + 300 = 550\,(\mathrm{kN})
\end{aligned}
$$

$\sum V = 0$の確認　$\sum\downarrow = \sum P = 200 + 400 + 400 = 1\,000\,(\mathrm{kN})$

$\sum\uparrow = R_A + R_B = 450 + 550 = 1\,000\,(\mathrm{kN})$

2.2　梁の断面力

前節までに静定梁の反力の求め方が明らかになり，梁が受ける外力はすべて確定した．水平であった梁が，わずかながらたわむのは，これら外力（荷重と支点反力）の作用によるのであるが，梁が破壊せずにいるのは，梁の内部に外力に対する抵抗力を生じているからである．

この抵抗力は，外力（external force）に対する内力（internal force）であり，断面力（stress resultant）といわれる．

さて，図2.14に示すように，ある荷重Pと，それに釣合う反力R_A，R_B，H_Aの作用を受けている単純梁は，わずかにたわんで釣合い状態にある．

支点Aから任意点xにおけるm-m断面に着目すると，この断面においても外力に抵抗する断面力を生じているはずである．またm-m断面は，左部材の断面であると同時に右部材の断面でもある．

いま，この断面に図2.15に示す微小要素に働く断面力の符号の定義[3]に従って，正の軸力（axial force）N_x，せん断力（shearing force）S_x，曲げモーメント（bending moment）M_xが生じていると仮定すれば，各断面力は図2.16に示すとおりとなる．

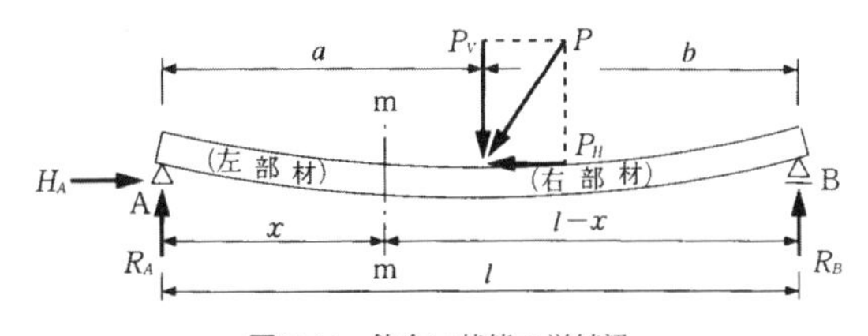

図2.14　釣合い状態の単純梁

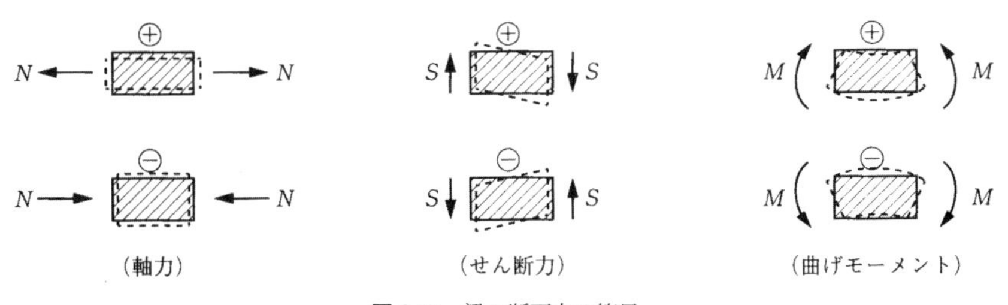

図2.15　梁の断面力の符号

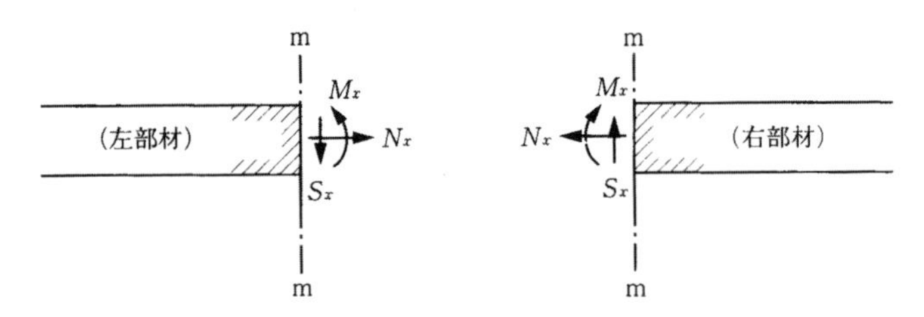

図 2.16　任意の断面に生じる断面力

m-m 断面で左右の部材の軸力 N_x，せん断力 S_x，曲げモーメント M_x は，お互いに大きさは等しく，方向は反対（作用・反作用の法則：principle of action and reaction）であるので，m-m 断面も釣合い状態を保つという前提条件を満足している．

次に，図 2.17 に示すように左部材全体に着目すると，左部材全体も釣合い状態にあるので，外力と断面力とは釣合っていなければならない．つまり，力の釣合い条件式（2.1）を適用することができる．

$$\left.\begin{array}{lll} \Sigma H=0 \text{ より} & H_A+N_x=0 & \therefore N_x=-H_A \\ \Sigma V=0 \text{ より} & R_A-S_x=0 & \therefore S_x=+R_A \\ \Sigma M_{at\,m}=0 \text{ より} & \oplus \overset{\frown}{R_A\cdot x} \ominus \overset{\frown}{M_x}=0 & \therefore M_x=+R_A\cdot x \end{array}\right\} \quad (2.3)$$

$\overset{\frown}{M_x}$ は，右図のように反力 R_A によるモーメント $\overset{\frown}{R_A\cdot x}$ に釣合うように生じ，左部材自体の回転を防ぐ役目をはたしていると考えることもできる．

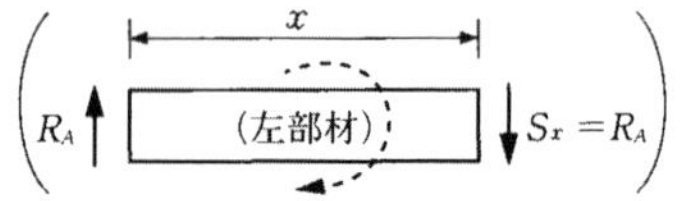

（R_A　（左部材）　$S_x=R_A$，x）

同様に，右部材全体（図 2.18）においても，力の釣合い条件式（2.1）を適用することができる．$N_x'=N_x$，$S_x'=S_x$，$M_x'=M_x$ であることを確認してみよう．

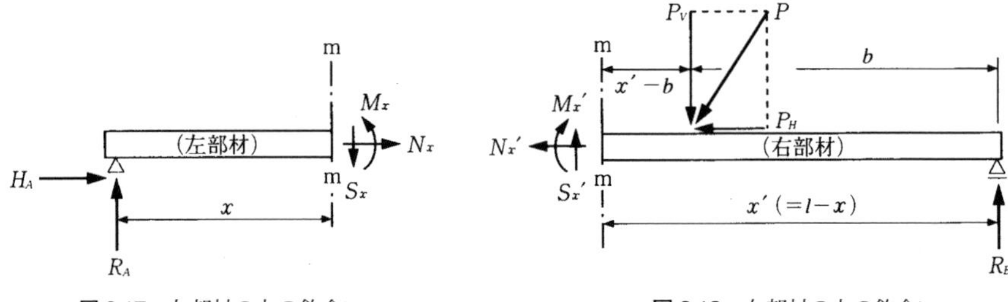

図 2.17　左部材の力の釣合い

図 2.18　右部材の力の釣合い

$$
\left.\begin{array}{lll}
\Sigma H=0\text{ より} & N_x'+P_H=0 & \therefore N_x'=-P_H \\
\Sigma V=0\text{ より} & R_B-P_V+S_x'=0 & \therefore S_x'=+P_V-R_B \\
\Sigma M_{at\ m}=0\text{ より} & \oplus M_x' \oplus P_V(x'-b) \ominus R_B\cdot x'=0 & \\
 & & \therefore M_x'=R_B\cdot x'-P_V(x'-b)
\end{array}\right\} \quad (2.4)
$$

一方，図 2.14 において反力 R_A，H_A および R_B を力の釣合い条件式を適用して求めてみると

$$
\left.\begin{array}{lll}
\Sigma H=0\text{ より} & H_A-P_H=0 & \therefore H_A=+P_H \\
\Sigma V=0\text{ より} & R_A+R_B-P_V=0 & \therefore R_A=+P_V-R_B \\
\Sigma M_{at\ B}=0\text{ より} & \oplus R_A\cdot l \ominus P_V\cdot b=0 & \therefore R_A=\dfrac{P_V\cdot b}{l} \\
\Sigma M_{at\ A}=0\text{ より} & \oplus P_V\cdot a \ominus R_B\cdot l=0 & \therefore R_B=\dfrac{P_V\cdot a}{l}
\end{array}\right\} \quad (2.5)
$$

式（2.4）に式（2.5）を代入すれば

$$N_x'=-P_H=\underline{-H_A=N_x}$$

$$S_x'=+P_V-R_B=\underline{+R_A=S_X}$$

$$M_x'=R_B\cdot x'-P_V(x'-b)$$

ここで，$x'=l-x$ および $R_B=P_V-R_A$ を代入すれば

$$
\begin{aligned}
M_x'&=(P_V-R_A)(l-x)-P_V(l-x-b)\\
&=-R_A\cdot l+R_A\cdot x+\underbrace{P_V\cdot b}_{=R_A\cdot l}=\underline{+R_A\cdot x=M_x}
\end{aligned}
$$

となり，式（2.3）と一致することが確認できた.

梁の断面力の算定手順をまとめると以下のとおりである.

① 支点反力を力の釣合い条件式（2.1）を適用して求める.

② 求めようとする任意の断面において，梁を左右 2 つの部材に分割する.

③ 切断面に正の軸力 N，せん断力 S，曲げモーメント M が生じていると仮定する.

④ 左右どちらかの部材について，力の釣合い条件式 (2.1) を適用して，N，S，M を求める.

梁の各断面のせん断力を縦距として描いた図をせん断力図（shearing force

diagram），曲げモーメントを縦距として描いた図を曲げモーメント図（bending moment diagram）という．また，軸力を縦距として描いた図を軸力図（axial force diagram）という．

計算例 2　集中荷重をスパン中央に受ける単純梁（図 2.19(a)）

⑴　反　力

力の釣合い条件式（2.1）から

$$\sum M_{at\,B} = \oplus R_A \times l \ominus P \times \frac{l}{2} = 0$$

$$\therefore R_A = \frac{P}{2}$$

$$\sum M_{at\,A} = \oplus P \times \frac{l}{2} \ominus R_B \times l = 0$$

$$\therefore R_B = \frac{P}{2}$$

$\sum H = 0$ より　　$\therefore H_A = 0$

⑵　断面力

左部材の任意点 x の m-m 断面における断面力 N_x，S_x，M_x を，力の釣合い条件式（2.1）から求める．

$\sum H = 0$ より　　$H_A + N_x = 0 + N_x = 0$　$\therefore N_x = 0$

$\sum V = 0$ より　　$R_A - S_x = 0$　$\therefore S_x = R_A = +\dfrac{P}{2}$

$\sum M_{at\,m} = 0$ より　$\oplus R_A \cdot x \ominus M_x = 0$　$\therefore M_x = R_A \cdot x = \dfrac{P}{2} \cdot x$

$x = \dfrac{l}{2}$ のとき　　$M_x = \dfrac{P}{2} \times \dfrac{l}{2} = \dfrac{Pl}{4} = M_{\max}$

右部材の任意点 x' の m'-m' 断面においても同様に

$\sum H = 0$ より　　$\therefore N_{x'} = 0$

$\sum V = 0$ より　　$R_B + S_{x'} = 0$　　$\therefore S_{x'} = -R_B = -\dfrac{P}{2}$

$\sum M_{at\,m'} = 0$ より　$\oplus M_{x'} \ominus R_B \cdot x' = 0$　　$\therefore M_{x'} = R_B x' = \dfrac{P}{2} x'$

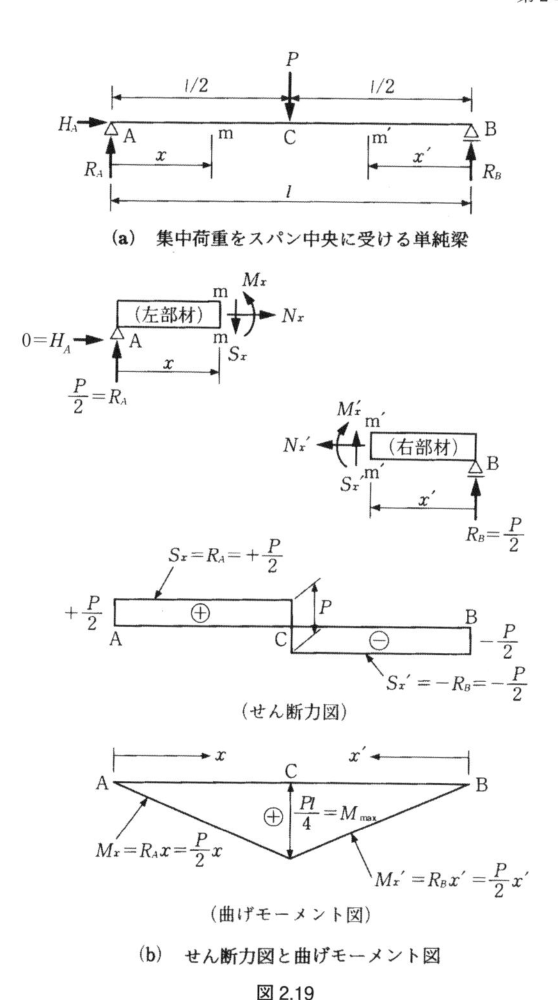

(a)　集中荷重をスパン中央に受ける単純梁

(b)　せん断力図と曲げモーメント図

図 2.19

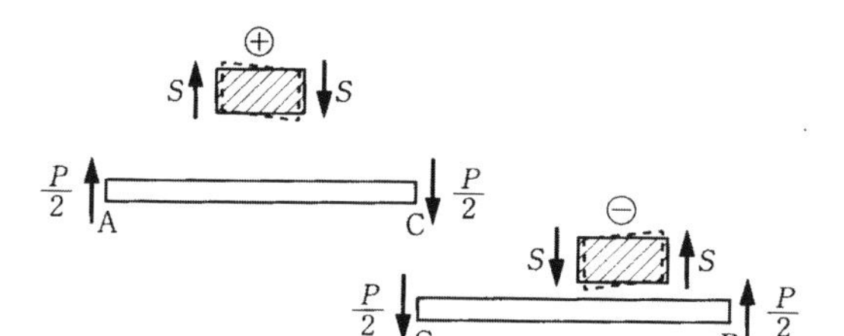

図 2.20　垂直方向の力の釣合い

$x'=\dfrac{l}{2}$ のとき　　$M_{x'}=\dfrac{P}{2}\times\dfrac{l}{2}=\dfrac{Pl}{4}=M_{\max}$

左右の部材の任意点のせん断力と曲げモーメントを縦距として描くと，図 2.19 (b) に示すせん断力図と曲げモーメント図が得られる．

右部材のせん断力図の符号はマイナスとなる．これは，図 2.15 に示す梁のせん断力の符号の定義によるものであり，図 2.20 に示すように，垂直方向の力の釣合いをイメージするとわかりやすい．

計算例 3　等分布荷重を受ける単純梁（図 2.21 (a)）

(1)　反　力

等分布荷重の全荷重 $\overline{P}$ は ql であり，その作用点はスパン中央となる．力の釣合い条件式（2.1）から

$$\sum M_{at\,B}=\oplus R_A\cdot l\ominus\overline{P}\cdot\frac{l}{2}=0$$

$$\therefore R_A=\frac{\overline{P}}{2}=\frac{ql}{2}$$

$$\sum M_{at\,A}=\oplus\overline{P}\cdot\frac{l}{2}\ominus R_B\cdot l=0$$

$$\therefore R_B=\frac{\overline{P}}{2}=\frac{ql}{2}$$

$\sum H=0$ より　　$\therefore H_A=0$

(2)　断面力

任意点 x の m-m 断面における断面力 N_x，S_x，M_x を力の釣合い条件式（2.1）から求める．

$\sum H=0$ より　　$H_A+N_x=0+N_x=0$　　$\therefore N_x=0$

$\sum V=0$ より　　$R_A-qx-S_x=0$

$$\therefore S_x=R_A-qx=\frac{ql}{2}-qx$$

$x=\dfrac{l}{2}$ のとき　　$S_x=0$

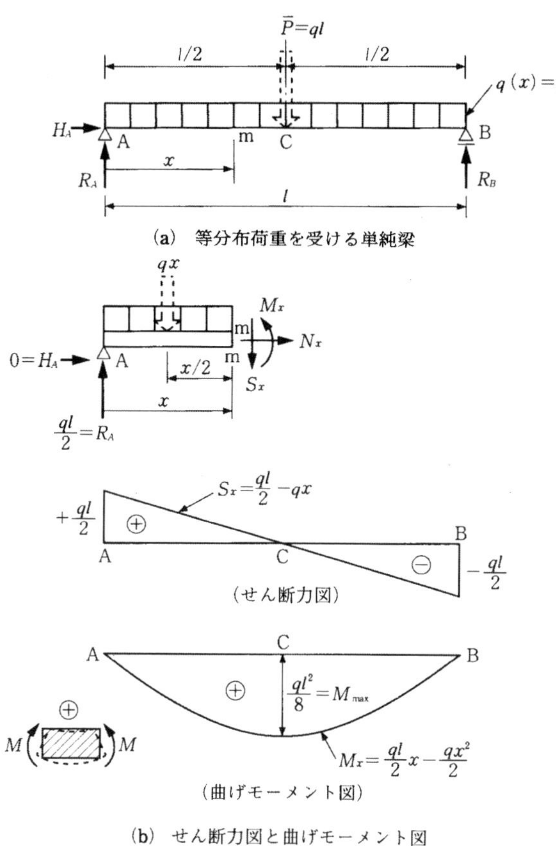

図 2.21

$x=l$ のとき　　$S_x=-\dfrac{ql}{2}$

$\Sigma M_{at\,m}=0$ より

$$\oplus R_A\cdot x\ominus(qx)\cdot\frac{x}{2}\ominus M_x=0$$

$$\therefore M_x=R_Ax-\frac{qx^2}{2}=\frac{ql}{2}x-\frac{qx^2}{2}$$

$x=\dfrac{l}{2}$ のとき　　$M_x=\dfrac{ql^2}{8}=M_{\max}$

$x=l$ のとき　　$M_x=0$

図 2.15 に示す梁の断面力の符号の定義から，曲げモーメントの符号は，下に凸の曲げ変形を生じているとき⊕としており，曲げモーメント図もそれに合わせて下側に⊕の値をとって図示する（図 2.21（b））.

計算例 4　モーメント荷重（applied moment or external moment）を受ける単純梁（図 2.22（a））

⑴　反　力

モーメント荷重は，部材の全長に伝わる．力の釣合い条件式（2.1）から

$$\Sigma M_{at\,B}=\oplus\overset{\curvearrowright}{R_A\cdot l}\oplus\overset{\curvearrowright}{M}=0$$

$$\therefore R_A=-\frac{M}{l}\quad\text{（負の反力）}$$

$$\Sigma M_{at\,A}=\oplus\overset{\curvearrowright}{M}\ominus\overset{\curvearrowleft}{R_B\cdot l}=0$$

$$\therefore R_B=\frac{M}{l}$$

$$\Sigma H=0\qquad\therefore H_A=0$$

(2)　断面力

左部材の任意点 x の m-m 断面における断面力 N_x，S_x，M_x を力の釣合い条件式（2.1）から求める．

$$\Sigma H=0\text{ より}\qquad H_A+N_x=0+N_x=0\qquad\therefore N_x=0$$

$$\Sigma V=0\text{ より}\qquad -\frac{M}{l}-S_x=0\qquad\therefore S_x=-\frac{M}{l}$$

$$\Sigma M_{at\,m}=0\text{ より}\qquad \ominus\overset{\curvearrowleft}{\frac{M}{l}\cdot x}\ominus\overset{\curvearrowleft}{M_x}=0\qquad\therefore M_x=-\frac{M}{l}\cdot x$$

$$x=\frac{l}{2}\text{ のとき}\qquad M_x=-\frac{M}{2}$$

右部材の任意点 x' の m′-m′ 断面においても同様に

$$\Sigma H=0\text{ より}\qquad\therefore N_{x'}=0$$

$$\Sigma V=0\text{ より}\qquad R_B+S_{x'}=0\qquad\therefore S_{x'}=-R_B=-\frac{M}{l}$$

$$\Sigma M_{at\,m}=0\text{ より}\quad \oplus\overset{\curvearrowright}{M_{x'}}\ominus\overset{\curvearrowleft}{R_B\cdot x'}=0\qquad\therefore M_{x'}=R_B\cdot x'=+\frac{M}{l}\cdot x'$$

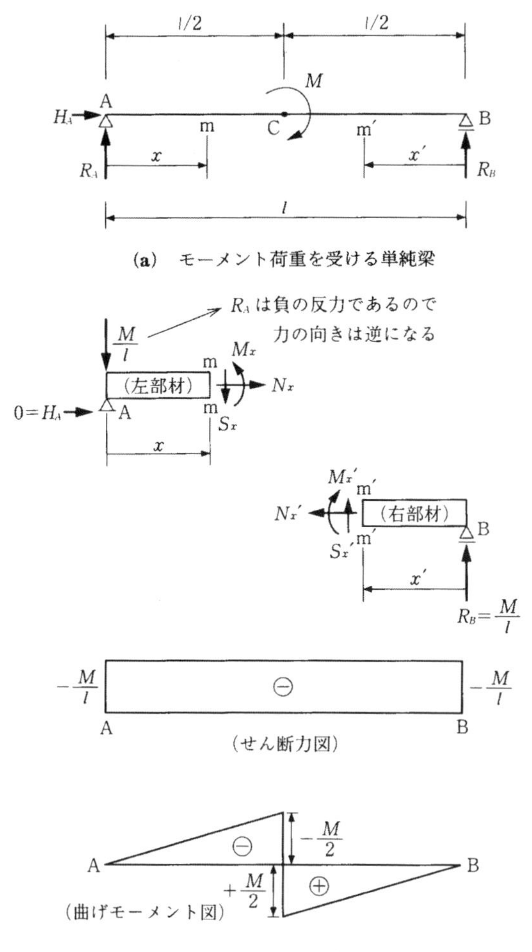

(b)　せん断力図と曲げモーメント図

図 2.22

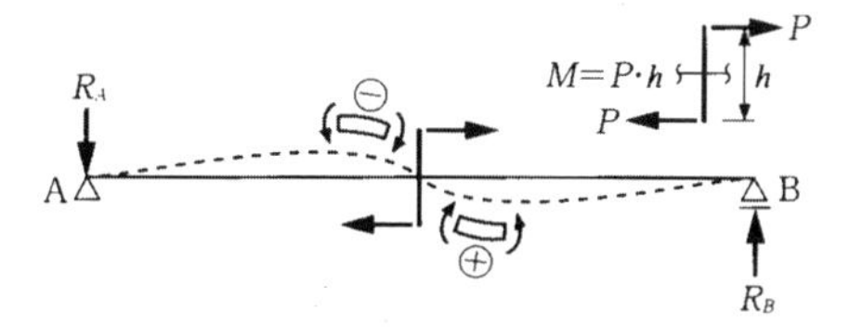

図 2.23　モーメント荷重による曲げ変形のイメージ

$$x' = \frac{l}{2} \text{のとき} \qquad M_{x'} = +\frac{M}{2}$$

曲げモーメント図の符号の変化は，図 2.23 に示すように，モーメント荷重による曲げ変形をイメージするとわかりやすい．

計算例5　集中荷重を受ける片持梁（図 2.24（a））

⑴　反　力

力の釣合い条件式（2.1）から

$$\Sigma V = R_A - P = 0$$

$$\therefore R_A = P$$

$$\Sigma M_{at\,B} = \oplus M_A \oplus R_A \times l \ominus P \times (l - a) = 0$$

$$\therefore M_A = P(l - a) - R_A \cdot l$$

$$= Pl - P \cdot a - P \cdot l = -P \cdot a$$

これより反力 M_A は反時計まわり（↗）に生じることがわかる．

$\Sigma H = 0$ より　　$\therefore H_A = 0$

⑵　断面力

右部材の任意点 x の m-m 断面における断面力 N_x，S_x，M_x を力の釣合い条件式（2.1）から求める．

$\Sigma H = 0$ より　　$\therefore N_x = 0$

$\Sigma V = 0$ より

$$S_x - P = 0$$

$$\therefore S_x = +P$$

ただし，$x = 0 \sim b$ の範囲では $S_x = 0$

$\Sigma M_{at\,m} = 0$ より

$$\oplus M_x \oplus P(x - b) = 0$$

$$\therefore M_x = -P(x - b)$$

ただし，$x = 0 \sim b$ の範囲では $M_x = 0$

左部材の任意点 x' の m′-m′ 断面においても同様に

$\Sigma H = 0$ より

$$H_A + N_{x'} = 0 + N_{x'} = 0$$

$$\therefore N_{x'}=0$$

$\Sigma V=0$ より

$$R_A-S_{x'}=0$$

$$\therefore S_{x'}=+R_A=+P$$

$\Sigma M_{at\ m'}$ より

$$\oplus \overset{\frown}{M_A} \oplus \overset{\frown}{R_A \cdot x'} \ominus \overset{\frown}{M_{x'}}=0$$

$$\therefore M_{x'}=M_A+R_A \cdot x'$$
$$=-P \cdot a+Px'$$
$$=-P(a-x')$$

せん断力図の符号がプラスとなるのは，図2.15に示すせん断力の符号の定義によっている．

曲げモーメント図の符号がマイナスとなるのは，上に凸の曲げ変形をすることをイメージするとよい．さらに，xの原点をC点にとり，xをA点に向って変化させると，固定端に生じる反力としてのモーメント（**モーメント反力**）は

$$\overset{\frown}{M_A}=\overset{\frown}{P \times a}$$

から負曲げであることがわかる．固定端の反力には，R_Aに加えてM_A（負値）があることを忘れないこと．

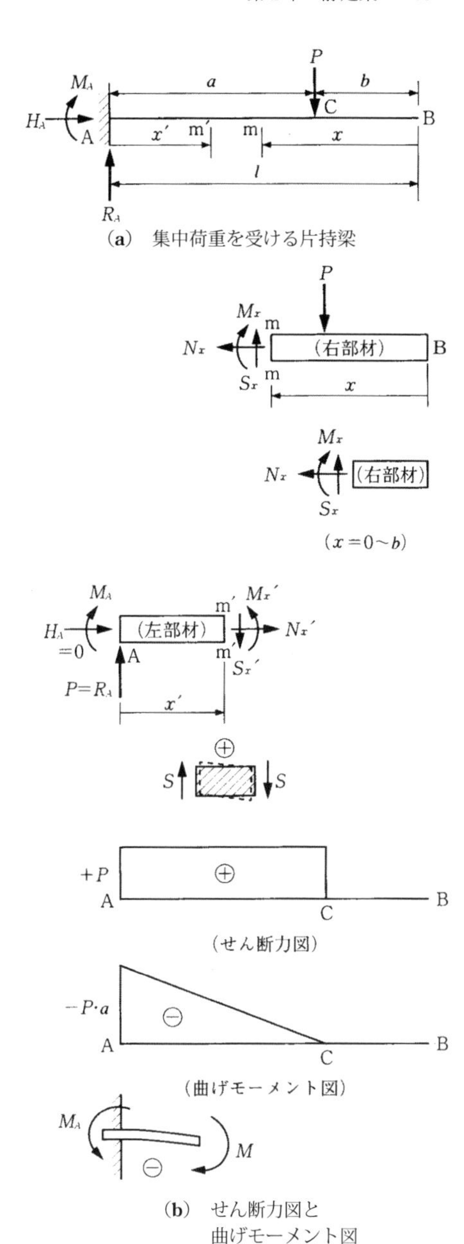

(a)　集中荷重を受ける片持梁

(b)　せん断力図と曲げモーメント図

図2.24

2.3　荷重強度，せん断力および曲げモーメントの関係

これらの関係は，梁の種類を問わずまた荷重の種類を問わず一般的に

成立する重要な関係である．これを証明してみよう．

梁の任意点 x において，微小区間 dx の部分を取り出して考える．

微小区間に作用する力に対して，力の釣合い条件式を適用すると

$\Sigma V=0$ より（上向きの力をプラスとする）

$$S_x-q(x)dx-(S_x+dS_x)=0$$

$$dS_x=-q(x)dx$$

$$\therefore \frac{dS_x}{dx}=-q(x) \qquad (2.6)$$

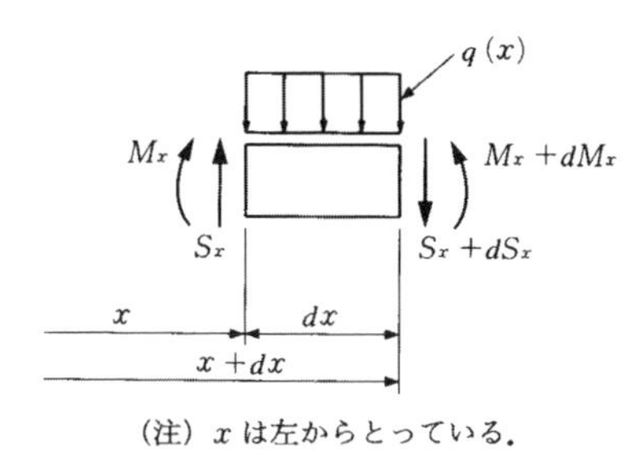

（注）x は左からとっている．

図 2.25　微小区間の釣合い

すなわち，せん断力の変化する割合は，荷重強度（intensity of distributed load）の大きさに等しく「符号は反対」である．

次に，微小区間の中心において

$\Sigma M=0$ より（時計まわりをプラスとする）

$$\oplus M_x \oplus S_x\frac{dx}{2}\ominus\left(M_x+dM_x\right)\oplus\left(S_x+dS_x\right)\frac{dx}{2}=0$$

$$M_x+S_x\frac{dx}{2}-M_x-dM_x+S_x\frac{dx}{2}+\underbrace{dS_x\frac{dx}{2}}_{\text{省略}}=0$$

$$dM_x=S_x dx$$

$$\therefore \frac{dM_x}{dx}=S_x \qquad (2.7)$$

すなわち，曲げモーメントの変化する割合は，その点のせん断力に等しい．また，$S_x=0$ の点において，最大の曲げモーメントを生じる．

式（2.6）と式（2.7）より荷重強度，せん断力および曲げモーメントの関係が次式のように得られる．

$$\therefore \frac{d^2M_x}{dx^2}=\frac{dS_x}{dx}=-q(x) \qquad (2.8)$$

なお，梁の任意の点 x を右からとった場合には，せん断力は逆符号となる．詳細は第 8 章の **8.3　微分方程式による解法**を参照されたい．

三角形分布荷重が作用している単純梁を例に，式（2.7），（2.8）の関係を確認

してみよう.

計算例6　三角形分布荷重を受ける単純梁（図2.26）

(1)　反　力

三角形分布荷重の全荷重 $\overline{P}$ は，$q \times l \times 1/2 = ql/2$ であり，その作用点は，右支点Bから $l/3$ の位置である.

力の釣合い条件式（2.1）から

$$\sum M_{at\,B} = \oplus R_A \times l \ominus \overline{P} \times \frac{1}{3} l = 0$$

$$\therefore R_A = \frac{1}{l} \cdot \overline{P} \cdot \frac{l}{3} = \frac{1}{3} \cdot \frac{ql}{2} = \frac{ql}{6}$$

$$\sum M_{at\,A} = \oplus \overline{P} \times \frac{2}{3} l \ominus R_B \times l = 0$$

$$\therefore R_B = \frac{1}{l} \cdot \overline{P} \cdot \frac{2}{3} l = \frac{2}{3} \cdot \frac{ql}{2} = \frac{ql}{3}$$

$\sum H = 0$ より　　$\therefore H_A = 0$

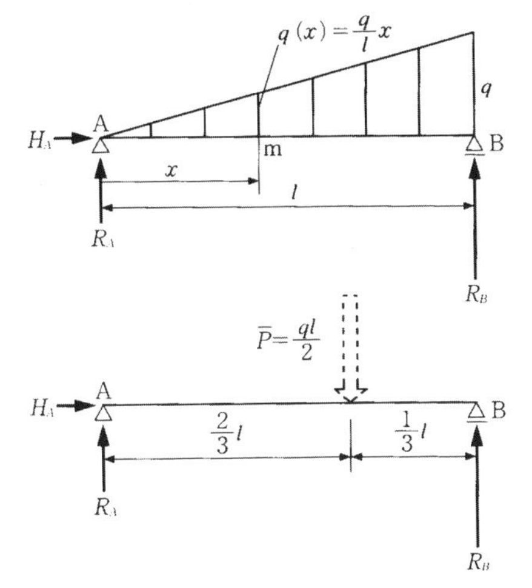

図2.26　三角形分布荷重を受ける単純梁

(2)　断面力

図2.27に示すように，左部材の任意点 x の m-m 断面における断面力 N_x，S_x，M_x を力の釣合い条件式（2.1）から求める.

$\sum H = 0$ より　　$H_A + N_x = 0 + N_x = 0$　　$\therefore N_x = 0$

$\sum V = 0$ より　　$R_A - \dfrac{qx^2}{2l} - S_x = 0$　　$\therefore S_x = R_A - \dfrac{qx^2}{2l} = \dfrac{ql}{6}\left\{1 - 3\left(\dfrac{x}{l}\right)^2\right\}$

$\sum M_{at\,m} = 0$ より　　$\oplus R_A x \ominus \left(\dfrac{qx^2}{2l}\right)\dfrac{x}{3} \ominus M_x = 0$

$$\therefore M_x = R_A x - \frac{qx^3}{6l} = \frac{ql^2}{6}\left\{\frac{x}{l} - \left(\frac{x}{l}\right)^3\right\}$$

せん断力が0となる点Cの位置は，$S_x = 0$ とおいて

$$\left(\frac{x}{l}\right)^2 = \frac{1}{3} \qquad \therefore x = \frac{l}{\sqrt{3}}$$

M_x の式に $x = l/\sqrt{3}$ を代入すると

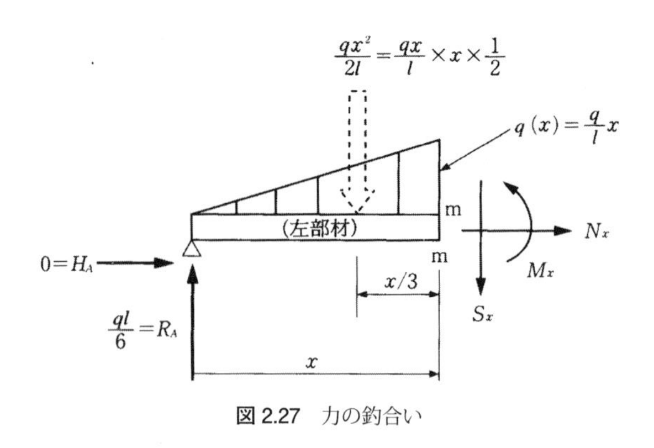

図 2.27　力の釣合い

$$M_{\max}=\frac{ql^2}{9\sqrt{3}}$$

となり，せん断力図と曲げモーメント図を描くと，図 2.28 のとおりである．

さて，M_x の式を x について微分してみる．

$$\frac{dM_x}{dx}=\frac{ql^2}{6}\left\{\frac{1}{l}-3\frac{x^2}{l^3}\right\}$$

$$=\frac{ql}{6}\left\{1-3\left(\frac{x}{l}\right)^2\right\}=S_x$$

さらにもう 1 度微分すると

$$\frac{d^2M_x}{dx^2}=\frac{dS_x}{dx}=\frac{ql}{6}\left\{0-3\cdot2\frac{x}{l^2}\right\}$$

$$=-\frac{q}{l}x=-q(x)$$

となり，式（2.6），（2.7），（2.8）が成立することが確認された．

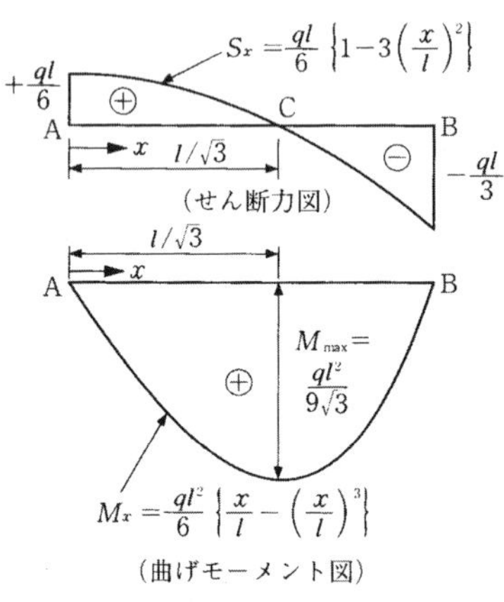

図 2.28　せん断力図と曲げモーメント図

このような荷重強度，せん断力および曲げモーメントの関係を，代表的な単純梁のせん断力図と曲げモーメント図から要約して表 2.4 に示す．

表 2.4　荷重とせん断力図・曲げモーメント図の関係

荷　重　の　種　類	要　　　　約
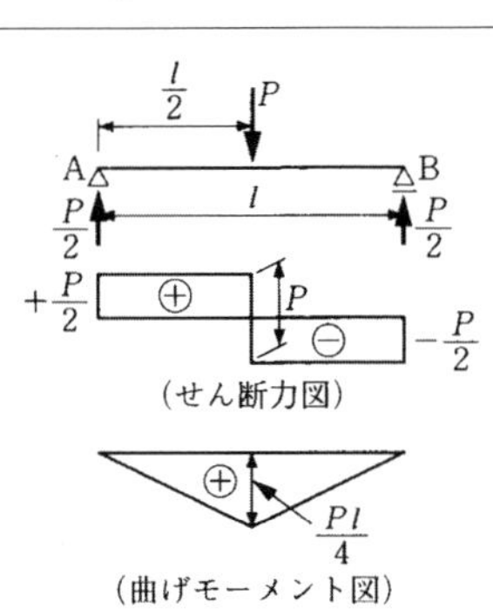	①荷重が作用していない区間[$q(x)=0$]では，せん断力図は水平，曲げモーメント図は傾いた直線となる $\frac{dS_x}{dx}=0$ より　$S_x=\text{const.}$ $\therefore \frac{dM_x}{dx}=S_x=\text{const.}$ ②ある点の曲げモーメントの値は，支点からその点までのせん断力図の面積に等しい $\frac{dM_x}{dx}=S_x$ より　$M_x=\int_0^x S_x dx$ ③集中荷重の作用点では，せん断力図に垂直な段差ができる
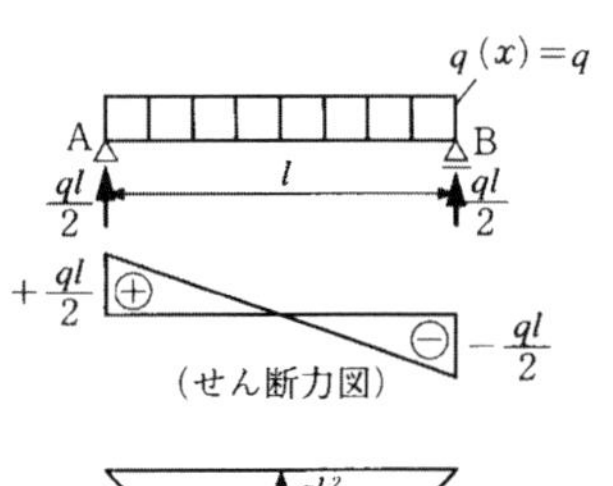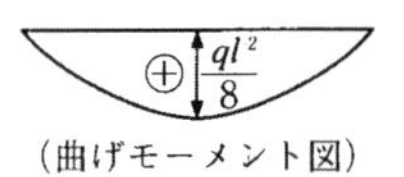	④等分布荷重の区間[$q(x)=\text{const.}$]では，せん断力図は傾いた直線，曲げモーメント図は二次曲線となる $\frac{dS_x}{dx}=-q(x)=\text{const.}$　　$\frac{d^2M}{dx^2}=-q(x)=\text{const.}$ ⑤曲げモーメントの値が最大となるのは，せん断力の符号が正から負に変化する位置である $\frac{dM_x}{dx}=S_x=0$ ⑥2点間のせん断力の差は，その区間の荷重の和に等しい $dS_x=-q(x)\,dx$
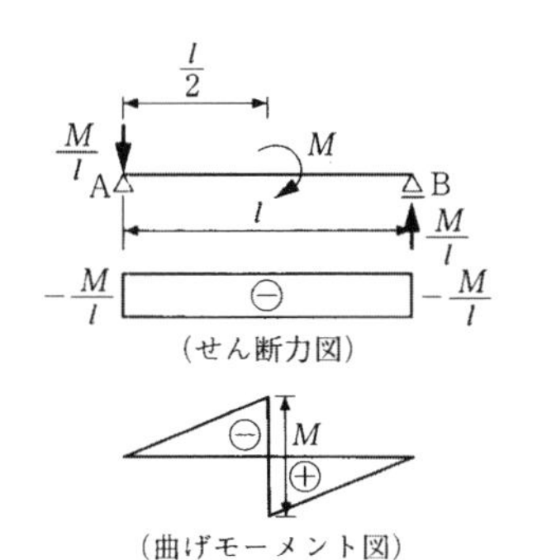	⑦モーメント荷重（applied moment）の作用点では，曲げモーメント図に垂直な段差ができる （注）モーメント荷重は，偶力（couple of forces）に置換できる 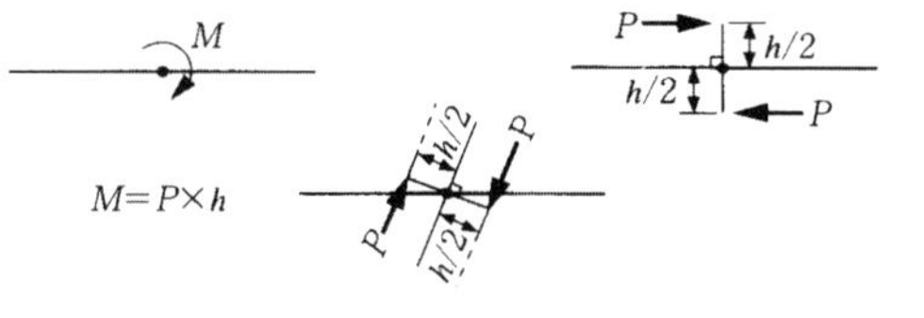

■参考文献

1) 小池　晋：実用構造力学，理工図書，pp.20 ～ 21，1977.
2) 酒井忠明：構造力学，技報堂出版，pp.10 ～ 11，1970.
3) 宮本　裕他：構造工学の基礎と応用（第 4 版），技報堂出版，p.15，2016.
4) 土木学会編：構造工学公式集（第 2 版），1986.

ローマ橋（スペイン・コルドバ）

ローマ帝国時代の紀元後 1 世紀頃，コルドバで本格的な都市建設が始まると，ローマへの道「ビア・アウグスタ（Via Augusta）」の要衝としてグアダルキビール川に架橋された．全長 230m のローマ橋（Puente Romano）は，16 のアーチで支えられており，イスラム教の時代に補強され，さらにキリスト教の時代に改修されている．対岸のメスキータでは，それぞれの宗教建築の荘厳さを体感できる．（写真提供：佐藤恒明）

第3章　静定トラス

3.1　トラスの定義

図3.1のように，両端をヒンジで支えられている直線部材の図心に軸方向の力(軸力)が作用するとき,部材には曲げモーメントやせん断力は生じなく,単純引っ張りあるいは単純圧縮の状態になる．このような部材を組み合わせて三角形を形成し，外力に抵抗させる構造をトラス（truss）という．トラスは橋梁の形式として，古くから国内外で使われている．送電鉄塔の構造なども，トラスの一種である．トラスを構成する各々の部材をトラス部材といい，トラス部材が集合してヒンジで結合されている部分を節点（joint）あるいは格点（panel joint）という．部材の組合せ方によって力学的特性は異なり，トラスの名称も異なる．図3.2に代表的なトラス形式を示す．トラスが橋梁の主構となる場合にはトラス梁とも呼ばれる．

トラス部材に生ずる内力を部材力という．最も単純なトラスは3本の部材で1個の三角形を構成するものであるが（図3.3），構造物として一般的に使用されるときは図3.2のように多くの三角形で構成される．トラスの上下縁にある部材は

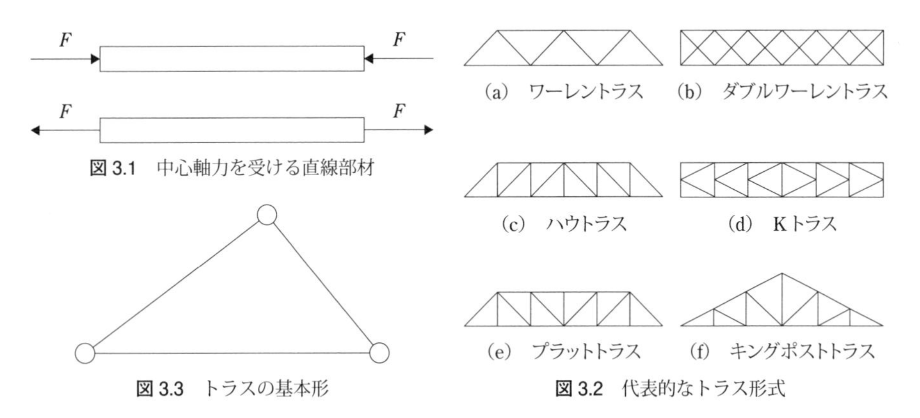

図3.1　中心軸力を受ける直線部材

図3.3　トラスの基本形

図3.2　代表的なトラス形式

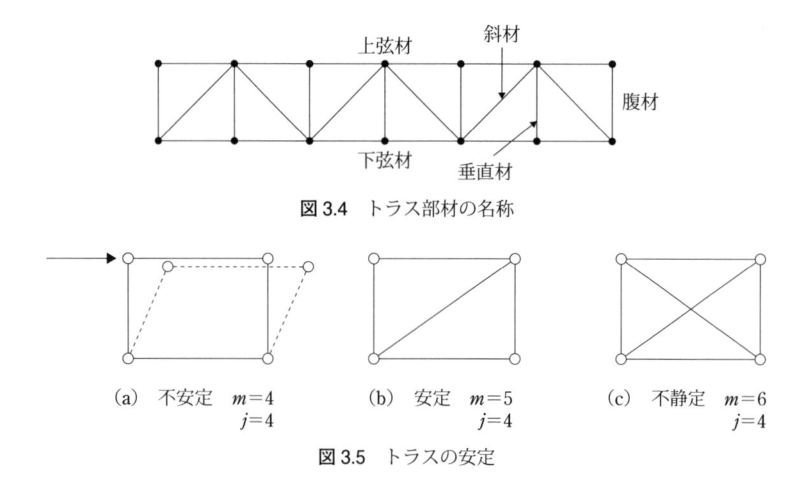

図 3.4 トラス部材の名称

図 3.5 トラスの安定

弦材（chord member）と呼ばれ，上部にある上弦材（upper chord member）と下部にある下弦材（lower chord member）に分類される．上弦材と下弦材を結ぶ部材は腹材（web member）と呼ばれ，その配置によって斜材（diagonal member）と鉛直材（または垂直材）（vertical member）に分類される（図 3.4）．上弦材と下弦材が平行に配置されたトラスを平行弦トラス（直弦トラス）（parallel chord truss）といい，上弦材と下弦材が平行でなく，全体がアーチ状になっているトラスを曲弦トラス（curved chord truss）という．

1 個の三角形を形成するためには，3 本の部材と 3 個の節点が必要であるが，三角形を 1 個増やすためには 2 本の部材と 1 個の節点を増やせばよい．したがって，三角形の数 n，部材数 m，節点数 j の間には，$m=2n+1$，$j=n+2$ の関係があり，n を消去して部材数と節点数の関係は，

$$m=2j-3 \tag{3.1}$$

となる．部材数が上式より少ない場合（$m<2j-3$ のとき）には，不安定な構造となる（図 3.5（a））．各部材が三角形の一辺になっていて，かつ部材数が上式で得られる m を満足するとき（$m=2j-3$ のとき），構造は安定である（図 3.5 (b)）．この場合のトラスを静定トラスという．また，部材数が上式の m を超えるとき（$m>2j-3$ のとき）は，構造は安定であるが過剰に部材を有する不静定トラスとなる（図 3.5（c））．

トラスは，部材が同一平面内に配置される平面トラス（2次元トラス）として解析されることが多いが，3次元的な解析が要求される場合もある．そのようなトラスを3次元トラスまたは立体トラスという．本書は平面トラスのみを扱う．

3.2　トラスの解法

前節で述べたように，トラスは軸力のみが生じる構造である．そのためには，トラスの部材力を算定するトラスの解法は，以下の仮定の上に成り立っている．

①　部材は直線である．
②　部材の図心線は節点で重なる．
③　節点はヒンジ構造であり，部材には曲げモーメントは生じない．
④　外力は節点のみに作用する．
⑤　変形は微小で弾性範囲内とする．

ほとんどのトラスの節点は，実際にはヒンジ構造ではなく，部材はガセットプレートと呼ばれる部材に溶接あるいはボルトで剛結されている（図3.6）．そのために，部材には二次応力（secondary stress）と呼ばれる曲げモーメントとせん断力が生ずるが，これらは部材の断面寸法が小さい場合，一般には無視できるほどの大きさであることが知られている．

トラスの標準的な解法は，以下に示す節点法と断面法である．いずれも部材力は引張力を正（＋）の力として表すので，部材力を求めた結果，負（－）の力になった場合は圧縮力となる．

また，部材力を算出する前に支点反力を求めることが必要であるが，トラスの支点反力は梁の場合と同様に，支点まわりのモーメントの釣合いにより求められる．

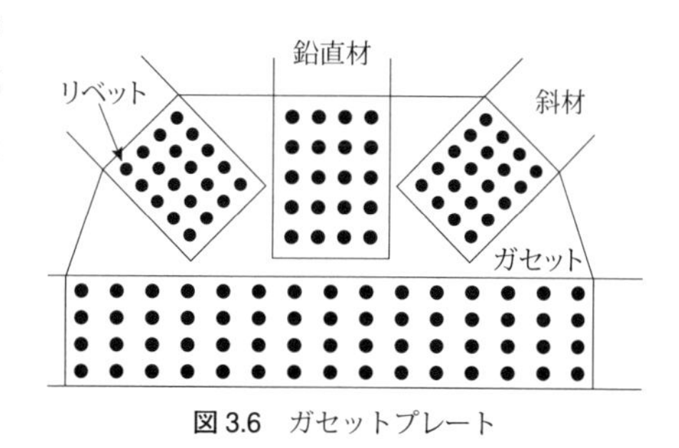

図3.6　ガセットプレート

(1)　節点法（method of joints）

節点法は，1つの節点に集まる多数の部材力（N_i，$i=1\sim n$）と外力（F_x，F_y）

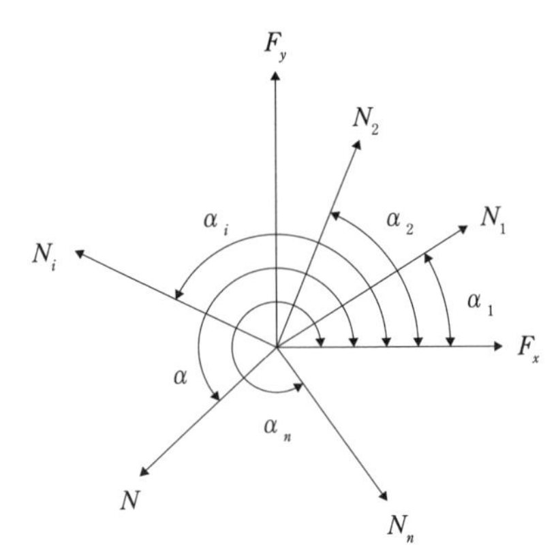

図 3.7　節点に集まる部材力と外力

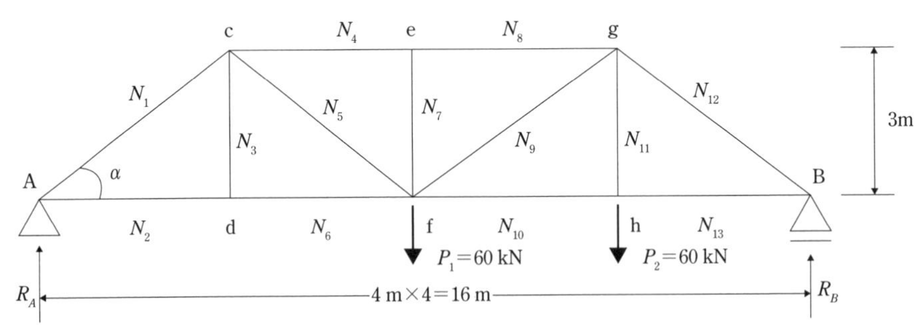

図 3.8　鉛直材を有するワーレントラス

の釣合い式をたてて算出する解法である．平面トラスの場合，節点における力の釣合い式は式（3.2）で与えられるが，水平および鉛直方向の分力で表せば，式(3.3）のようになる（図 3.7）.

$$\Sigma N_i + \Sigma F_j = 0 \tag{3.2}$$

$$\left.\begin{array}{l}\text{水平方向}\ \Sigma N_{xi} + \Sigma F_x = 0 \quad \text{すなわち，}\ \Sigma N_i \cdot \cos\alpha_i + F_x = 0 \\ \text{鉛直方向}\ \Sigma N_{yi} + \Sigma F_y = 0 \quad \text{すなわち，}\ \Sigma N_i \cdot \sin\alpha_i + F_y = 0\end{array}\right. \tag{3.3}$$

例として，図 3.8 に示す鉛直材を有するワーレントラスの部材力を算出する．トラスの形状・寸法，節点および部材を図中に示した記号で表す．まず，各支点の鉛直方向の支点反力を各支点まわりのモーメントの釣合い式から算出すると以下のようになる.

B点まわりのモーメントの釣合い式

$$R_A \cdot 16 - P_1 \cdot 8 - P_2 \cdot 4 = 0$$

$$\therefore R_A = \frac{P_1 \cdot 8 + P_2 \cdot 4}{16} = \frac{60 \cdot 8 + 60 \cdot 4}{16} = 45\ (\mathrm{kN})$$

A点まわりのモーメントの釣合い式

$$P_1 \cdot 8 + P_2 \cdot 12 - R_B \cdot 16 = 0$$

$$\therefore R_B = \frac{P_1 \cdot 8 + P_2 \cdot 12}{16} = \frac{60 \cdot 8 + 60 \cdot 12}{16} = 75\ (\mathrm{kN})$$

図3.8より，$\sin\alpha = 3/5$，$\cos\alpha = 4/5$であることを考慮すると，各節点における力の釣合い式から，部材力は以下のように算出される．

支点A（図3.9（a））

鉛直方向　$N_1 \cdot \sin\alpha + R_A = 0$　(3.4a)

$$\therefore N_1 = -\frac{R_A}{\sin\alpha} = -\frac{45}{3/5} = -45 \cdot \frac{5}{3} = -75\ (\mathrm{kN})$$

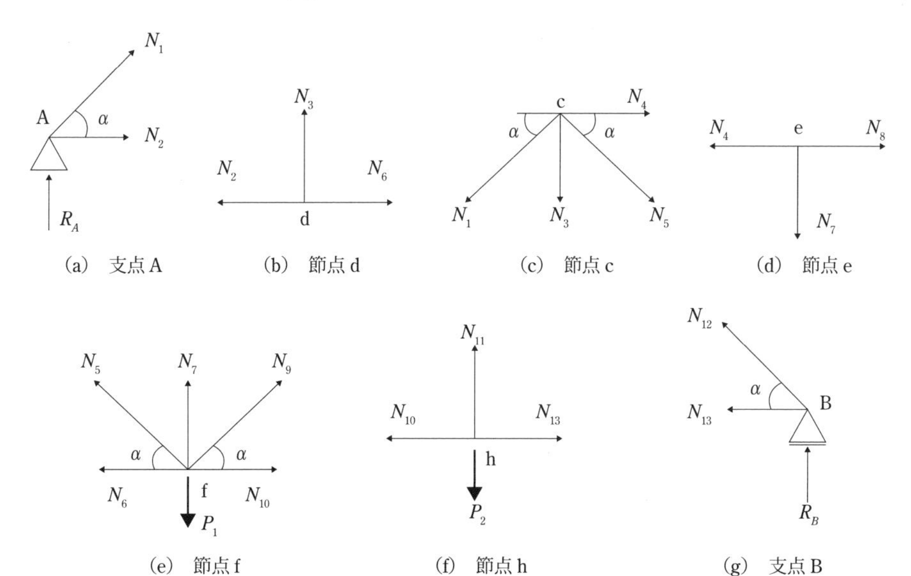

(a)　支点A　(b)　節点d　(c)　節点c　(d)　節点e

(e)　節点f　(f)　節点h　(g)　支点B

図3.9　各節点における力の釣合い

水平方向　$N_1\cdot\cos\alpha+N_2=0$

$$\therefore N_2=-N_1\cos\alpha=-(-75)\cdot\frac{4}{5}=60\ (\mathrm{kN})$$

節点 d（図 3.9（b））

鉛直方向　$N_3=0$　(3.4 b)

水平方向　$-N_2+N_6=0$

$\therefore N_6=N_2=60(\mathrm{kN})$

節点 c（図 3.9（c））

鉛直方向　$-N_1\cdot\sin\alpha-N_3-N_5\cdot\sin\alpha=0$　(3.4 c)

$N_3=0$ より，

$-(N_1+N_5)\sin\alpha=0$

$\therefore N_5=-N_1=-(-75)=75(\mathrm{kN})$

水平方向　$N_4+N_5\cdot\cos\alpha-N_1\cdot\cos\alpha=0$

$\therefore N_4=N_1\cdot\cos\alpha-N_5\cdot\cos\alpha=(N_1-N_5)\cos\alpha$

$$=(-75-75)\cdot\frac{4}{5}=-150\cdot\frac{4}{5}=-120\quad(\mathrm{kN})$$

節点 e（図 3.9（d））

鉛直方向　$-N_7=0$　(3.4 d)

$\therefore N_7=0$

水平方向　$N_8-N_4=0$

$\therefore N_8=N_4=-120\quad(\mathrm{kN})$

節点 f（図 3.9（e））

鉛直方向　$N_5\cdot\sin\alpha+N_7+N_9\cdot\sin\alpha-P_1=0$　(3.4 e)

$N_7=0$ より，

$$N_9=\frac{1}{\sin\alpha}(P_1-N_5\cdot\sin\alpha)=\frac{1}{3/5}\left(60-75\cdot\frac{3}{5}\right)=(60-45)\cdot\frac{5}{3}$$

$$=15\cdot\frac{5}{3}=25\quad(\mathrm{kN})$$

水平方向　$N_{10}+N_9\cdot\cos\alpha-N_5\cdot\cos\alpha-N_6=0$

$$\therefore N_{10}=N_6+(N_5-N_9)\cos\alpha=60+(75+25)\cdot\frac{4}{5}=60+50\cdot\frac{4}{5}$$

$$=60+40=100 \quad (\mathrm{kN})$$

節点 h（図 3.9（f））

鉛直方向　$N_{11}-P_1=0$　(3.4f)

$\therefore N_{11}=P_1=60(\mathrm{kN})$

水平方向　$N_{13}-N_{10}=10$

$\therefore N_{13}=N_{10}=100 \quad (\mathrm{kN})$

支点 B（図 3.9（g））

鉛直方向　$N_{12}\cdot\sin\alpha+R_B=0$　(3.4g)

$$\therefore N_{12}=-\frac{R_B}{\sin\alpha}=-\frac{75}{3/5}=-75\cdot\frac{5}{3}=-125\ (\mathrm{kN})$$

水平方向　$-N_{12}\cdot\cos\alpha-N_{13}=0$　(3.4h)

$$\therefore N_{13}=-N_{12}\cdot\cos\alpha=-(-125)\cdot\frac{4}{5}=100\ (\mathrm{kN})$$

最後の支点 B の水平方向は，N_{13} は既に求まっているので，検算の意味で計算している．同様に，節点 g において力の釣合い式をたてても，検算ができる．

以上のように，各節点における水平方向または鉛直方向の力の釣合い式を順次解くことにより，トラスの部材力が算出される．1 つの節点における釣合い式は水平方向と鉛直方向の 2 つしかたてられないので，まだ算出されていない部材力が 2 つ以内の節点で算出されることになる．

算出された部材力をトラスに書き入れると図 3.10 のようになる．マイナスの

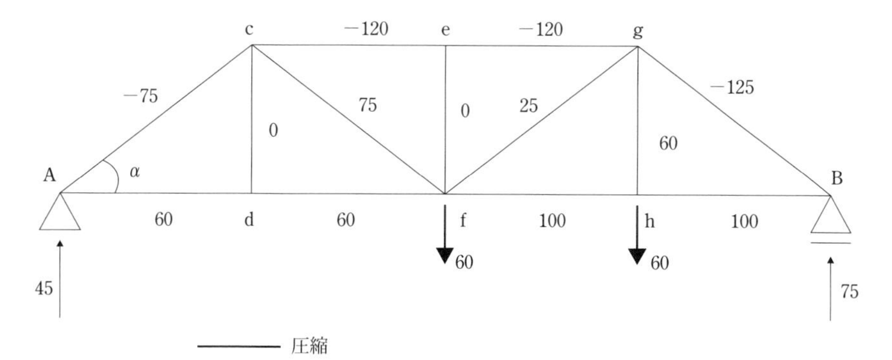

図 3.10　部材力の算定結果

符号のついた部材力は，仮定した引張力とは逆向きということになり，圧縮力となる．基本的に，この例のような鉛直下方のみの荷重を受けるトラスは，上弦材は圧縮力，下弦材は引張力が生じる．腹材は，配置や荷重のかかり方によって圧縮力になったり，引張力になったりする．この例の場合，N_{11} 以外の鉛直材の部材力はゼロとなり，これらには部材力は生じないことがわかる．

(2) 断面法（method of sections）

断面法は，トラスを仮想的に切断し，切断された一方の部分においてモーメントの釣合い式や，水平方向または鉛直方向の力の釣合い式から部材力を算出する方法である．節点法が逐次計算によるのに対し，この解法は求めたい部材力を直接的に求めることができるのが利点である．

例として，前述の節点法の例の場合と同じトラスで考える．部材 4，5，6 の部

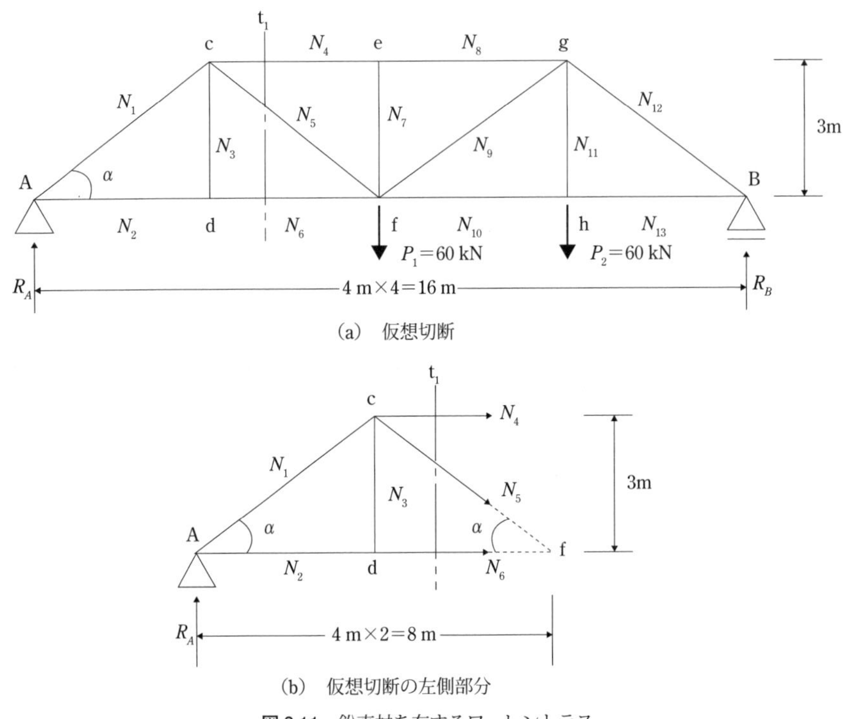

(a)　仮想切断

(b)　仮想切断の左側部分

図 3.11　鉛直材を有するワーレントラス

材力を求めるために，これらの部材を切る仮想切断 t_1 を考え（図3.11（a）），切断の左部分について，釣合い式をたてる（図3.11（b））．節点法の場合と同様に，求めたい部材力 N_4，N_5，N_6 は引張力と仮定する．考え方としては，上弦材と下弦材の部材力については，求めたい部材力以外の部材の交差する点でモーメントの釣合い式をたて，斜材の部材力については鉛直方向または水平方向の力の釣合いをたてることがポイントである．

まず，N_4 を求めるために，N_5 と N_6 が交差する点（節点f）においてモーメントの釣合い式をたてると，

$$R_A \cdot 8 + N_4 \cdot 3 = 0$$

$$\therefore N_4 = -\frac{R_A \cdot 8}{3} = -\frac{45 \cdot 8}{3} = -120 \quad (\text{kN})$$

次に，N_6 を求めるために，N_4 と N_5 が交差する節点cでモーメントの釣合い式をたてると，

$$R_A \cdot 4 - N_6 \cdot 3 = 0$$

$$\therefore N_6 = \frac{R_A \cdot 4}{3} = \frac{45 \cdot 4}{3} = 60 \quad (\text{kN})$$

斜材 N_5 の部材力は，鉛直方向の力の釣合い式，または水平方向の力の釣合い式から求められる．

鉛直方向の力の釣合い式は，

$$R_A - N_5 \cdot \sin\alpha = 0$$

$$\therefore N_5 = \frac{R_A}{\sin\alpha} = \frac{45}{3/5} = 45 \cdot \frac{5}{3} = 75 \quad (\text{kN})$$

水平方向の力の釣合い式は，

$$N_4 + N_6 + N_5 \cdot \cos\alpha = 0$$

$$\therefore N_5 = -\frac{1}{\cos\alpha}\left(N_4 + N_6\right) = -\frac{1}{4/5}\left(-120 + 60\right) = 60 \cdot \frac{5}{4} = 75 \quad (\text{kN})$$

(3) 節点法と断面法の併用

図 3.12 に示すような K トラスは，主として橋梁の横構に用いられ，地震荷重や風荷重などのスパン直角方向の水平力を隣接する桁に伝えている．K トラスは，節点法で部材力を求めることができるが断面法だけでは求めることができないので，節点法と断面法を併用しなければならない．

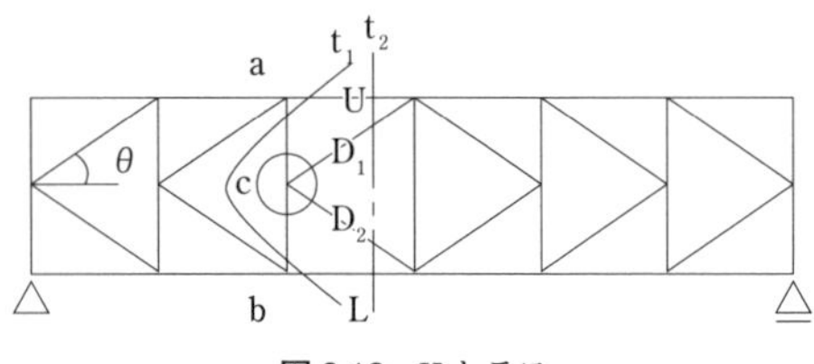

図 3.12 K トラス

図 3.12 において，上弦材と下弦材の部材力 U と L は，切断 t_1 の左部分において，節点 a，b のモーメントの釣合い式からそれぞれ求められる．斜材 D_1 と D_2 の部材力は，切断 t_2 における垂直力の釣合い式 $\sum V = 0$ と点 c における水平力の釣合い式 $\sum H = 0$ を連立させることによって算出される．

吉野川橋（徳島県徳島市）
1928（昭和 3）年完成の 17 連の曲弦ワーレントラス橋で，完成当時は東洋一の長大橋だった．当時，国内外の数多くの橋梁を手がけた増田淳による設計である．
（写真提供：森山卓郎）

第4章　影響線

4.1　影響線

(1)　影響線とは

集中荷重が梁上を移動するとき，その梁の反力や，梁のある断面での断面力（軸力 N，せん断力 S，曲げモーメント M）は，荷重の位置によって大きさがそれぞれ変化する．そこで，この変化をあらかじめ図に示しておくと，梁の設計において非常に便利なものとなる．一方，その集中荷重が，単位荷重（unit load，大きさが1の集中荷重）の P 倍であると考えると，さきほどの反力や断面力は単位荷重の場合の反力や断面力を P 倍したものとなる．よって，単位荷重が梁上を移動したときの反力や断面力の変化を図に示すことは，あらゆる大きさの荷重に対して応用が可能となる．これらの図のことを影響線（influence line）という．

影響線には，一般に，反力の影響線と断面力の影響線がある．反力の影響線は，さらに反力の種類ごと別々の影響線から構成される．また，断面力の影響線は，N，S，M の3つの影響線から構成される．断面力の影響線は，どの断面の断面力を表現した影響線かによって図が異なるので，どの断面の影響線であるのか注意する必要がある．

影響線を書くにあたり，荷重は単位荷重と決まっているので，影響線は，梁の構造形式と寸法，さらに断面力の影響線については断面力を求める断面の位置によってのみ特定されるものとなる．

(2)　反力の影響線

ここでは，梁の構造形式として単純梁を例にとり解説する．図4.1に示された梁上の任意の位置に単位荷重 $\bar{P}=1$ が載荷しているものとする．なお，荷重の位置をA支点からの距離で表わし，変数x $(0 \leqq x \leqq l)$ とおく．

すると，反力R_A，R_Bは，荷重の位置によって大きさが変化し，以下に示すようにxの関数として与えられる．なお，水平方向反力（図4.1では，A支点に生じる）は，本書で扱う範囲において常に0であるので以下では省略する．

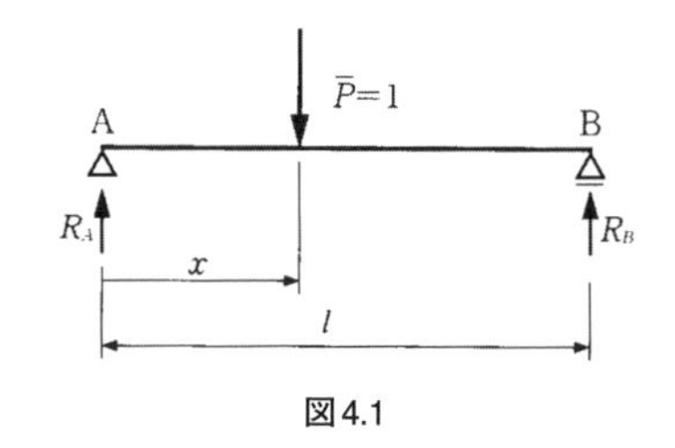

図4.1

$$R_A = \frac{\bar{P}(l-x)}{l} = 1 - \frac{x}{l}$$

R_Aの影響線（R_A線）は，荷重の位置を表わす変数xの関数で与えられたこの式を図に示したものである．影響線は，図4.2のように梁の図の下に梁と対応する形で表現するのが一般的であり，梁に平行に$R_A=0$となる基準線を引き，荷重の位置xのときのR_Aを縦距としてプロットする．反力は上向きを正とし，影響線上では正の値を基準線より上に表現するのが一般的である．

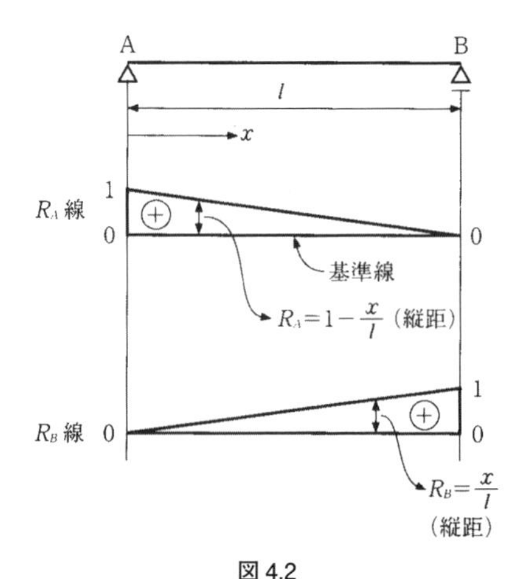

図4.2

同様にして

$$R_B = \frac{\bar{P}x}{l} = \frac{x}{l}$$

R_Bの影響線（R_B線）もR_A線同様に，図4.2で表わされる．なお，R_A線，R_B線（鉛直方向反力の影響線）の単位は，式からわかるように，「無次元」となる．

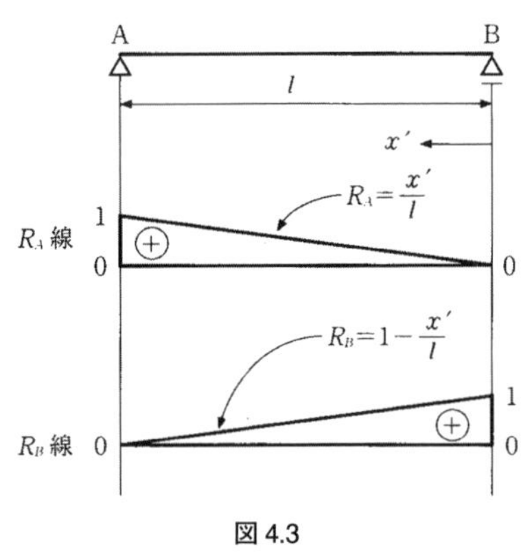

図4.3

ここでは，A支点を原点とし単位荷重$\bar{P}$までの距離をxとおいたが，梁上の$\bar{P}$の任意の位置を変数を用いて表現できさえすれば他の原点でもよく，たとえば，B支点を原点とし，単位荷重$\bar{P}$までの距離をx'として考えてもよい．このとき

$$R_A = \frac{x'}{l}, \qquad R_B = 1 - \frac{x'}{l}$$

となり，先の式と異なるが，図4.3のように影響線は図4.2と同じである．このことは影響線すべてにあてはまり，梁の構造形式などにより，よりよい原点の選び方が計算量を軽減することにつながる．

(3) 断面力の影響線

ここでは，図4.4に示す単純梁を例にとり，梁上のC点における断面力の影響線について解説する．

図4.4に示された梁上の任意の位置に単位荷重 $\bar{P}=1$ が載荷しているものとし，荷重の位置をここではA支点を原点にとり，原点からの距離で表わし変数 x とおく．

このとき，C点の断面力（せん断力 S_C，曲げモーメント M_C）は，x の関数として与えられる（荷重の位置が定まる，すなわち x の値が与えられれば，S_C，M_C の値が定まる）．なお，軸力 N_C は，本書で扱う範囲において常に0であるので以下では省略する．

図4.4では $\bar{P}$ がC点より右側に位置しているが，荷重の位置は $0 \leqq x \leqq l$ で変化するので，C点より左側に位置する場合もあることに注意しなければならない．よって，S_C，M_C を算定するにあたり，以下の場合分けが必要となる．

単位荷重 $\bar{P}=1$ がAC間を移動するとき（$0 \leqq x \leqq a$ のとき）

図4.5より，S_C，M_C は

$$S_C = R_A - \overline{P} = 1 - \frac{x}{l} - 1 = -\frac{x}{l}$$

$$M_C = R_A a - \overline{P}\left(a - x\right) = \frac{b}{l}x$$

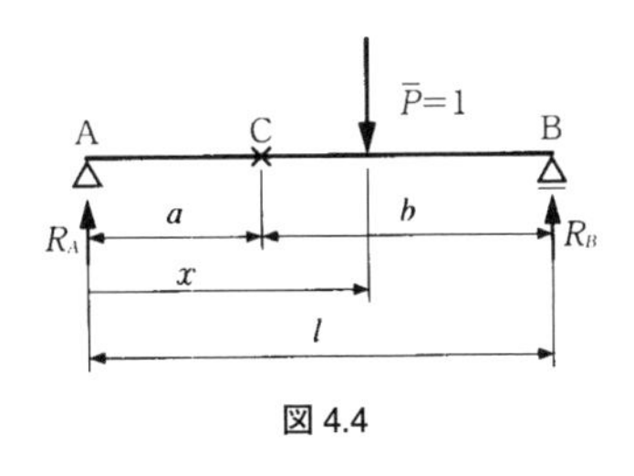

図4.4

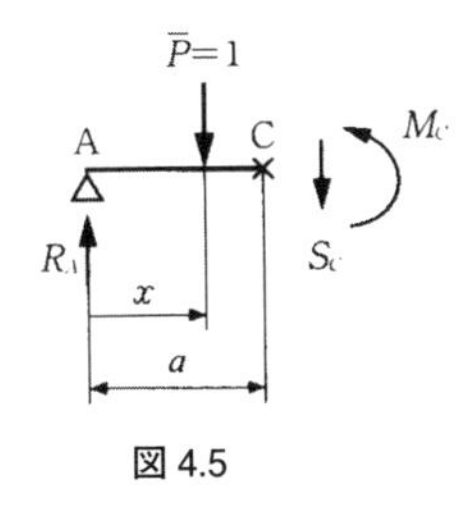

図4.5

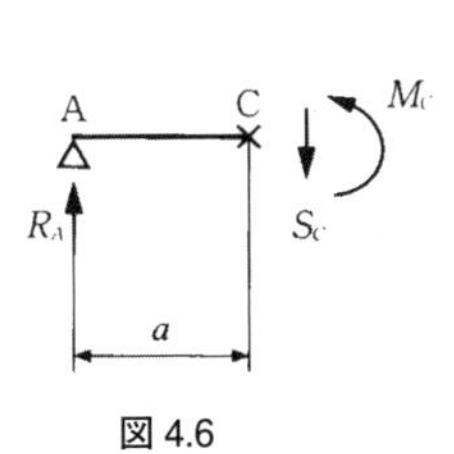

図4.6

なお，式中の R_A も（2）で解説したように x の関数であるので，注意が必要である.

単位荷重 $\bar{P}=1$ が CB 間を移動するとき（$a \leqq x \leqq l$ のとき）

図 4.6 より，S_C，M_C は

$$S_C = R_A = 1 - \frac{x}{l}$$

$$M_C = R_A a = a - \frac{a}{l}x$$

S_C の影響線（S_C 線），M_C の影響線（M_C 線）は，荷重の位置を表わす変数 x の関数で与えられたこれらの式を図に示したものであり，R_A 線，R_B 線と同様の方法で図 4.7 のように表現する．このとき，S_C 線は影響線上では正の値を基準線より上に，M_C 線は影響線上では正の値を基準線より下に表現するのが一般的である.

図 4.7 より，断面力を求める位置（ここでは C 点）で，S_C 線は不連続となり，M_C 線は必要とされた 2 つの直線の交点となる.

なお，S_C 線，M_C 線（せん断力の影響線，曲げモーメントの影響線）の単位は，式からわかるように，それぞれ「無次元」，「長さ」となる.

ここでは A 支点を原点とし，単位荷重 $\bar{P}$ までの距離を x とおいたが，反力の影響線同様に，梁上の $\bar{P}$ の任意の位置を変数を用いて表現できさえすれば他の原点でもよく，たとえば，CB 間を移動する場合のみ B 支点を原点とし，$\bar{P}$ までの距離を x' として考えることも可能である．このとき，S_C，M_C を表わす式は先の式と異なるが，影響線は同じ結果となる．ただしこの場合，式中の反力も x ではなく x' の関数として表現しなければならないので注意が必要である.

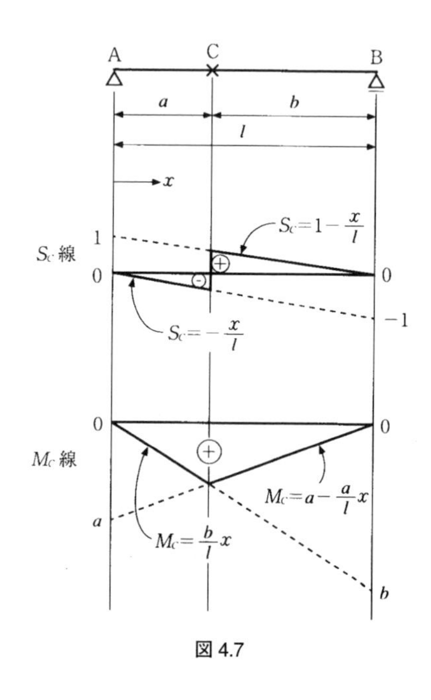

図 4.7

4.2　張出し梁の影響線

(1)　反力の影響線

図4.8に示された張出し梁のC点を原点とし，任意の距離xの位置に単位荷重$\overline{P}=1$が載荷しているものとする．xは$0 \leqq x \leqq l$の変数となる．

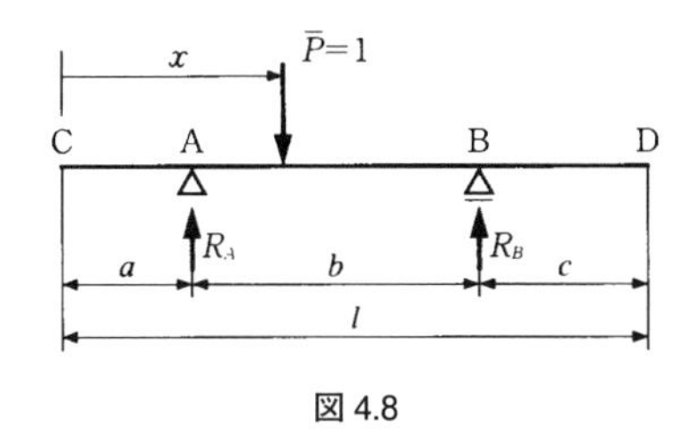

図4.8

このとき，反力R_A，R_Bは荷重の位置によって大きさが変化し，xの関数として与えられる．

$$R_A = \frac{\overline{P}(a+b-x)}{b} = \frac{a+b-x}{b}$$

$$R_B = \overline{P} - R_A = \frac{-a+x}{b}$$

R_A線，R_B線は，反力の影響線の書き方に従い図4.9で表わされる．図4.9からもわかるように，張出し梁の反力の影響線は，支点間については単純梁の影響線と同じであり，張出し部については支点間の影響線をそのまま延ばしたものとなる．

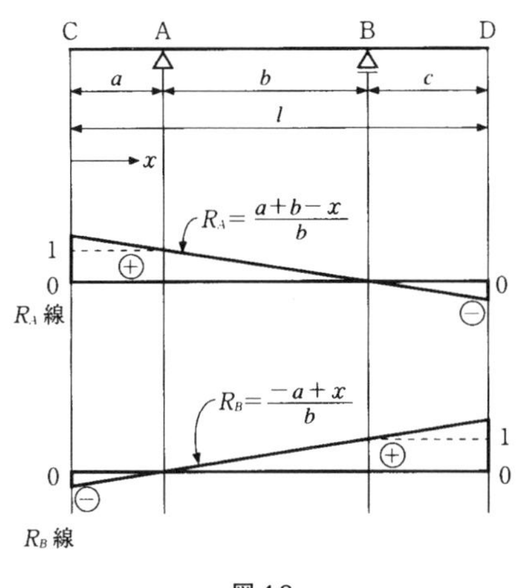

図4.9

また，$a=0$または$c=0$となる（片側のみ張出している）場合は，式からもわかるとおり，図4.9の該当部分を省略した影響線となる．

(2)　断面力の影響線

張出し梁の断面力の影響線は，断面力を求める断面の位置が支点間にある場合と張出し部にある場合とでその導き方が異なるため，ここではそれぞれに分けて説明する．

a. 支点間に位置する断面の断面力の影響線

ここでは，図 4.10 に示す張出し梁を例にとり，支点間に位置する E 点における断面力（せん断力 S_E，曲げモーメント M_E）の影響線（S_E 線，M_E 線）について解説する.

図 4.10 に示された梁の C 点を原点とし，任意の距離 x の位置に単位荷重 $\bar{P}=1$ が載荷しているものとする.

図 4.10 では $\bar{P}$ が E 点より右側に位置しているが，$0 \leqq x \leqq l$ であるので左側に位置する場合があることに注意しなければならない．よって，S_E，M_E を算定するにあたり，以下の場合分けが必要となる.

単位荷重 $\bar{P}=1$ が CE 間を移動するとき（$0 \leqq x \leqq a+d$ のとき）

$$S_E = R_A - \overline{P} = \frac{a+b-x}{b} - 1$$

$$= \frac{a-x}{b}$$

$$M_E = R_A d - \overline{P}\left(a+d-x\right)$$

$$= \frac{-e}{b}\left(a-x\right)$$

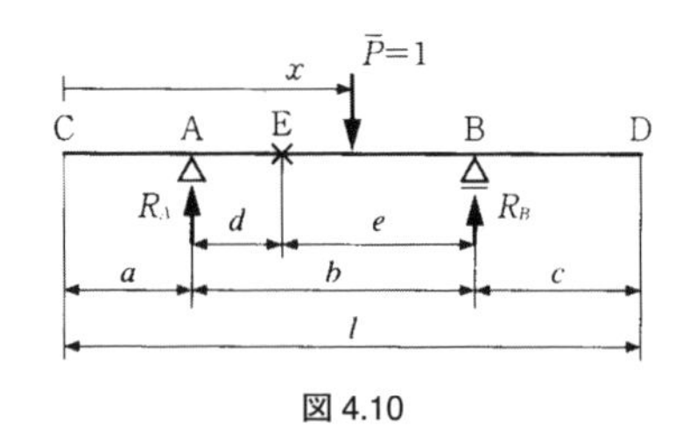

図 4.10

単位荷重 $\bar{P}=1$ が ED 間を移動するとき（$a+d \leqq x \leqq l$ のとき）

$$S_E = R_A = \frac{a+b-x}{b}$$

$$M_E = R_A d = \frac{a+b-x}{b} d$$

S_E 線，M_E 線は，断面力の影響線の書き方に従い図 4.11 で表わされる．図 4.11 からもわかるように，張出し梁の支点間に位置する断面の断面力の影響線は，反力の影響線と同様に，支点間については単純梁の影響線と同じであり，張出し部については支点間の影響線をそのまま延ばしたものとなる.

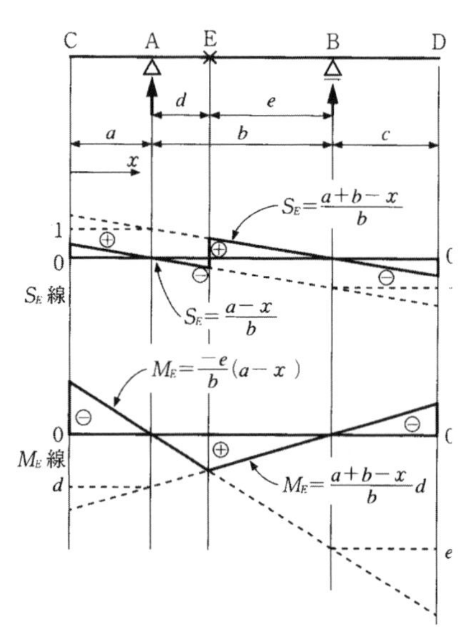

図 4.11

また，$a=0$ または $c=0$ となる場合も，反力の影響線と同様に，図 4.11 の該当部分を省略した影響線となる．

b.　張出し部に位置する断面の断面力の影響線

ここでは，図 4.12 に示す張出し梁を例にとり，左張出し部に位置する E 点における断面力（せん断力 S_E，曲げモーメント M_E）の影響線について解説する．

図 4.12 に示された梁の C 点を原点とし，任意の距離 x の位置に単位荷重 $\bar{P}=1$ が載荷しているものとする．

図 4.12 では $\bar{P}$ が E 点より右側に位置しているが，$0 \leqq x \leqq l$ であるので，左側に位置する場合があることに注意しなければならない．よって，S_E，M_E を算定するにあたり，以下の場合分けが必要となる．

単位荷重 $\bar{P}=1$ が CE 間を移動するとき（$0 \leqq x \leqq d$ のとき）

$$S_E = -\bar{P} = -1$$

$$M_E = -\bar{P}(d-x) = -d+x$$

単位荷重 $\bar{P}=1$ が ED 間を移動するとき（$d \leqq x \leqq l$ のとき）

$$S_E = 0$$

$$M_E = 0$$

S_E 線，M_E 線は，断面力の影響線の書き方に従い図 4.13 で表わされる．図 4.13 からもわかるように，張出し梁の張出し部に位置する断面の断面力の影響線は，その断面と断面が位置する張出し部の自由端の間以外では 0 となる．すなわち，図 4.12 の E 点より右側部分にいかなる荷重が載荷しても，E 点には断面力が生じない．

なお，右張出し部に位置する断面の断面力の影響線についても同様の方法により導くことができ，**4.4** の表 4.2，4.3 に示す．

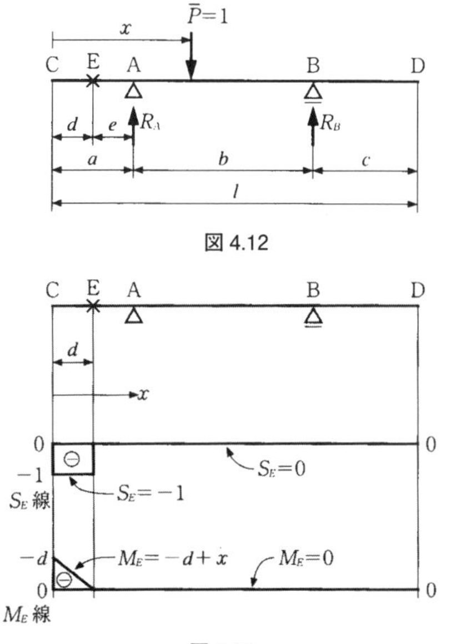

図 4.12

図 4.13

4.3 片持梁の影響線

(1) 反力の影響線

図 4.14 に示された片持梁の A 点を原点とし，任意の距離 x の位置に単位荷重 $\bar{P}=1$ が載荷しているものとする．x は $0 \leqq x \leqq l$ の変数となる．

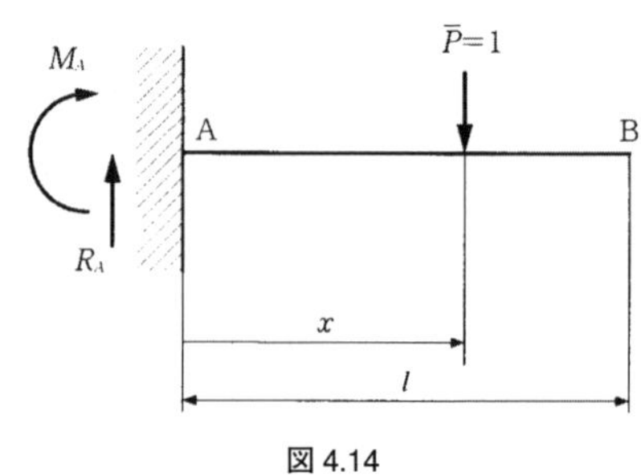

図 4.14

このとき，反力 R_A，M_A は，x の関数として与えられる．

$$R_A = \bar{P} = 1$$

$$M_A = -\bar{P}x = -x$$

R_A 線は，反力の影響線の書き方に従い図 4.15 で表わされる．モーメント反力 M_A に関しては，ここでは図 4.14 中の回転方向を正とし，影響線上では正の値を基準線より下に表現することにし，図 4.15 で表わされる．モーメント反力の影響線の単位は，式からわかるように，「長さ」となる．

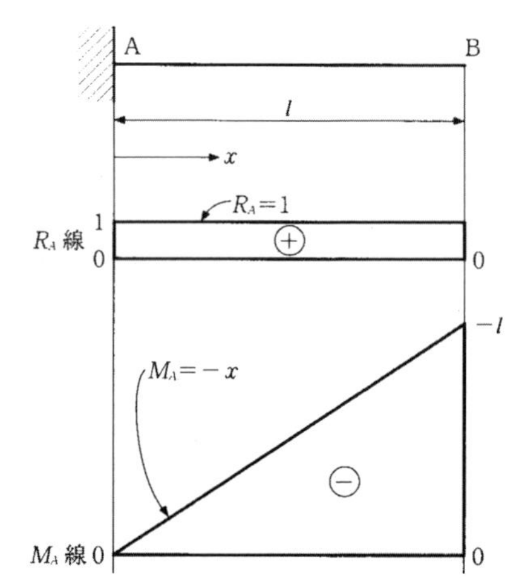

図 4.15

なお，左側に自由端がある片持梁に関する反力の影響線も，同様の方法により導くことができ，4.4 の表 4.1 に示す．

(2) 断面力の影響線

ここでは，図 4.16 に示す右側に自由端がある片持梁を例にとり，C 点における断面力（せん断力 S_C，曲げモーメント M_C）の影響線について解説する．

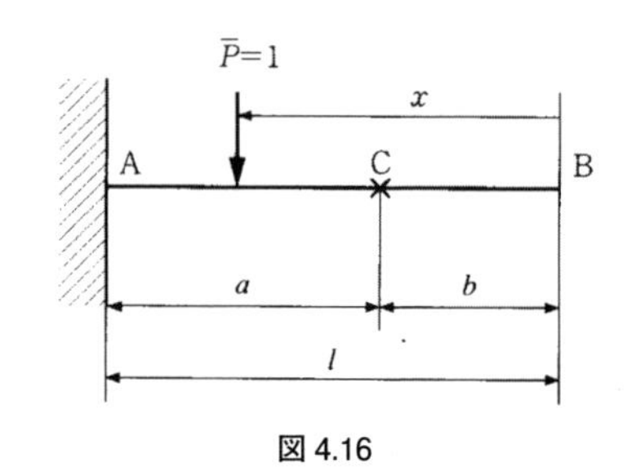

図 4.16

図 4.16 に示された B 点をここでは原

点とし，任意の距離 x の位置に単位荷重 $\bar{P}=1$ が載荷しているものとする．S_C，M_C は x の関数として与えられる．

図 4.16 では $\bar{P}$ が C 点より左側に位置しているが，$0 \leqq x \leqq l$ であるので右側に位置する場合があることに注意しなければならない．よって，S_C，M_C を算定するにあたり，以下の場合分けが必要となる．

単位荷重 $\bar{P}=1$ が BC 間を移動するとき（$0 \leqq x \leqq b$）

$$S_C=\bar{P}=1$$

$$M_C=-\bar{P}(b-x)=-b+x$$

単位荷重 $\bar{P}=1$ が CA 間を移動するとき（$b \leqq x \leqq l$ のとき）

$$S_C=0$$

$$M_C=0$$

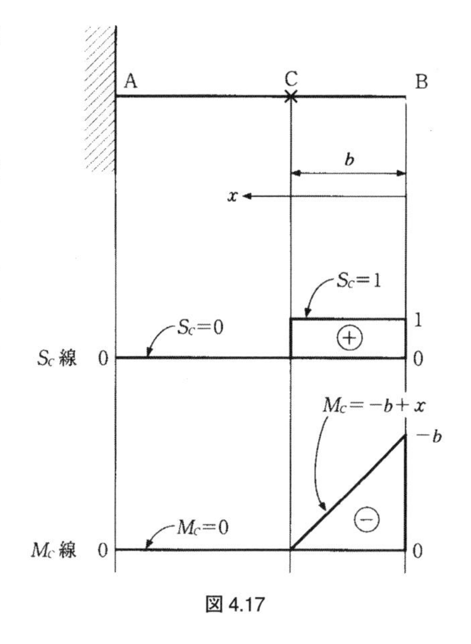

図 4.17

S_C 線，M_C 線は，断面力の影響線の書き方に従い図 4.17 で表わされる．図より，断面力を求める断面（ここでは C 点）と固定端との間に荷重が載荷した場合には，この断面に断面力が生じない．

なお，左側に自由端がある片持梁に関する断面力の影響線も同様の方法により導くことができ，**4.4** の表 4.2，4.3 に示す．

4.4　よく用いられる影響線のまとめ

これまでに，各種静定梁に関する影響線の導き方を説明してきたが，実務上は，**4.5** で解説する影響線の応用に影響線の存在の価値があるといえる．その場合，各種影響線を，計算式を用いずに書くことができたならば非常に能率的である．

ここでは，単純梁，張出し梁，片持梁に関する各種影響線について，表 4.1，4.2，4.3 にまとめ，「すぐ書ける」ためのポイントを示した．

表 4.1　反力の影響線

構造形式	影響線	ポイント
単純梁 A B R_A R_B	R_A 線 1 ⊕ 0 A B	A 点に単位荷重が載荷するとき $R_A=1$ B 点に単位荷重が載荷するとき $R_A=0$ 以上の 2 点を直線で結ぶ
	R_B 線 1 ⊕ 0 A B	A 点に単位荷重が載荷するとき $R_B=0$ B 点に単位荷重が載荷するとき $R_B=1$ 以上の 2 点を直線で結ぶ
張出し梁  C A B D R_A R_B	R_A 線 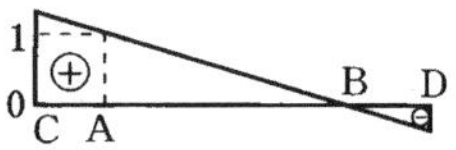 1 ⊕ 0 C A B D ⊖ R_B 線 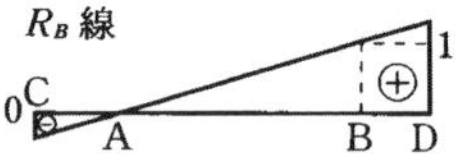 0 C ⊖ A B D ⊕ 1	AB 間(支点間)は，単純梁と同じであり，張出し部については，直線を延長すればよい
片持梁 1 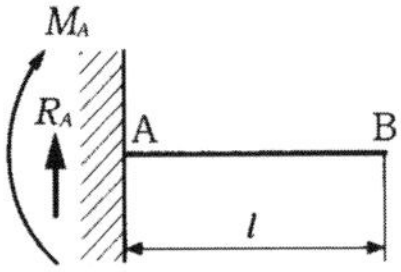 M_A R_A A B l	R_A 線 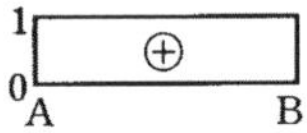 1 ⊕ 0 A B M_A 線 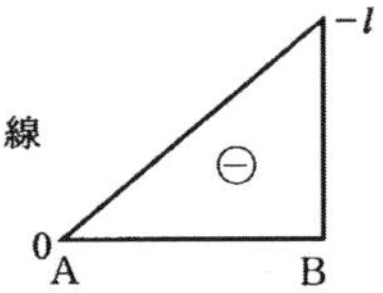 $-l$ ⊖ 0 A B	鉛直方向上向きの反力 R_A (R_B)は常に 1 となる また M_A(M_B)は，梁長 l を用いて図のように作図する
片持梁 2 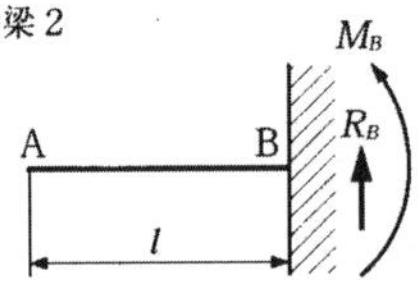 M_B R_B A B l	R_B 線 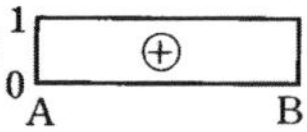 1 ⊕ 0 A B M_B 線 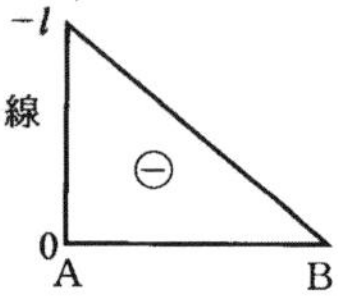 $-l$ ⊖ 0 A B	

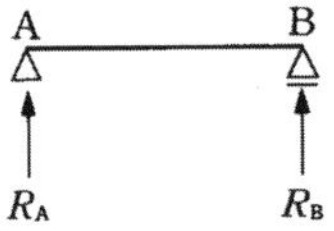

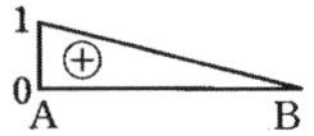

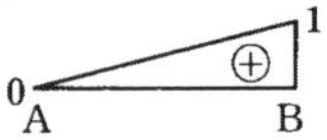

表 4.2　断面力（せん断力）の影響線

構造形式	影響線	ポイント
単純梁	S_C 線 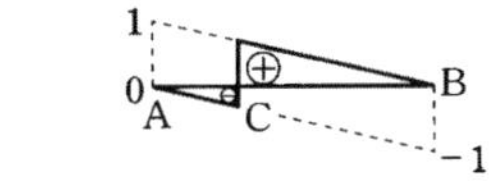	A 点の 1 と B 点の 0，A 点の 0 と B 点の −1 をそれぞれ結び，C 点において正負を反転させる
張出し梁 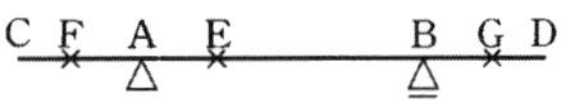 E 点は AB 間（支点間），F 点は左張出し部，G 点は右張出し部，にあるものとする	S_E 線 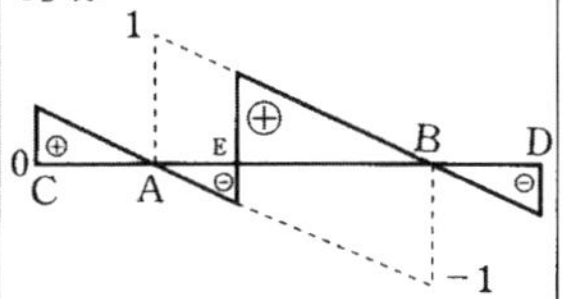	AB 間（支点間）は単純梁と同じであり，張出し部については，直線を延長すればよい
	S_F 線 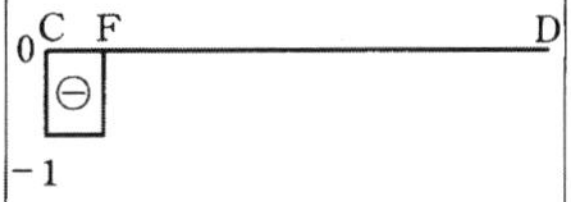 S_G 線	F (G) 点から同一張出し部の自由端までは −1 (1)，それ以外では 0 となる
片持梁 1 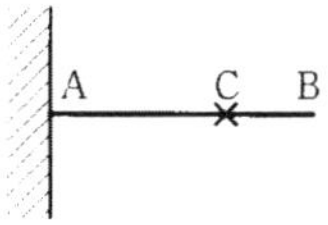	S_C 線 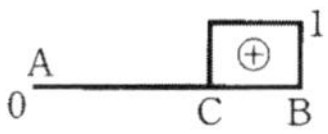	断面力を求める点（C 点）から自由端までは 1 (−1)，それ以外では 0 となる
片持梁 2 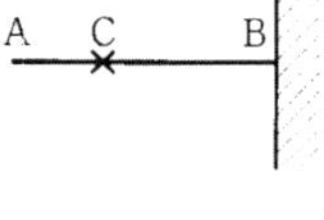	S_C 線 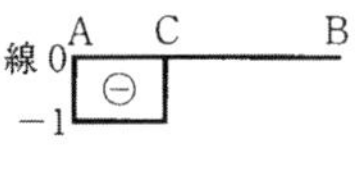	

表 4.3 断面力（曲げモーメント）の影響線

構造形式	影響線	ポイント
単純梁 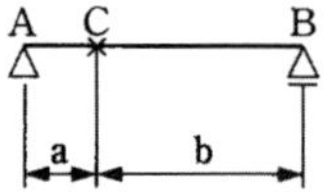	M_C 線 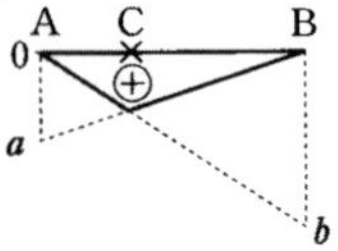	AC 間の長さ a, BC 間の長さ b を用いて図のように作図する なお，最大値は必ず C 点で生じ，$ab/(a+b)$ となる
張出し梁 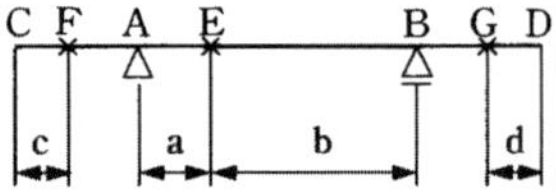 E 点は AB 間(支点間)，F 点は左張出し部，G 点は右張出し部，にあるものとする	M_E 線 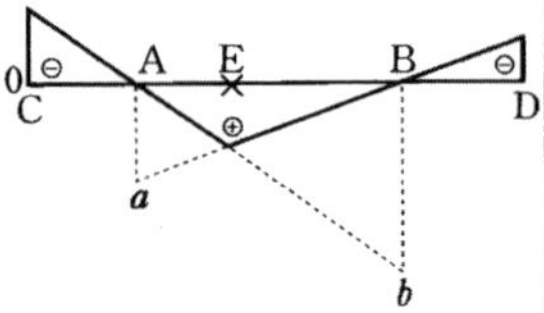	AB 間(支点間)は単純梁と同じであり，張出し部については，直線を延長すればよい よって AB 間の最大値は必ず E 点で生じる
	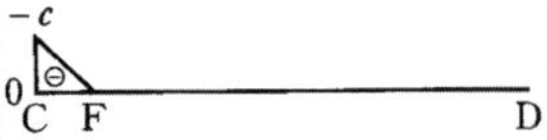 M_F 線	CF 間の長さ c, DG 間の長さ d を用いて図のように作図する
	M_G 線	
片持梁 1 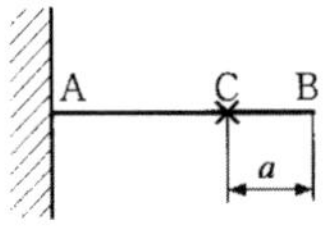	M_C 線 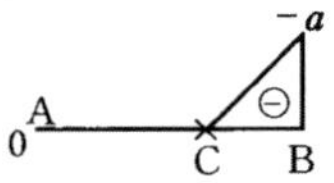	C 点と自由端までの長さ a を用いて図のように作図する
片持梁 2 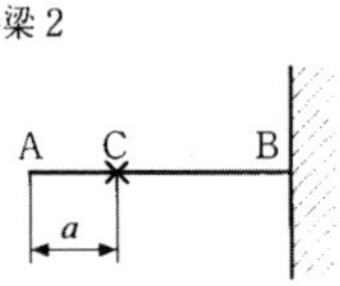	M_C 線 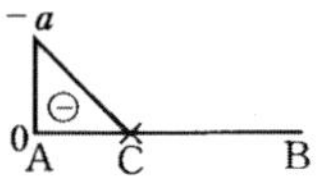	

静定トラス，不静定構造物等の影響線についても，本書で示した方法に従い導くことができるが，ここでは紙面の都合で割愛する．

なお,静定トラスの影響線については,本教科書の演習書的存在である別書『構造工学の基礎と応用』に記されているので参照されたい．

4.5　影響線の応用

(1)　影響線を用いた反力，断面力の算定

影響線とは，大きさ 1 の単位荷重が梁上を移動するときの，反力や任意の断面における断面力の変化を図に表わしたものである．一方，大きさ P の集中荷重が載荷した場合の反力や断面力は，同じ位置に単位荷重が載荷した場合の反力や断面力の P 倍となる．ここでは，この性質を利用し，任意の大きさの集中荷重や等分布荷重が載荷した場合における，影響線を用いた反力や断面力の算定方法を解説する．

a.　集中荷重が載荷した場合

図 4.18 に示す単純梁の D 点に P kN の集中荷重が載荷している場合を例にとり，C 点における曲げモーメント M_C を影響線を用いて算定する．なお，反力，せん断力の算定もそれぞれの影響線を用いて，以下と同様の方法で導くことができる．

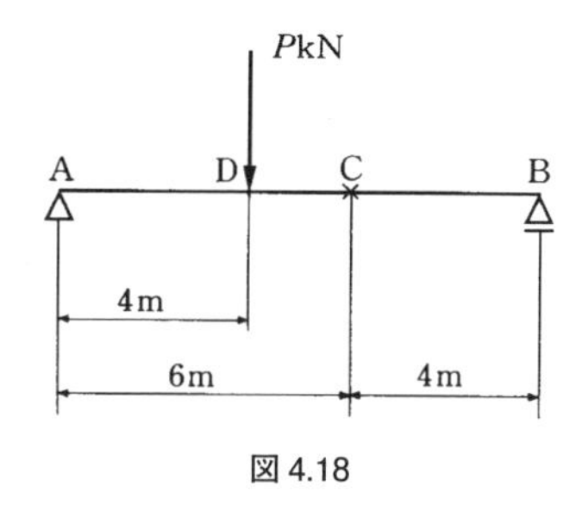

図 4.18

図 4.18 に示した単純梁の M_C 線は，図 4.18 に示した荷重および載荷位置に関係なく定まり，図4.19で示される．そして，D 点に単位荷重のみが載荷した場合の M_C は，図 4.19 中の η（単位は m）で表わされる．よって，図 4.18 に示した，大きさが単位荷重の P kN 倍である集中荷重が D 点に載荷している場合の M_C

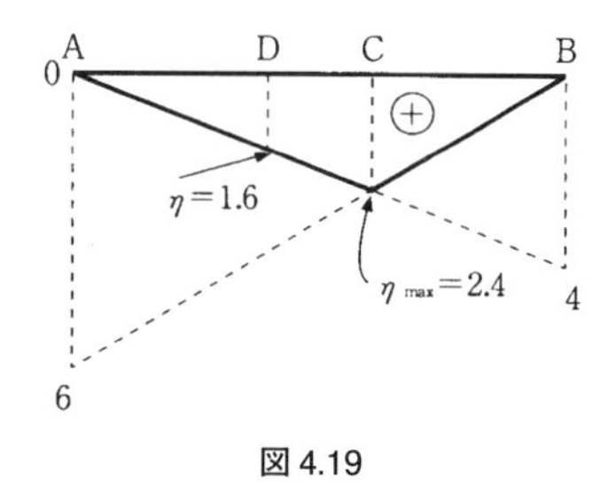

図 4.19

は

$$M_C = P(\mathrm{kN}) \times \eta(\mathrm{m}) = 1.6P(\mathrm{kN \cdot m})$$

複数の集中荷重が載荷している場合の反力や断面力の計算も，それぞれの集中荷重の載荷点における影響線上の値を用いてそれぞれの荷重によって生じる反力や断面力の値を求め，それらの和をとることにより，同様に算定することができる．たとえば，図 4.20 の場合の C 点のせん断力 S_C は，η_1，η_2，η_3（単位はいずれも「無次元」）を用いて

$$S_C = P_1(\mathrm{kN}) \times \eta_1 + P_2(\mathrm{kN}) \times \eta_2 + P_3(\mathrm{kN}) \times \eta_3 = -0.2P_1 + 0.4P_2 + 0.2P_3\ (\mathrm{kN})$$

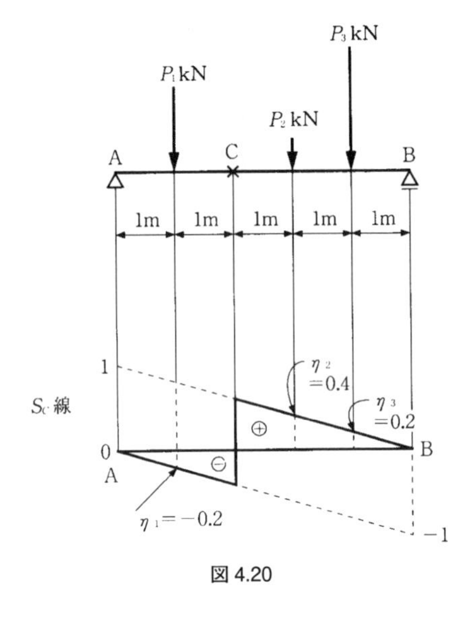

図 4.20

このとき注意すべき点は，影響線上の値 η の正負を正しく読み取ったうえで和をとることである．正負を無視して単に和をとると，各荷重によって生じる反力や断面力の絶対値の和となってしまい，無意味な計算となるからである．

b. 等分布荷重が載荷した場合

図 4.21 に示す単純梁に q(kN/m) の等分布荷重が DE 間に載荷している場合を例にとり，C 点における曲げモーメント M_C を影響線を用いて算定する．なお，反力，せん断力の算定もそれぞれの影響線を用いて以下と同様の方法で導くことができる．

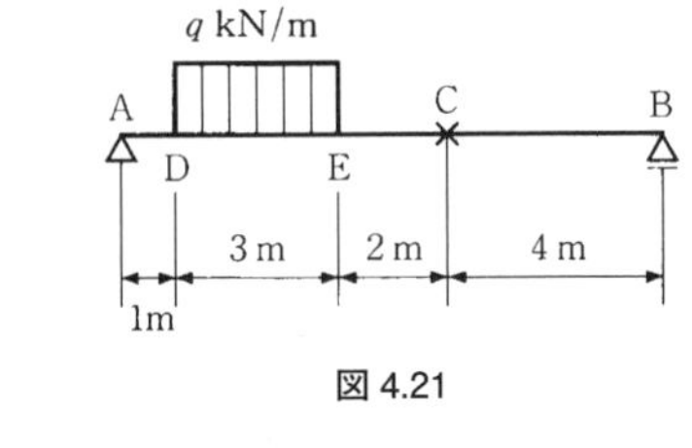

図 4.21

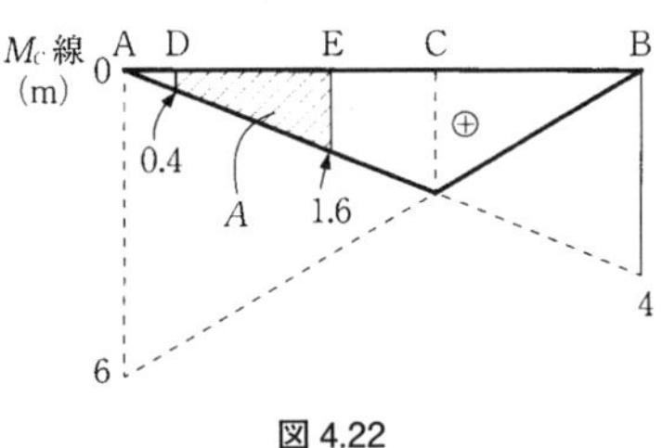

図 4.22

図 4.21 に示した単純梁の影響線は図 4.22 で示される．このとき，影響線では，DE 間に大きさ 1 の等分布荷重のみが載荷した場合の M_C が，DE 間の影響線上で生じる面積 A（単位は m^2）で表わされる．よって，図 4.21 に示した，大きさ

が q(kN/m) 倍である等分布荷重が DE 間に載荷している場合の M_C は

$$M_C = q(\text{kN/m}) \times A(\text{m}^2) = 3q(\text{kN}\cdot\text{m})$$

このとき注意すべき点は，計算上必要となる面積が正の領域にあるか負の領域にあるかということである．集中荷重のときの扱いと同様，正の領域にある面積は「正の面積」として，負の領域にある面積は「負の面積」として計算しなければならない．

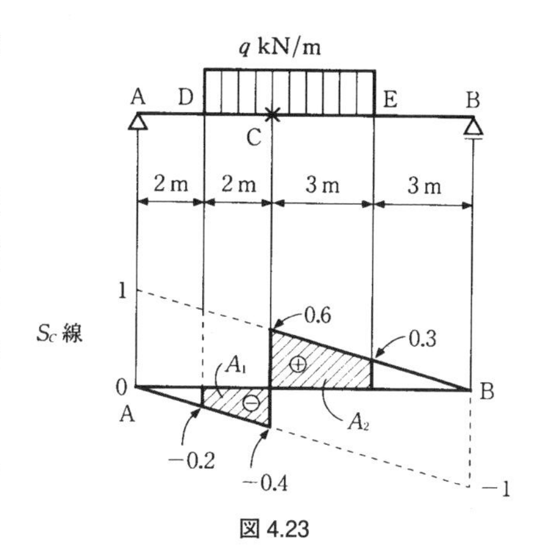

図 4.23

よって，図 4.23 の場合を例にとると，せん断力 S_C の計算には，A_1(単位は m) を「負の面積」，A_2(単位は m) を「正の面積」として扱わねばならず，以下のようになる．

$$S_C = q(\text{kN/m}) \times (A_1 + A_2)(\text{m}) = q\{(-0.6) + (1.35)\} = 0.75q(\text{kN})$$

複数の等分布荷重が載荷している場合の反力や断面力の計算も，集中荷重のときと同様に，各等分布荷重によって生じる反力や断面力の値をそれぞれ求め，それらの和をとることにより算定できる．さらに，集中荷重と等分布荷重が組み合された場合も同様である．

なお，本書では割愛するが，任意の分布荷重の場合も，積分計算を要するが，影響線を用いて反力や断面力を算定することができる．

(2) 最大曲げモーメント

土木構造物の部材としてよく用いられる梁を設計する場合，梁上を移動する荷重に対して，ある断面における最大曲げモーメント (maximum bending moment) やそのときの荷重位置，梁全体を対象としたときの最大曲げモーメント (絶対最大曲げモーメント，absolute maximum bending moment) やそのときの荷重位置およびそれが生じる断面の位置の算定が必要となる．このとき，曲げモーメントの影響線を用いることにより，それらの算定が容易となる．

a. 最大曲げモーメント

図 4.18 に示した単純梁を例にとり，図中の集中荷重 P(kN) が梁上の AB 間を

移動するものとし，そのときのC点の曲げモーメントM_Cの最大値(最大曲げモーメント) $M_{C\max}$を導く．

図4.19に示された影響線は，単位荷重がAB間を移動した場合のM_Cの変化を表わしているので，C点に集中荷重が載荷した場合にM_Cが最大になることは図より明らかで，最大曲げモーメント$M_{C\max}$は

$$M_{C\max}=P\eta_{\max}=2.4P(\text{kN}\cdot\text{m})$$

次に，図4.21に示した等分布荷重q(kN/m)が，図の梁上を移動する（荷重の一部が梁外にはみ出す場合も含む）場合の，C点の最大曲げモーメント$M_{C\max}$を導く．

等分布荷重であるので，荷重載荷範囲の影響線上の面積が最大となる荷重位置を決定すればよい．いま，図4.21中の長さ3 mの等分布荷重は，荷重の右端がA点にある場合からB点に向かって右に移動するものとして考える．図4.22より，荷重の右端がC点に達するまでは，面積（M_C）は明らかに増加する．その後さらに荷重が右に移動した場合の面積（M_C）の変化は図からは詳細に判断できないが，荷重の左端がC点を通過した後については，面積（M_C）が明らかに減少していくことがわかる．

以上のことが，影響線を用いて図より判断できる．よって，$M_{C\max}$は荷重の載荷範囲内にC点が含まれる場合に生じることがわかる．

ここで，図4.24に示すようにA点を原点とし，B点方向にx軸をとり，影響線の縦距ηをxの関係で示し，A点から荷重の左端までの距離をa，そのときの影響線上の面積を$A_{(a)}$とおくと，$A_{(a)}$は

$$A_{(a)}=\int_a^6 0.4x\,dx+\int_6^{a+3}(6-0.6x)\,dx$$

（ただし，$3\leqq a\leqq 9$）

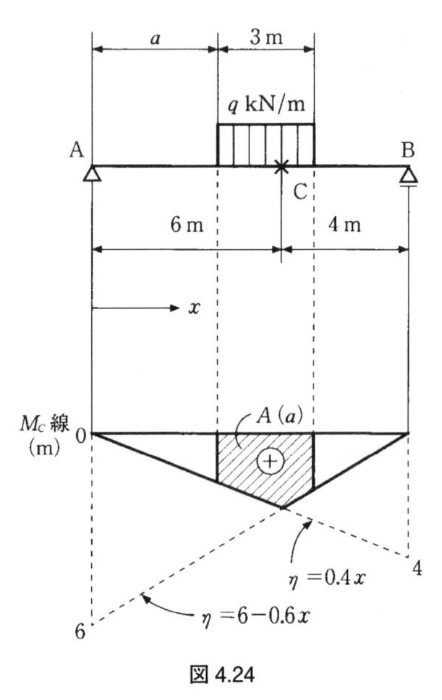

図4.24

$A_{(a)}$ の最大値 $A_{(a)\ \max}$ を求めるのだから，$A_{(a)}$ を a で微分し極値を求める．

$$A'_{(a)}=\frac{dA_{(a)}}{da}=-0.4a+6-0.6\left(a+3\right)=-a+4.2=0$$

$$a=4.2$$

$$A'_{(a)}\geqq 0 \quad (3\leqq a\leqq 4.2), \qquad A'_{(a)}\leqq 0 \quad (4.2\leqq a\leqq 9)$$

よって，$a=4.2$ m のとき，$A_{(a)}$ は $A_{(a)\ \max}=6.12$ となり，$M_{C\ \max}$ は

$$M_{C\ \max}=qA_{(a)\ \max}=6.12q(\mathrm{kN\cdot m})$$

なお，集中荷重列（連行荷重，wheel load）が移動するときの最大曲げモーメントの算定に関する解説は，『構造工学の基礎と応用』に記されているので参照されたい．

b.　絶対最大曲げモーメント

a. で述べた最大曲げモーメントは，梁のある与えられた断面において生じる曲げモーメントの最大値であった．梁の各断面の最大曲げモーメントの中の最大値が絶対最大曲げモーメントである．

図 4.25 に示した単純梁と荷重を例にとり解説する．A 点より距離 $a(0\leqq a\leqq 10$ m）の位置に荷重が載荷し，距離 $b(0\leqq b\leqq 10$ m）の C 点で絶対最大曲げモーメント $(M_{C\ \max})_{\max}$ が生じるものとする．

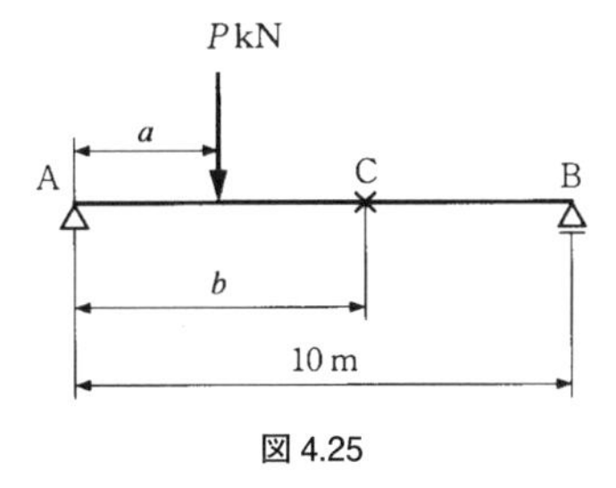

図 4.25

仮に，b の値を固定して考えた場合，図 4.26 で示された影響線から，最大曲げモーメントは，荷重が C 点に載荷したとき（$a=b$）で，$\eta_{\max(b)}=b(10-b)/10$ である．よって，$(M_{C\ \max})_{\max}$ を算定するためには，$0\leqq b\leqq 10$ m での $\eta_{\max(b)}$ の最大値 $(\eta_{\max})_{\max}$ を導けばよいことになるので，$\eta_{\max(b)}$ を b で微分し極値を求める．

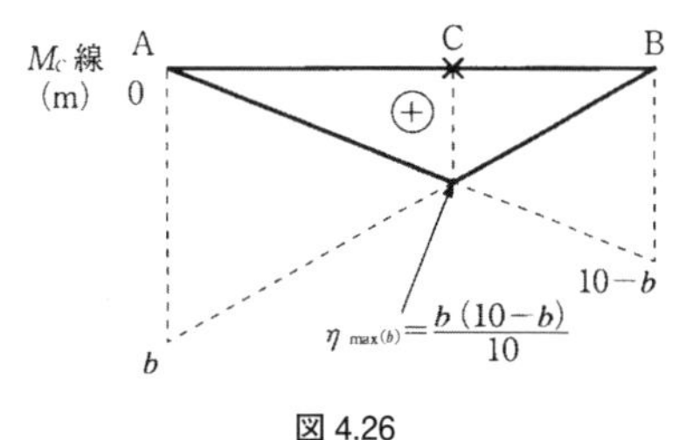

図 4.26

$$\eta_{\max}{}'_{(b)}=\frac{d\eta_{\max(b)}}{db}=1-\frac{b}{5}=0$$

$$b=5$$

$$\eta_{\max}{}'_{(b)}\geqq 0 \quad (0\leqq b\leqq 5)$$

$$\eta_{\max}{}'_{(b)}\leqq 0 \quad (5\leqq b\leqq 10)$$

これより，$b=5$ m のとき，$\eta_{max(b)}$ は $(\eta_{max})_{max}=2.5$ となる．
$(M_{C\,max})_{max}$ は，$a=b=5$ m のとき生じ

$$(M_{C\,max})_{max}=P\times(\eta_{max})_{max}=2.5P\ (\text{kN}\cdot\text{m})$$

なお，一般に絶対最大曲げモーメントの算定は，荷重位置と曲げモーメントを求める断面位置のそれぞれを変数（たとえば X_1，X_2）とし，それらを用いて曲げモーメントの値（$M_{(x1,\ x2)}$）を表わした後，最大値（最小値）を求めるという数学的な処理により導くことができる．

明石海峡大橋

神戸と淡路島を結ぶ明石海峡大橋は，1998（平成 10）年 4 月 5 日に開通した，全長 3911 m，中央支間 1991 m で，世界最長の吊橋である．主塔の高さは海面上 298 m であり，東京タワーの高さ 333 m を考えると，その大きさがわかるだろう．建設当初は全長 3910 m，中央支間 1990 m であったが，1995 年 1 月 17 日の兵庫県南部地震（阪神・淡路大震災）で橋脚が移動し，中央支間が 1 m 伸びた．（写真提供：伊藤　修）

第5章　材料と断面の性質

5.1　材料の性質

(1)　応力（stress）

電車のなかで，細いかかとの靴で足をふまれると大変痛い．これは，体重という外力（external force）によって足に生じる面積当りの内力（internal force）が普通のかかとの靴に比べて非常に大きくなるためである．面積当りの内力は，応力と呼ばれ，材料の抵抗状態を表わす重要な概念である．さて，部材の軸方向に外力 P を受けると，図5.1に示すように部材内では外力に釣合うように垂直断面に直応力（normal stress）を生じる．応力とは，外力に対する断面力（内力）を面積（mm^2）当りで表現したものであるので，直応力の単位は N/mm^2 となる．圧縮力 P が作用する場合も同様である[1),2)]．

$$\sigma = \frac{P}{A} \tag{5.1}$$

部材を引張る力と圧縮する力だけでなく，図5.2に示すように部材の内部で面と面を滑らす力もある．この滑らす力に対して生じる応力は，せん断応力（shear-

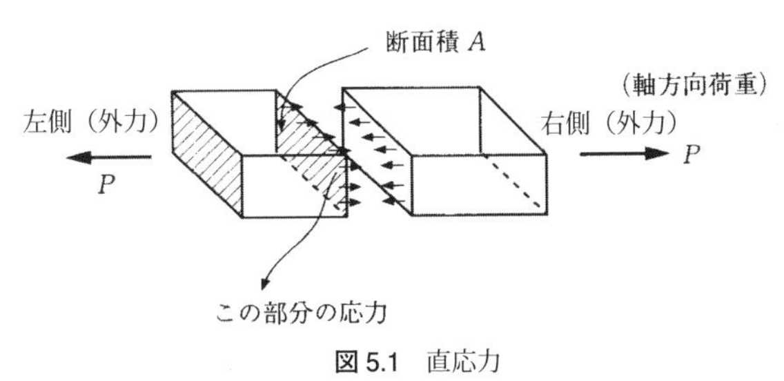

図5.1　直応力

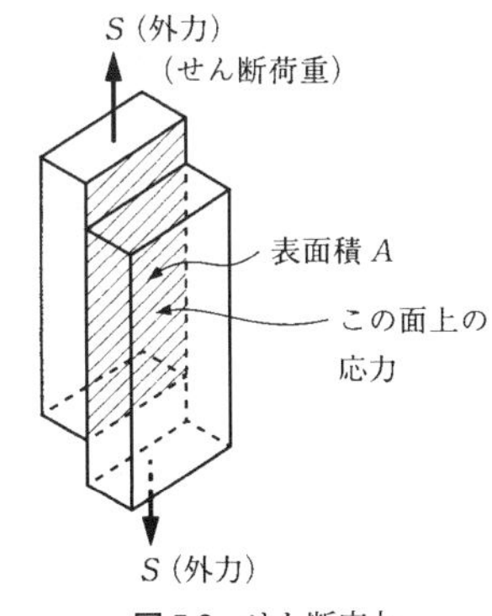

図5.2　せん断応力

ing stress）と呼ばれる．せん断応力の単位も軸方向応力の単位と同様に N/mm^2 となる．

$$\tau = \frac{S}{A} \tag{5.2}$$

曲げを受ける部材に生じる曲げ応力については第 6 章で詳述されている．

（2） ひずみ（strain）

部材に軸方向引張力 P が作用すると，部材はわずかに Δl だけ伸びて，この外力 P と釣合い状態となる．この長さの変化の割合を直ひずみ（normal strain）という．

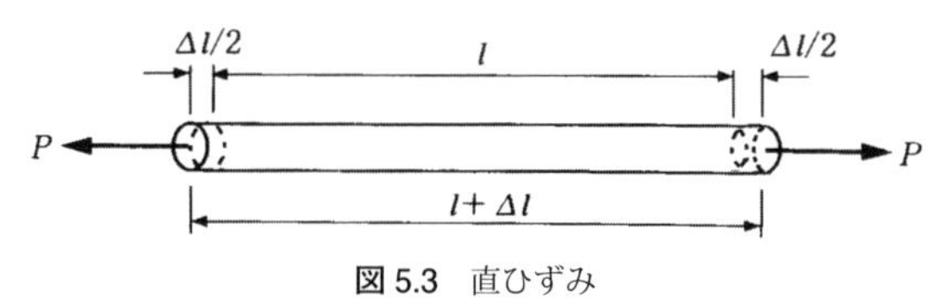

図 5.3 直ひずみ

$$\varepsilon = \frac{\Delta l}{l} \tag{5.3}$$

ひずみは長さの変化の割合であるので単位はない．すなわち,「**無次元**」である．圧縮力 P が作用する場合も同様である．

せん断荷重が作用する場合もひずみを生じる．せん断力を受ける場合は，ひずみは角度として表わされるのでラジアンで表現され，せん断ひずみ（shearing strain）の単位も「**無次元**」となる．

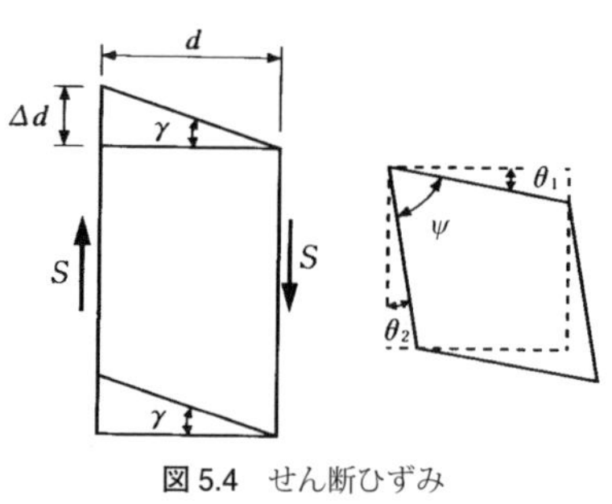

図 5.4 せん断ひずみ

$$\gamma = \frac{\Delta d}{d} \tag{5.4}$$

$$\gamma = \frac{\pi}{2} - \psi = \theta_1 + \theta_2$$

本書では簡単のためせん断ひずみを γ で説明している．しかしながら，せん断力によって生じる角度変化には θ_1 と θ_2 があり，$\gamma=\theta_1+\theta_2$ である．詳細は弾性学の専門書を参照されたい．

(3) ポアソン比（Poisson's ratio）

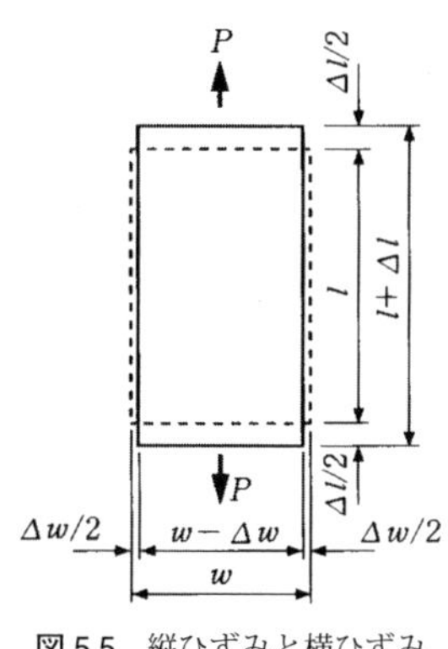

図 5.5　縦ひずみと横ひずみ

軸方向引張力 P が作用すると，部材は軸方向（縦方向）に Δl だけ伸びると同時に直角方向（横方向）に Δw だけ縮む（ゴムをイメージしよう）．

$\varepsilon_1 = \dfrac{\Delta l}{l}$ ：縦ひずみ（longitudinal strain）

$\varepsilon_2 = \dfrac{\Delta w}{w}$ ：横ひずみ（lateral strain）

とすると，ポアソン比は，縦ひずみに対する横ひずみの比

$$\nu = \left|\frac{\varepsilon_2}{\varepsilon_1}\right| \tag{5.5}$$

と定義される．もちろん「**無次元**」である．

図 5.5 に示すように軸方向（縦方向）に伸びを生じる場合には横方向に縮むので，横ひずみは $\varepsilon_2 = -\nu \cdot \varepsilon_1$ から求めることができる．

土木材料として広く用いられている鋼とコンクリートについて，道路橋の設計計算に使われる鋼とコンクリートのポアソン比の値は

鋼：　$\nu_s = 0.3$

コンクリート：　$\nu_c = \dfrac{1}{6} \fallingdotseq 0.167$

である[3]．

(4) 弾性係数（modulus of elasticity）

部材は，外力が作用するとわずかに変形を生じ，その外力を除くと元の状態にもどる性質をもっている．この性質を弾性（elasticity）という．そしてこの場合に，部材の内部には外力に抵抗するため応力を生じており，また変形に伴い部材の内部にひずみを生じることは前述のとおりである．

これに対して，外力によって生じたひずみが，その外力を取り除いたあとも消失せず，原形にもどらない状態になることがある．このような性質を塑性（plasticity）という．

弾性的な変形挙動をする範囲内では，外力を加えたときに生じる応力とひずみ

との比は，材料の種類によって定まる一定の値となる．これを，**フックの法則**（Hooke's law）といい，応力／ひずみ＝定数を，弾性係数（modulus of elasticity）という．弾性体の弾性係数にはヤング係数とせん断弾性係数がある．

a. ヤング係数（Young's modulus）

鋼材や木材などの材料について，軸方向力を作用させて応力～ひずみ曲線（stress-strain curve）図を描くと，グラフに直線の範囲が存在することや，材料によって直線の傾きが著しく異なることがわかる．この直線の範囲は，弾性的な変形挙動をする範囲であり，直線の傾きをヤング係数という．

$$E = \frac{\sigma}{\varepsilon} \quad , \qquad \sigma = E \cdot \varepsilon \tag{5.6}$$

単位は，応力の単位 N/mm^2 と同じである．

ヤング係数は，部材に生じている応力に対応する弾性変形の生じにくさを表わしている．

道路橋のたわみを求める場合などに使われるヤング係数の値は

鋼　　　　　：$E_s = 2.0 \times 10^5\ N/mm^2$

コンクリート：$E_c = 2.35 \times 10^4 \sim 3.5 \times 10^4\ N/mm^2$

である[3]．ここで，コンクリートの応力～ひずみ曲線には，鋼材と異なり直線の範囲は存在しないが，設計の目的に応じてヤング係数が定められている[4]．一般に，たわみを求める場合にはコンクリートのヤング係数は，鋼のヤング係数の約 1/9 ～ 1/6 程度の値が用いられる[3]．

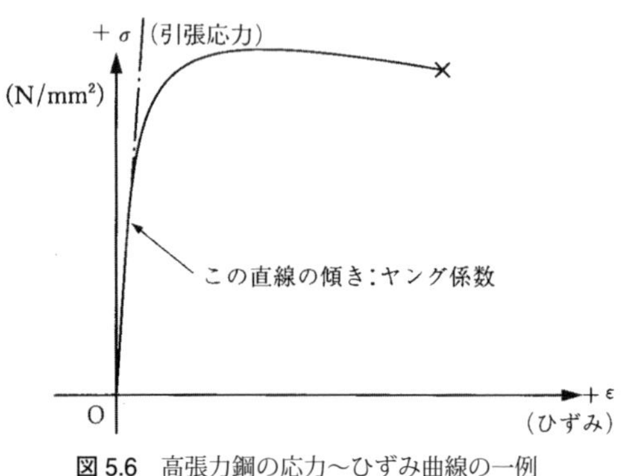

図 5.6　高張力鋼の応力～ひずみ曲線の一例（stress-strain curve）

応力～ひずみ曲線において，応力の算出に用いる断面積 A の値は，載荷試験開始時の値（A_0）を用いることとしており，伸びに伴う断面減少は考慮していない．

b. せん断弾性係数（shearing modulus）

せん断における応力とひずみの関係にも比例関係が成立し，ヤング係数と同様にせん断弾性係数という．単位はせん断応力の単位 N/mm^2 と同じである．

$$G=\frac{\tau}{\gamma}\quad,\quad \tau=G\cdot\gamma \tag{5.7}$$

等方性材料とみなせる場合には弾性論より

$$G=\frac{E}{2(1+\nu)} \tag{5.8}$$

の関係がある．ここに，E：ヤング係数（N/mm^2），ν：ポアソン比である．

道路橋示方書では，鋼とコンクリートのせん断弾性係数の値は

$$\text{鋼}\quad : G_s=\frac{2.0\times10^5 N/mm^2}{2(1+0.3)}=7.7\times10^4 N/mm^2$$

$$\text{コンクリート}: G_c=\frac{E_c}{2(1+1/6)}=\frac{E_c}{2.3}=\frac{2.35\times10^4\sim3.5\times10^4 N/mm^2}{2.3}$$

$$=1.0\times10^4\sim1.5\times10^4 N/mm^2$$

である[3]．

(5) 強度（strength）

構造物の強さは，その構造物に破壊をもたらす荷重，すなわち破壊荷重で決められ，個々の構造物に特定の値があるであろう．

一方，構造物を構成する各部材の材料の強度は，応力～ひずみ曲線においてプロットされる応力のなかの最大の値（σ_{max}）で表わされる[5]．

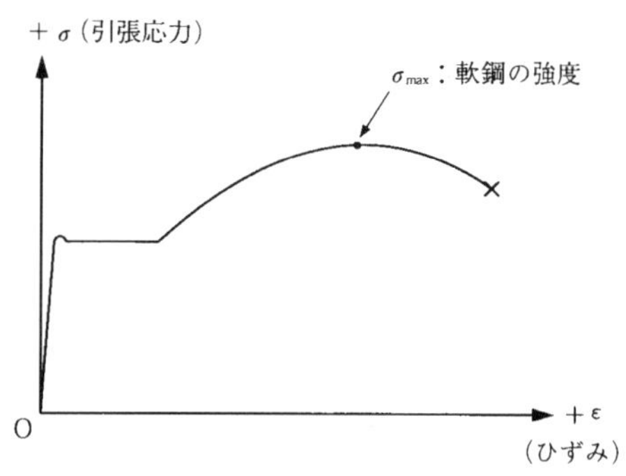

図 5.7　軟鋼の応力～ひずみ曲線の一例
（stress-strain curve）

図 5.7 は，軟鋼の応力～ひずみ曲線の一例を表わしている．

構造物によく用いられる一般構造用圧延鋼材 SS 400 の引張強度（σ_{max}）は

$400N/mm^2$（400 MPa）

以上であることが JIS で規定されている．

ヤング係数のところで述べたことと同様に，材料の強度も個々の材料によって

著しく異なる．われわれが構造工学の勉強をする目的のひとつは，すでにわかっている構成材料の強度（σ_{max}）に基づいて，構造物の強さ（破壊荷重：collapse load）を予測することにほかならない．

ここで，強度と剛性を混同してはならない．剛性は外力に対する変形の程度を表現するものであり，変形しにくい構造物は剛性が大きいまたは高い構造物であると表現する．また，構成部材がたわみやすくなることを剛性が低下していると表現する．

（6） 剛性（rigidity）

剛性とは，外力に対する変形のしにくさを表わすものである．

構造物は荷重を受けるとわずかながら変形する．その際，構造物を構成する各部材の内部では，外力と釣合うように応力を生じている．

いま，軸方向引張力を受ける部材の伸びを小さくして，剛性を高める方法を考える．

$\dfrac{\Delta l}{l}=\varepsilon$： 軸方向引張ひずみ
(normal tensile strain)

$E=\dfrac{\sigma}{\varepsilon}$： ヤング係数
(Young's modulus)

$\sigma=\dfrac{P}{A}$： 軸方向引張応力
(normal tensile stress)

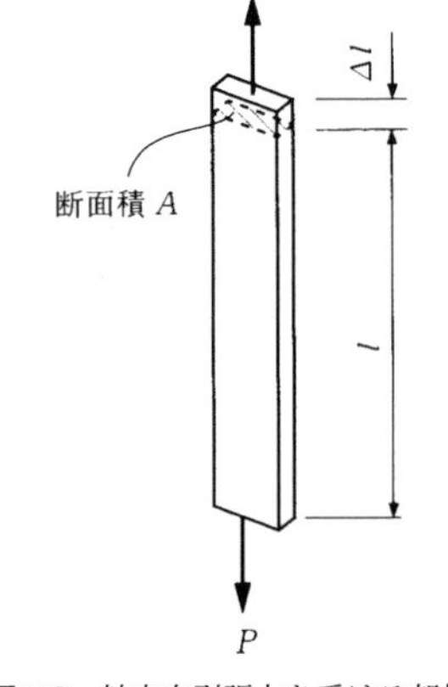

図 5.8 軸方向引張力を受ける部材

より

$$\frac{\Delta l}{l}=\varepsilon=\frac{\sigma}{E}=\frac{P}{EA} \qquad \therefore \Delta l=\frac{P}{EA/l}$$

したがって，Δl を小さくするためには

① ヤング係数 E の大きい材料を使用する．

② 断面積 A を大きくする．

の 2 つの方法があることがわかる．

ここで，EA は「伸び剛性」（elongation rigidity）といわれており，部材軸方向の変形を小さくするにはEAの値を大きくすればよい．

曲げを受ける部材に生じる曲げ応力は，第6章の記載のとおり

$$\sigma = \frac{M}{I} y$$

で求められる．Iは部材断面の性質のひとつを表わしており，次節で述べる断面二次モーメントと呼ばれる．

曲げを受ける部材の例として図5.9のような単純梁を考える．この梁をたわみにくくするためには，梁の上縁に生じる曲げ圧縮ひずみε_cと下縁に生じる曲げ引張ひずみε_tを小さくすればよい．

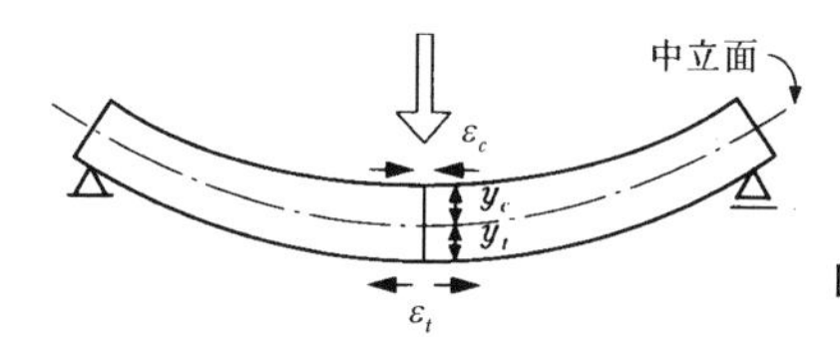

図5.9　曲げを受ける部材

$$\varepsilon_c = \frac{\sigma_c}{E}, \qquad \varepsilon_t = \frac{\sigma_t}{E} \quad ：\ 曲げひずみ（bending strain）$$

$$\sigma_c = \frac{M}{I} y_c, \quad \sigma_t = \frac{M}{I} y_t \quad ：\ 曲げ応力（bending stress）$$

より

$$\varepsilon_c(-) = \frac{M}{EI} y_c, \qquad \varepsilon_t(+) = \frac{M}{EI} y_t \text{；ここで } y_c(-),\quad y_t(+)$$

したがって，たわみにくくするためには

① ヤング係数Eの大きい材料を使用する．

② 断面二次モーメントIが大きい断面形状とする．

の2つの方法があることがわかる．

ここで，EIは「曲げ剛性」（flexural rigidity）といわれており，たわみを減少させるには，曲げ剛性EIの値を大きくすればよい．

5.2 断面の性質

(1) 図心（center of section）と断面一次モーメント（geometrical moment of area）

図 5.10 に示すような I 形断面の部材に外力 P が作用するとき，外力の作用点と断面の図心 G とが一致しない場合には

$$M = P \cdot e$$

なる偏心（eccentricity）に伴う曲げモーメントが部材に作用することになる．このような偏心量 e を知るうえで，断面の図心位置は重要である．

また，曲げを受ける部材の中立軸（neutral axis）は，第 6 章で述べるように断面の図心を通るので，図心の位置を求めることで中立軸の位置を求めることができる．

1 つの断面のある軸に関する断面一次モーメントとは，断面の面積要素 dA にその軸からの距離を掛けた積の総和をいう．

すなわち，図 5.11 において x 軸に関する断面一次モーメントを G_x とすれば

$$G_x = \Sigma(dA \cdot y) = \int y dA \tag{5.9}$$

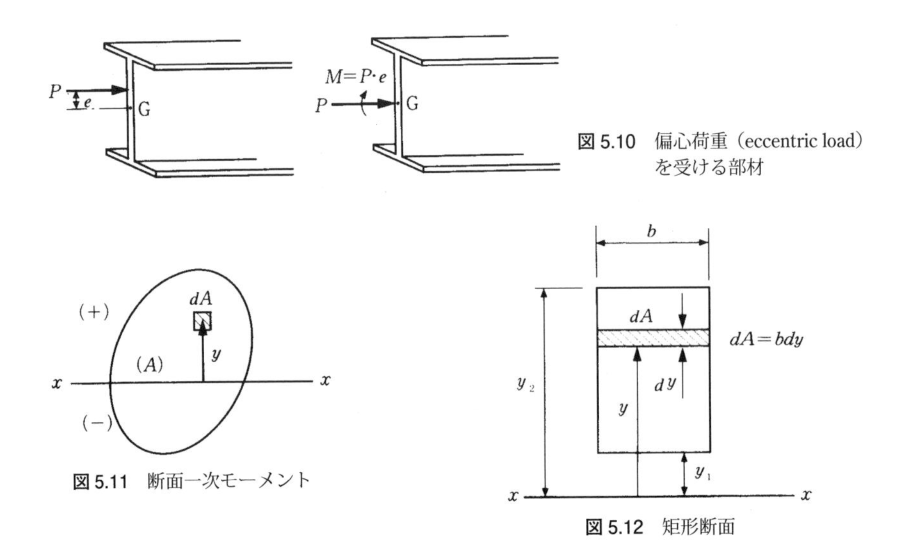

図 5.10　偏心荷重（eccentric load）を受ける部材

図 5.11　断面一次モーメント

図 5.12　矩形断面

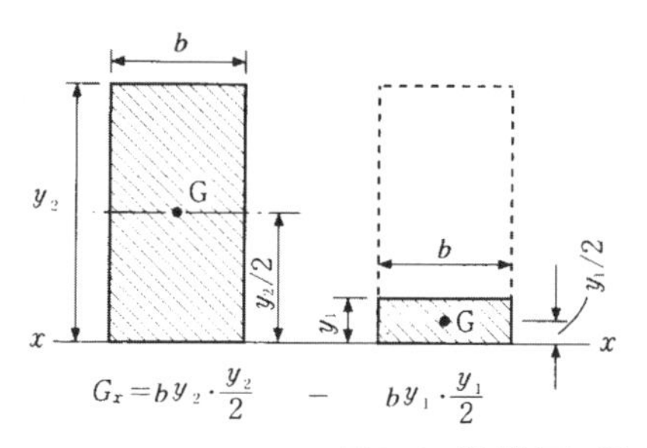

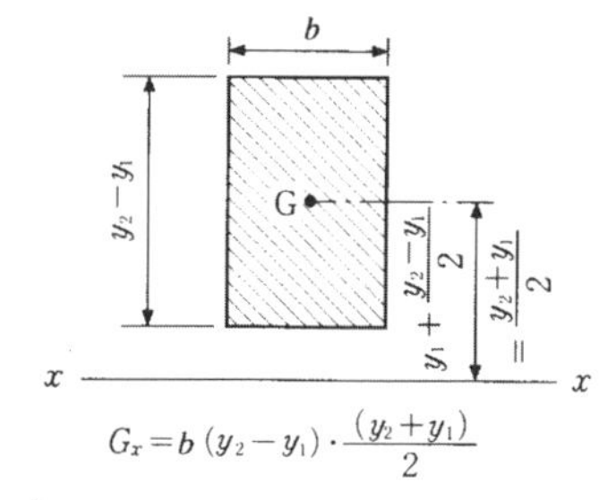

図 5.13　矩形断面の断面一次モーメント

単位は mm^3 などの長さの3乗である．

図5.12に示すような矩形断面では

$$G_x = \int ydA = \int_{y_1}^{y_2} ybdy$$

$$= \frac{b}{2}\left(y_2^2 - y_1^2\right)$$

となる．これは，図5.13に示すように矩形断面の全断面積にその断面の図心（G）から x 軸までの距離を乗じていることを意味している．したがって，x 軸が図心（G）を通る場合は $G_x = 0$ となる．

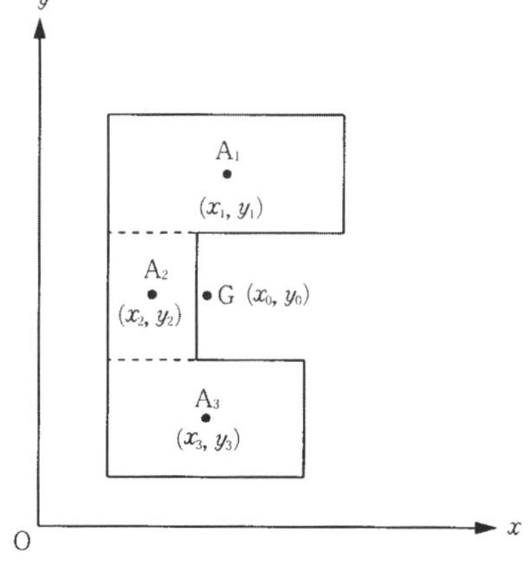

図 5.14　組合せ断面

次に，図5.14に示すような3つの断面で構成されている場合の x 軸に関する断面一次モーメントは

$$G_x = A_1 \cdot y_1 + A_2 \cdot y_2 + A_3 \cdot y_3 = \Sigma\left(A \cdot y\right)$$

同様に y 軸に関する断面一次モーメントは

$$G_y = A_1 \cdot x_1 + A_2 \cdot x_2 + A_3 \cdot x_3 = \Sigma\left(A \cdot x\right)$$

で求められる．

全断面の図心Gの位置を（x_0, y_0）とすると，各面積の断面一次モーメントの和と全断面積 A による断面一次モーメントとは相等しいので

$$A \cdot y_0 = \Sigma\left(A \cdot y\right) = G_x$$

$$A \cdot x_0 = \Sigma\left(A \cdot x\right) = G_y$$

したがって，図心位置は

$$\left.\begin{aligned} x_0 &= \frac{G_y}{A} = \frac{\Sigma(A \cdot x)}{A} \\ y_0 &= \frac{G_x}{A} = \frac{\Sigma(A \cdot y)}{A} \end{aligned}\right\} \tag{5.10}$$

つまり，x_0 は y 軸まわりの断面一次モーメント G_y を全断面積 A で，y_0 は x 軸まわりの断面一次モーメント G_x を全断面積 A で除して求められる．

（2） 断面二次モーメント（geometrical moment of inertia）

断面二次モーメントは，第 6 章で述べるように梁の曲げ応力を求める際に使用する重要な断面の性質のひとつである．

断面のある軸に関する断面二次モーメントとは，その面積要素 dA にその軸からの距離の 2 乗を掛けた積の総和をいう．

図 5.15 において，x 軸に関する断面二次モーメントを I_x, y 軸に関する断面二次モーメントを I_y とすれば

$$\left.\begin{aligned} I_x &= \Sigma\left(dA \cdot y^2\right) = \int y^2 dA \\ I_y &= \Sigma\left(dA \cdot x^2\right) = \int x^2 dA \end{aligned}\right\} \tag{5.11}$$

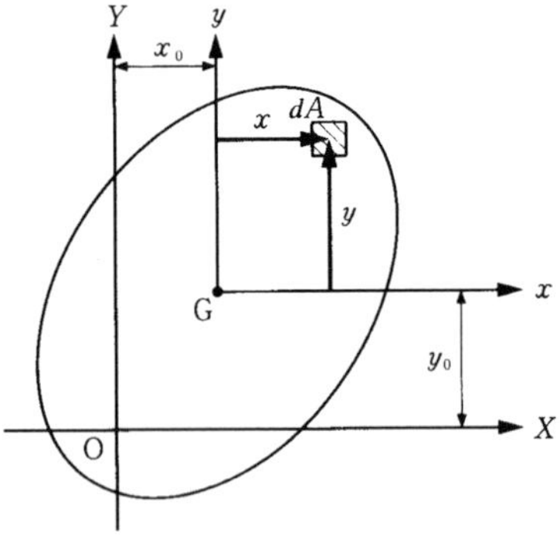

単位は mm^4 などの長さの 4 乗である．

図 5.15　断面二次モーメント

X 軸に関する断面二次モーメントは

$$\begin{aligned} I_x &= \int\left(y + y_0\right)^2 dA \\ &= \int\left(y^2 + 2yy_0 + y_0^2\right)dA = \int y^2 dA + 2y_0\int y dA + y_0^2\int dA \end{aligned}$$

ここで，$\int ydA = G_x$ であるが，x 軸が断面の図心（G）を通っている場合は $G_x=0$ である．同様に，y 軸が断面の図心（G）を通っている場合は $G_y=0$ である．したがって

$$\left.\begin{aligned} I_X &= \int y^2 dA + y_0^2\int dA = I_x + y_0^2 A \\ I_Y &= \int x^2 dA + x_0^2\int dA = I_y + x_0^2 A \end{aligned}\right\} \tag{5.12}$$

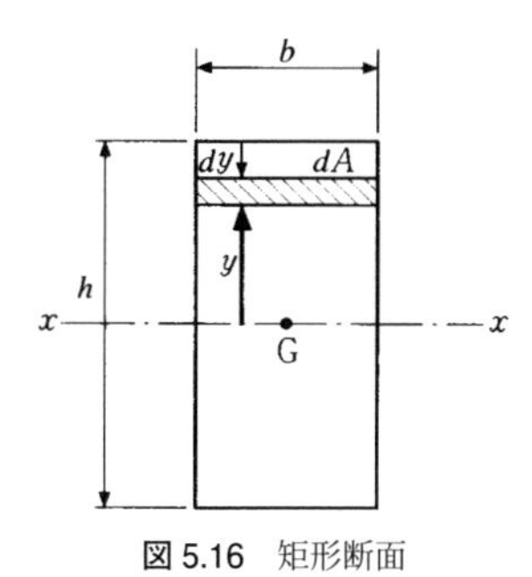

図 5.16　矩形断面

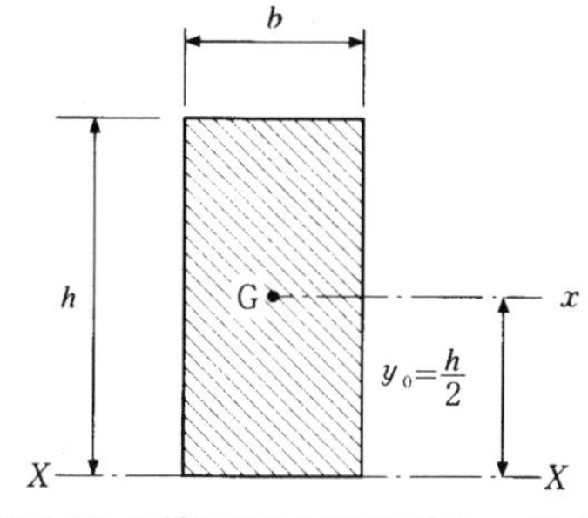

図 5.17　X 軸に関する断面二次モーメント

この式において，y_0^2 および x_0^2 は常に正であるので，図心を通る軸に関する断面二次モーメントは最小であることがわかる．

図 5.16 に示すような矩形断面において，図心を通る x 軸に関する断面二次モーメントは

$$I_x = \int y^2 dA = \int_{-\frac{h}{2}}^{+\frac{h}{2}} y^2 \cdot bdy$$

$$= \frac{1}{3} b \left[y^3 \right]_{-\frac{h}{2}}^{+\frac{h}{2}} = \frac{1}{12} bh^3$$

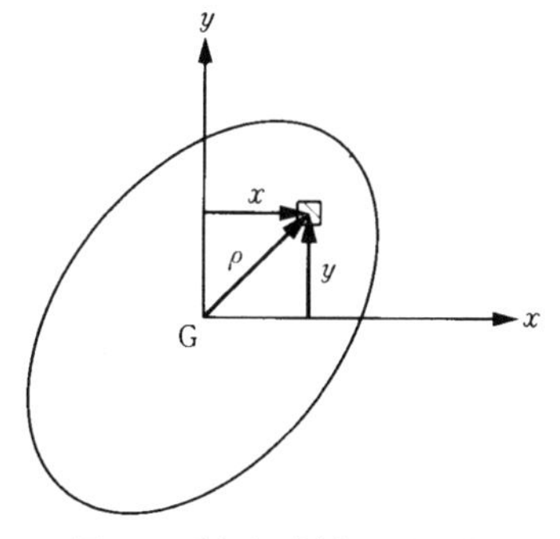

図 5.18　断面二次極モーメント

同様に X 軸に関する断面二次モーメントは，図 5.17 に示すように

$$I_X = \int_0^h y^2 \cdot bdy = \frac{1}{3} b \left[y^3 \right]_0^h = \frac{1}{3} bh^3$$

または

$$I_X = I_x + y_0^2 A = \frac{bh^3}{12} + \left(\frac{h}{2} \right)^2 \cdot bh = \frac{1}{3} bh^3$$

図 5.18 に示すように，面積要素に x，y 軸の原点からの距離 ρ の 2 乗を掛けた積の総和を，断面二次極モーメント（polar moment of inertia）という．

$$I_p = \int \rho^2 dA = \int \left(x^2 + y^2 \right) dA = \int x^2 dA + \int y^2 dA$$
$$\therefore I_p = I_y + I_x \qquad (5.13)$$

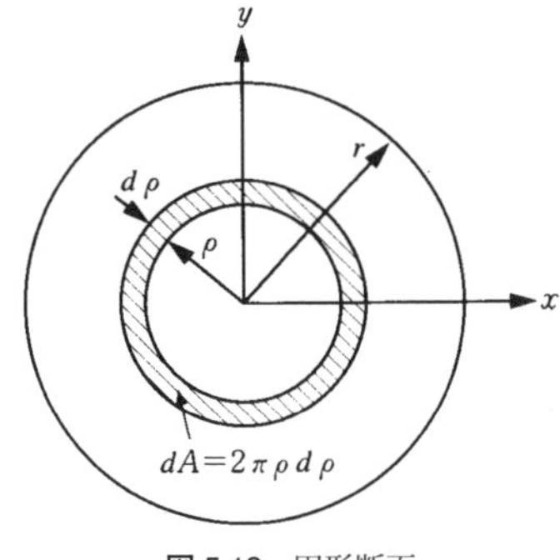

図 5.19　円形断面

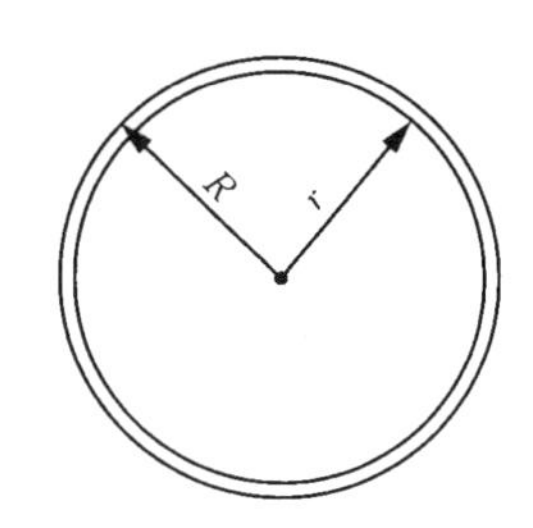

図 5.20　中空断面（鋼管など）

円形断面のような場合には，$I_x=I_y$ であるので，まず I_p を求め，$I_x=I_y=I_p/2$ より各軸まわりの断面二次モーメントを求めることができる．

図 5.19 に示すような円形断面について考えると

$$dA=2\pi\rho d\rho$$

より断面二次極モーメントは

$$I_p=\int_0^r \rho^2 dA=\int_0^r 2\pi\rho^3 d\rho=\frac{1}{2}\pi r^4$$

$$\therefore I_x=I_y=\frac{I_p}{2}=\frac{1}{4}\pi r^4=\frac{\pi d^4}{64}$$，ここで $d=2r$（円形断面の直径）

図 5.20 に示すような中空断面の場合には，半径 R の円の断面二次モーメントから半径 r の円の断面二次モーメントを引いて

$$I_x=\frac{\pi}{4}\left(R^4-r^4\right)=\frac{\pi}{64}\left(D^4-d^4\right)$$，ここで $D=2R$（外径），$d=2r$（内径）

（3）　組合せ断面の断面二次モーメント

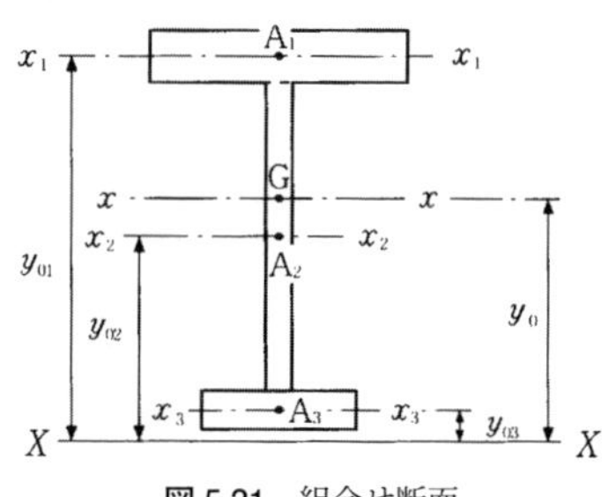

図 5.21　組合せ断面

図 5.21 に示すように断面が A_1，A_2 および A_3 の面積によって組合わされている場合の X 軸に関する断面二次モーメントは

$$I_{X1}=I_{x1}+y_{01}{}^2A_1$$

$$I_{X2}=I_{x2}+y_{02}{}^2A_2$$

$$I_{X3}=I_{x3}+y_{03}{}^2A_3$$

したがって

$$I_X = I_{x1} + I_{x2} + I_{x3} + y_{01}{}^2 A_1 + y_{02}{}^2 A_2 + y_{03}{}^2 A_3$$
$$= \sum I_x + \sum\left(y_0^2 A\right)$$

一方，図心（G）の位置は

$$y_0 = \frac{\sum(A \cdot y)}{A}$$

で求められるので，組合せ断面の図心（G）を通るx軸に関する断面二次モーメントは

$$I_x = I_X - y_0^2 \sum A \tag{5.14}$$

で求めることができる．

梁の曲げ応力を求める場合などに用いる断面二次モーメントは，図心軸まわりである．したがって，まず，X軸を決めてI_Xとy_0を求め，I_xを算出する[6)]．

計算例 1　図 5.22 に示すT形断面で，図心Gを通るx軸まわりの断面二次モーメントを式（5.14）を使って求めてみよう．まず，X軸まわりの断面二次モーメントを求める．表5.1に示すように表形式にするとよい．

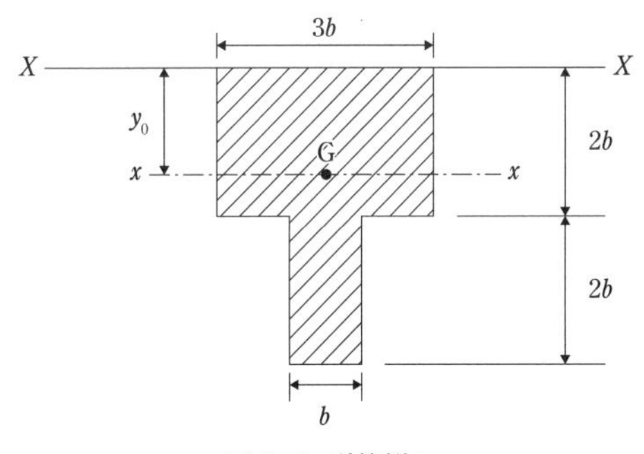

図 5.22　計算例 1

表 5.1　X 軸まわりの断面二次モーメント

断面	寸法 幅×高さ	断面積 A	X 軸から図心までの距離 y	断面一次モーメント $A \cdot y$	断面二次モーメント		
					$\dfrac{bh^3}{12}$	$y^2 \cdot A$	I_X
A_1	$3b \times 2b$	$6b^2$	b	$6b^3$	$\dfrac{(3b)\cdot(2b)^3}{12}=2b^4$	$(b)^2 \cdot (6b^2)=6b^4$	$8b^4$
A_2	$b \times 2b$	$2b^2$	$3b$	$6b^3$	$\dfrac{(b)\cdot(2b)^3}{12}=\dfrac{2}{3}b^4$	$(3b)^2 \cdot (2b^2)=18b^4$	$\dfrac{56}{3}b^4$
計		$8b^2$		$12b^3$			$\dfrac{80}{3}b^4$

$$y_0 = \frac{\sum(A \cdot y)}{\sum A} = \frac{12b^3}{8b^2} = \frac{3}{2}b$$

$$\therefore \quad I_x = I_X - y_0^2 \cdot \sum A$$

$$= \frac{80}{3}b^4 - \left(\frac{3}{2}b\right)^2 \left(8b^2\right)$$

$$= b^4\left(\frac{80}{3} - 18\right) = \frac{26}{3}b^4 = \frac{104}{12}b^4$$

（4）　断面係数（modulus of section，section modulus）

図 5.23 において，図心を通る軸に関する断面二次モーメント I_x を，その軸から上下最縁端までの距離（縁距離）y_1，y_2 で除した値を，その軸に関する断面係数という．単位は mm^3 などの長さの 3 乗である．

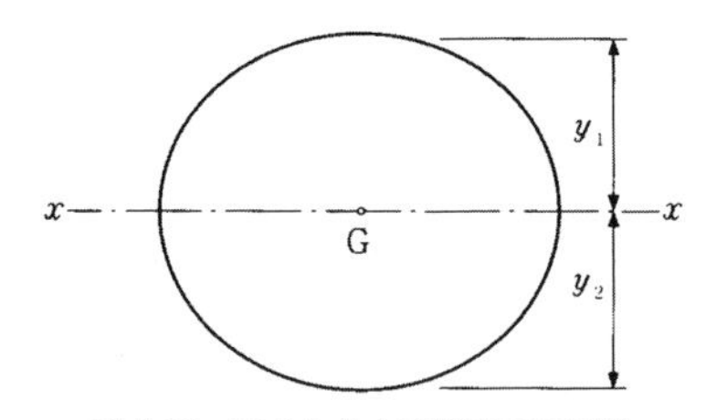

図 5.23　図心から上下縁までの距離

$$\left.\begin{aligned} W_1 &= \frac{I_x}{y_1} \\ W_2 &= \frac{I_x}{y_2} \end{aligned}\right\} \tag{5.15}$$

この W_1 と W_2 は断面に固有な値であり，実務では梁断面の上下縁の曲げ応力（縁応力：extreme fiber stress）を求める際に用いる．

(5) 断面二次半径 (radius of gyration)

断面二次半径は

$$r = \sqrt{\frac{I}{A}} \tag{5.16}$$

で定義される．

ここに，I：断面二次モーメント（mm^4 または cm^4），A：断面積（mm^2 または cm^2）であり，断面二次半径の単位は mm または cm などの長さの単位である．

鋼構造物などでよく用いられている断面形状のひとつにI形断面がある．

図5.24に示すI形断面において，図心Gを通る x 軸と y 軸を考える．式（5.11）から

$$I_x = \int y^2 dA$$

$$I_y = \int x^2 dA$$

より，I形断面では，y 軸まわりの断面二次モーメント（I_y）の方が，x 軸まわりの断面二次モーメント（I_x）よりも小さくなる．したがって，y 軸を**弱軸**（weak axis）と呼び，x 軸を**強軸**（strong axis）と呼んでいる．曲げを受ける部材の剛性は，断面二次モーメントが大きいほど高まる（**5.1（6）**参照）ので，桁橋は x 軸まわりに曲げ変形するように下フランジ側に支承をつけて架橋される．

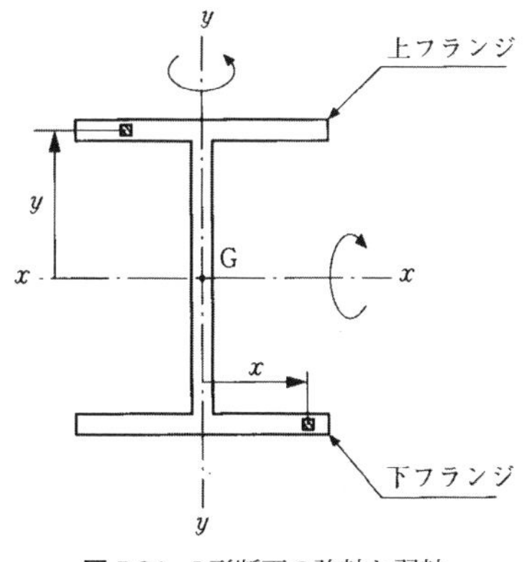

図5.24　I形断面の強軸と弱軸

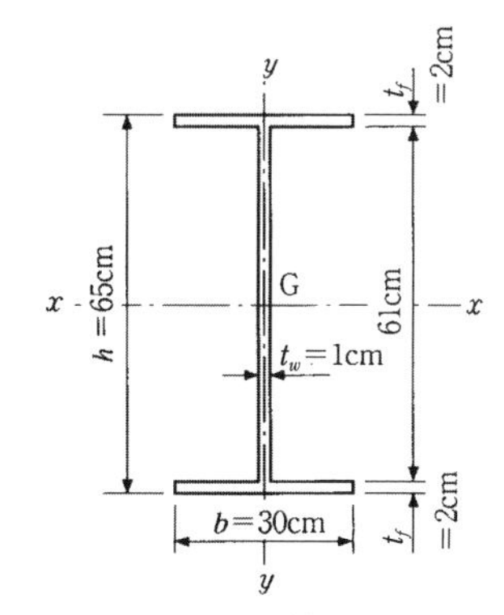

図5.25　計算例2

計算例 2 図 5.25 に示す I 形断面で，$I_y \ll I_x$ であることを確認してみよう．

上下のフランジ厚が同じであるので

$$I_x = \frac{bh^3}{12} - \frac{(b-t_w)\times(h-2t_f)^3}{12}$$
$$= \frac{30\times 65^3}{12} - \frac{29\times 61^3}{12} = 138\,025\,\mathrm{cm}^4$$

$$I_y = \frac{t_f \times b^3}{12}\times 2 + \frac{(h-2t_f)\times t_w{}^3}{12}$$
$$= \frac{2\times 30^3}{12}\times 2 + \frac{61\times 1^3}{12} = 9\,005\,\mathrm{cm}^4$$

y 軸まわりの断面二次モーメントは，x 軸まわりの断面二次モーメントの約 1/15 の値であり，$I_y \ll I_x$ であることがわかる．

第 7 章で述べるように，圧縮力を受ける長柱は**弱軸まわり**に座屈を生じるので，断面二次半径としては

$$r_{\min} = \sqrt{\frac{I_{\min}}{A}}$$

を使用する．ここで，$I_{\min}$：**弱軸まわり**の断面二次モーメント，A：断面積である．

最小断面二次半径の値を算出してみよう．

$$r_{\min} = \sqrt{\frac{9005(\mathrm{cm}^4)}{181(\mathrm{cm}^2)}} = 7.05(\mathrm{cm})$$

（6） 断面の核（core of section）

偏心荷重を受ける圧縮部材が石材やレンガのように，圧縮に強く引張に弱い材料でつくられる場合には，その内部に引張応力を生じないようにする必要がある．石造アーチ橋をはじめとして現代まで永々と生きつづける土木構造物には，引張応力を生じさせない先人の知恵を感じる．

いま，圧縮応力を負（マイナス）とすると，断面に生じる最小応力 $\sigma_{\min}$ は図 5.26 から

$$\sigma_{\min} = \ominus\frac{P}{A} \oplus \frac{P\cdot e}{I} y_t = \frac{\ominus P}{\left(\dfrac{I}{y_t}\right)}\left\{\frac{\left(\dfrac{I}{y_t}\right)}{A} - e\right\}$$

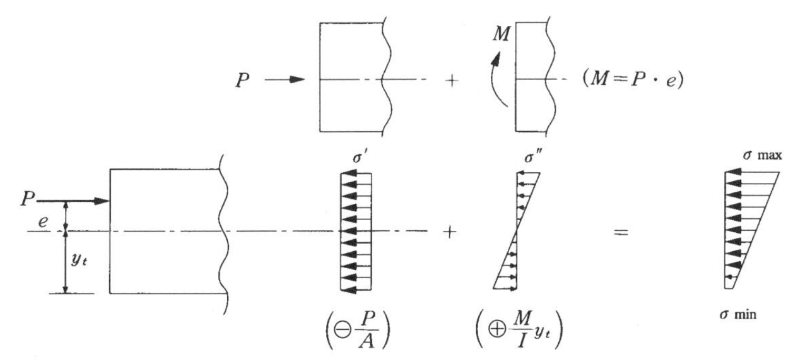

図 5.26　偏心荷重を受ける部材に生じる応力

これより，σ_{min} が圧縮応力（負値）であるためには，e の値が $(I/y_t)/A$ の値より小さい必要がある．つまり，偏心 e が $(I/y_t)/A$ 以内であれば引張応力は生じない．一例として，矩形断面について考えると，x 軸（強軸）まわりの偏心荷重に対して

$$\frac{\left(\frac{I}{y_t}\right)}{A}=\frac{\left(\frac{bh^3}{12}\times\frac{1}{h/2}\right)}{bh}=\frac{h}{6}$$

y 軸（弱軸）まわりの偏心荷重に対して

$$\frac{\left(\frac{hb^3}{12}\times\frac{1}{b/2}\right)}{bh}=\frac{b}{6}$$

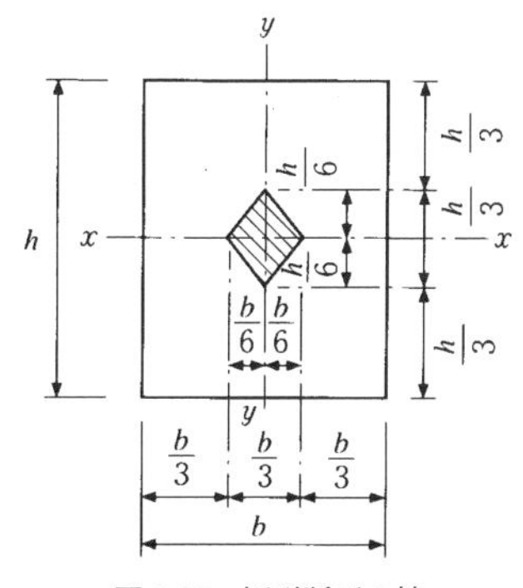

図 5.27　矩形断面の核

図 5.27 に示すように，4 点を頂点とする菱形の範囲内に圧縮力 P が作用する限り断面に引張応力を生じることはない．この範囲を核（core）といい，矩形断面では中央部の $h/3$，$b/3$（ミドルサード：middle third）が重要となる．断面の核（core）は第 7 章の **7.2　短柱**で詳細に説明されている．

計算例 3　円形断面の核（core）を求めてみよう．

$$\sigma_{min}=\ominus\frac{P}{A}\oplus\frac{P\cdot e}{I}y_t=0$$

ここで　$A = \frac{\pi D^2}{4}$，$I = \frac{\pi D^4}{64}$，$y_t = \frac{D}{2}$

を代入すると

$$e = \frac{D}{8} = \frac{R}{4}$$

図 5.28 に示す斜線の円形内に圧縮力 P が作用する限り，円形断面に引張応力を生じることはない．

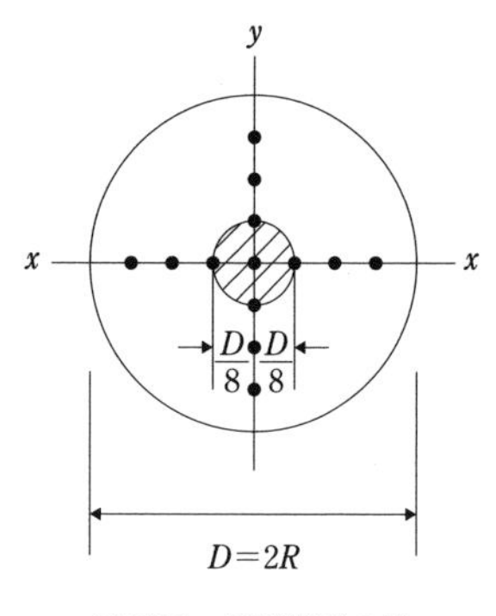

図 5.28　円形断面の核

（7） 代表的な断面の性質

表 5.2 に代表的な断面について，図心・断面二次モーメント・断面係数・断面二次半径・断面二次極モーメントを示す [7]．

表 5.2　代表的な断面の性質[7]

	図　　形	断面積 A	図心の位置	図示の軸まわりの断面二次モーメント I	図示の軸に関する断面係数 W	図示の軸に関する断面二次半径 r	図心軸まわりの断面二次極モーメント I_p
長方形		bh	$\frac{h}{2}$	$\frac{bh^3}{12}$	$\frac{bh^2}{6}$	$\frac{h}{\sqrt{12}}=0.2887h$	$\frac{bh\left(b^2+h^2\right)}{12}$
正方形		h^2	$\frac{\sqrt{2}}{2}h$	$\frac{h^4}{12}$	$\frac{\sqrt{2}}{12}h^3$ $=0.1179h^3$	$\frac{h}{\sqrt{12}}=0.2887h$	$\frac{h^4}{6}$
中空正方形		H^2-h^2	$\frac{H}{2}$	$\frac{H^4-h^4}{12}$	$\frac{1}{6H}\left(H^4-h^4\right)$	$\sqrt{\frac{H^2+h^2}{12}}$	$\frac{1}{6}\left(H^4-h^4\right)$
中空正方形		H^2-h^2	$\frac{\sqrt{2}}{2}H$	$\frac{H^4-h^4}{12}$	$\frac{\sqrt{2}}{12H}\left(H^4-h^4\right)$ $=0.1179\frac{H^4-h^4}{H}$	$\sqrt{\frac{H^2+h^2}{12}}$	$\frac{1}{6}\left(H^4-h^4\right)$
三角形		$\frac{bh}{2}$	$y_1=\frac{h}{3}$ $y_2=\frac{2h}{3}$	$\frac{bh^3}{36}$	$W_1=\frac{bh^2}{12}$ $W_2=\frac{bh^2}{24}$	$\frac{h}{\sqrt{18}}=0.2357h$	$\frac{\left(a^2+b^2+c^2\right)bh}{72}$
円形		$\pi r^2=\frac{\pi d^2}{4}$	$r=\frac{d}{2}$	$\frac{\pi d^4}{64}=\frac{\pi r^4}{4}$ $=0.0491d^4$ $=0.7854r^4$	$\frac{\pi d^3}{32}=\frac{\pi r^3}{4}$ $=0.0982d^3$ $=0.7854r^3$	$\frac{r}{2}=\frac{d}{4}$	$\frac{\pi r^4}{2}=\frac{\pi d^4}{32}$
中空円形		$\pi\left(R^2-r^2\right)$ $=\frac{\pi}{4}\left(D^2-d^2\right)$	$R=\frac{D}{2}$	$\frac{\pi}{64}\left(D^4-d^4\right)$ $=\frac{\pi}{4}\left(R^4-r^4\right)$	$\frac{\pi}{32}\frac{D^4-d^4}{D}$ $=\frac{\pi}{4}\frac{R^4-r^4}{R}$	$\frac{\sqrt{R^2+r^2}}{2}$	$\frac{\pi}{2}\left(R^4-r^4\right)$ $=\frac{\pi}{32}\left(D^4-d^4\right)$

■参考文献

1) 酒井忠明：構造力学，技報堂出版，p.321，1970.
2) 小池　晋：実用構造力学，理工図書，pp.65 ～ 66，1977.
3) 日本道路協会編：道路橋示方書・同解説（I 共通編），丸善，pp.86 ～ 89，2012.
4) 三浦　尚：土木材料学（改訂版），コロナ社，pp.80 ～ 81，2000.
5) 倉西　茂：鋼構造（第四版），技報堂出版，pp.12 ～ 16，2000.
6) 宮本　裕他：構造工学の基礎と応用（第 4 版），技報堂出版，pp.11 ～ 12，2016.
7) 小西一郎他：構造力学第 1 巻，丸善，pp.102 ～ 106，1974.

街中の歩道橋（ニュージーランド・クインズタウン）
ニュージーランドの南（みなみ）島の景勝地 Milford Sound へ向かう観光拠点 Queenstown の街中にある歩道橋である．橋の側面を楔形に加工した石板を用いて石橋のように見せている．歩道の背後と橋の両端部を平積みとし，両岸にも平積みの小段を造って修景を行っており，人々が腰掛けたり芝生に座って休憩する場所となっている．（写真提供：佐藤恒明）

第6章　梁の曲げ応力とたわみ

6.1　梁の曲げ応力

（仮定）

① 梁の横断面は，梁の軸（x 軸）を含む対称軸を有する．

② 荷重作用面は上記①の対称軸と x 軸とを含む平面（x-y 平面）とする．
⇒ x-y 平面内でのみ梁は曲げられる．

③ 梁の材料は，等方・等質性を有し，かつ，フックの法則に従う．
また，引張および圧縮に対する弾性係数は同一とする．

④ 変形を受ける前に平面であった梁の横断面は，変形後も依然として平面を保ち，かつ，梁の軸と直交する．
⇒平面保持の仮定（ベルヌーイの仮定）⇔ 変形後の部材軸は円弧

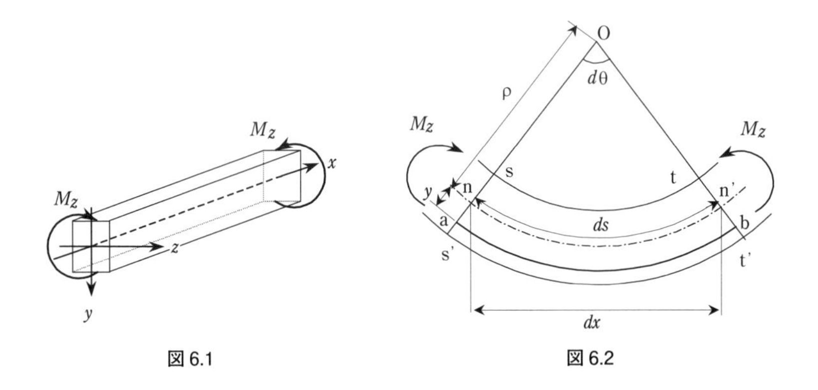

図 6.1　　図 6.2

上図のような純粋曲げ（pure bending）の作用する梁について考える．

このとき，ρ：曲率半径とすると，$ds = \rho \cdot d\theta$ であり，微小変形では，$ds \cong dx$ と考えてよいから，

$$dx = \rho \cdot d\theta \quad \therefore \frac{1}{\rho} = \frac{d\theta}{dx} \text{ ：曲率（curvature）} \tag{6.1}$$

次に，ab 間の長さに着目すると，変形前は dx，変形後は $(\rho + y) \cdot d\theta$ であるから，ab 間の伸び Δx は，式(6.1)から，

$$\Delta x = (\rho + y) \cdot d\theta - dx = \rho \cdot d\theta + y \cdot d\theta - dx = y \cdot d\theta \tag{6.2}$$

したがって，ab 間のひずみ ε_x は，式（6.1），（6.2）から，

$$\varepsilon_x = \frac{\Delta x}{dx} = \frac{y \cdot d\theta}{dx} = \frac{y}{\rho} \tag{6.3}$$

式（6.3）より，ε_x は中立軸からの距離 y に比例し，

中立面より下側 ⇒ 引張 ⇔ $\varepsilon_x > 0$

中立面より上側 ⇒ 圧縮 ⇔ $\varepsilon_x < 0$

また，ab 間の応力 σ_x は，フックの法則から，

$$\sigma_x = E \cdot \varepsilon_x = E \cdot \frac{y}{\rho} = \frac{E}{\rho} y \tag{6.4}$$

式(6.4)より，σ_x は中立軸からの距離 y に比例し，

中立面より下側 ⇒ 引張　⇔ $\sigma_x > 0$

中立面より上側 ⇒ 圧縮　⇔ $\sigma_x < 0$

次に，下図のように中立軸が z 軸と一致する場合について，外力（曲げモーメント）との力学的釣合いを考える．

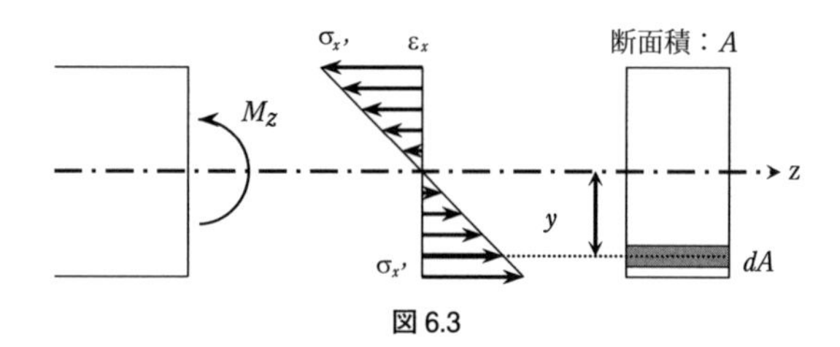

図 6.3

水平方向の力の釣合いから，

$$\Sigma\sigma_x dA = \int_A \sigma_x dA = 0 \tag{6.5}$$

中立軸まわりのモーメントの釣合いから，

$$\Sigma(\sigma_x dA)\cdot y = \int_A (\sigma_x dA)\cdot y = \int_A \sigma_x y\cdot dA = M_z \tag{6.6}$$

式（6.6）に式（6.4）を代入すると，

$$M_z = \int_A \sigma_x y\cdot dA = \int_A \frac{E}{\rho} y\cdot y\cdot dA = \frac{E}{\rho}\int_A y^2 dA$$

ここで，$\int_A y^2 dA = I_z$：中立軸に関する断面2次モーメントとすると，

$$M_z = \frac{E}{\rho} I_z \quad \therefore \frac{1}{\rho} = \frac{M_z}{EI_z} \quad EI_z\text{：曲げ剛性} \tag{6.7}$$

式（6.7）と式（6.4）より，

$$\sigma_x = \frac{E}{\rho} y = \frac{1}{\rho}\cdot Ey = \frac{M_z}{EI_z}\cdot Ey = \frac{M_z}{I_z} y \tag{6.8}$$

軸方向力 N_x が作用する場合は，

$$\sigma_x = \frac{N_x}{A} + \frac{M_z}{I_z} y$$

以上まとめると，曲げ剛性 EI_z の梁に曲げモーメント M_z が作用するとき，変形後の曲率 $\frac{1}{\rho}$（曲率半径：ρ）は，次の式で与えられる．

$$\frac{1}{\rho} = \frac{M_z}{EI_z}$$

また，中立面からの距離 y の面の曲げ応力 σ_x は，次のようになる．

$$\sigma_x = \frac{M_z}{I_z} y$$

6.2　梁のたわみ（deflection of beam）

梁の弾性曲線（elastic curve）またはたわみ曲線（deflection curve）を未知関数 $y(x)$ とする微分方程式を誘導する．

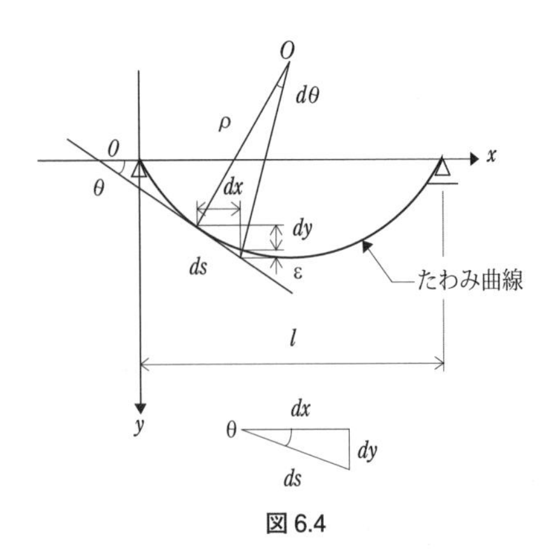

図 6.4

上図において，曲率半径を ρ とすれば，

$$ds = \rho \cdot d\theta \qquad \text{ゆえに，曲率：} \frac{1}{\rho} = \frac{d\theta}{ds}$$

次に，$\dfrac{d\theta}{ds}$ を x，y で表すことを考える．

まず，たわみは微小であるとして，ε を無視すると，

$$\tan\theta = \frac{dy}{dx} \qquad \text{ゆえに，} \theta = \tan^{-1}\left(\frac{dy}{dx}\right)$$

また，$ds = \sqrt{(dx)^2 + (dy)^2} = \sqrt{1 + \left(\dfrac{dy}{dx}\right)^2} \cdot dx$ だから，

$$\frac{ds}{dx} = \sqrt{1 + \left(\frac{dy}{dx}\right)^2}$$

よって，$$\frac{d\theta}{ds} = \frac{\dfrac{d\theta}{dx}}{\dfrac{ds}{dx}} = \frac{\dfrac{d}{dx}\left\{\tan^{-1}\left(\dfrac{dy}{dx}\right)\right\}}{\sqrt{1 + \left(\dfrac{dy}{dx}\right)^2}}$$

ここで，$\dfrac{d}{dx}\left(\tan^{-1}x\right)=\dfrac{1}{1+x^2}$ であり，$\dfrac{d}{dx}\left\{\tan^{-1}f(x)\right\}=\dfrac{\dfrac{d}{dx}f(x)}{1+f(x)^2}$ だから，

$$\frac{d\theta}{ds}=\frac{\dfrac{\dfrac{d}{dx}\left(\dfrac{dy}{dx}\right)}{1+\left(\dfrac{dy}{dx}\right)^2}}{\sqrt{1+\left(\dfrac{dy}{dx}\right)^2}}=\frac{\dfrac{d^2y}{dx^2}}{\left\{1+\left(\dfrac{dy}{dx}\right)^2\right\}^{\frac{3}{2}}}\fallingdotseq\frac{d^2y}{dx^2}\quad\left[\because\left(\frac{dy}{dx}\right)\ll 1\right]$$

微小変位理論から $\left(\dfrac{d\theta}{dx}\right)^2\approx 0$ とおける．

したがって，$\dfrac{1}{\rho}=\dfrac{d^2y}{dx^2}$

一方，曲率と曲げモーメント M，曲げ剛性 EI の関係は，$\dfrac{1}{\rho}=\dfrac{M}{EI}$ だから，

$\dfrac{d^2y}{dx^2}=\dfrac{M}{EI}$ である．

ここで，曲げモーメント M と曲率 $\dfrac{1}{\rho}=\dfrac{d^2y}{dx^2}$ の正負を考えると，

曲げモーメント M が正のとき，たわみは下に凸で，曲率は負

曲げモーメント M が負のとき，たわみは上に凸で，曲率は正

にならなければならないから，梁のたわみの微分方程式は，$\boxed{\dfrac{d^2y}{dx^2}=-\dfrac{M}{EI}}$ となる．

梁に作用する荷重強度 q とせん断力 Q，曲げモーメント M の関係

図6.5のような分布荷重 $q(x)$ が作用する梁において，その微小要素の釣合いを考えると，次のようになる．

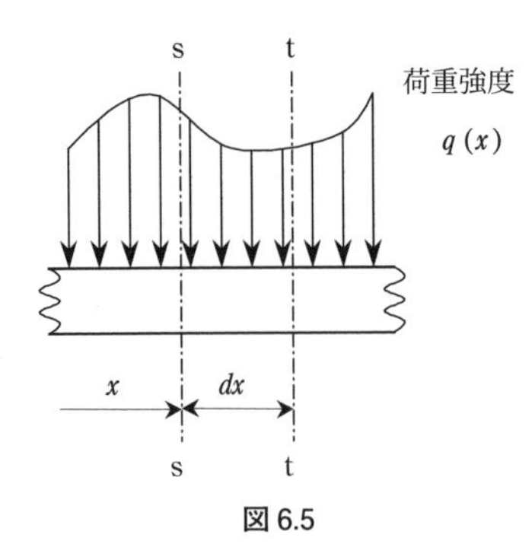

図 6.5

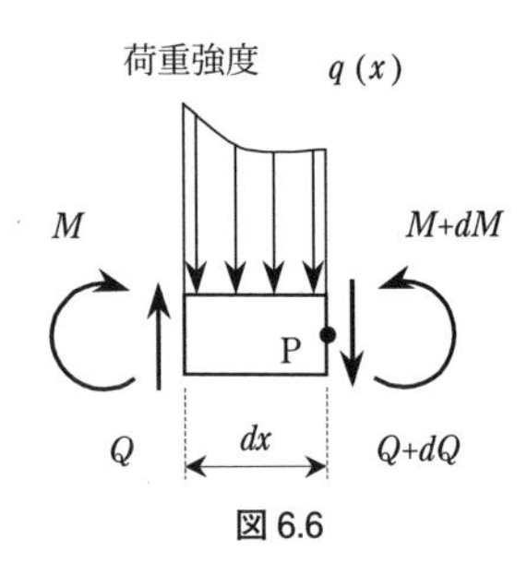

図 6.6

鉛直方向の力の釣合いより，

$$Q+dQ+q(x)\cdot dx=Q \qquad \therefore\ dQ=-q(x)\cdot dx$$

$$\therefore\ \boxed{\frac{dQ}{dx}=-q(x)}$$

P 点まわりのモーメントの釣合いより，

$$M+Q\cdot dx=q(x)\cdot dx\cdot\frac{dx}{2}+M+dM$$

ここで，$q(x)\cdot dx\cdot\dfrac{dx}{2}\cong 0$ と考えることができるので，

$$dM=Q\cdot dx \qquad \therefore\ \boxed{\frac{dM}{dx}=Q}$$

また，$\dfrac{dQ}{dx}=\dfrac{d}{dx}\left(\dfrac{dM}{dx}\right)=\dfrac{d^2M}{dx^2}=-q(x)$ だから，$\boxed{\dfrac{d^2M}{dx^2}=-q(x)}$

したがって，曲げ剛性 EI が一定な梁のたわみの微分方程式は，次のようにも書き表すことができる．

$\dfrac{d^2y}{dx^2}=-\dfrac{M}{EI}$ より，

$$\frac{d^3y}{dx^3}=-\frac{d}{dx}\left(\frac{M}{EI}\right)=-\frac{1}{EI}\cdot\frac{dM}{dx}=-\frac{Q}{EI},\quad \frac{d^4y}{dx^4}=-\frac{d}{dx}\left(\frac{Q}{EI}\right)=-\frac{1}{EI}\cdot\frac{dQ}{dx}=\frac{q(x)}{EI}$$

$$\therefore \boxed{EI\frac{d^4y}{dx^4}=q(x)}$$

$\dfrac{d}{dx}\left(\tan^{-1}x\right)=\dfrac{1}{1+x^2}$ の証明

$y=\tan^{-1}x \quad \left(-\infty<x<\infty, -\dfrac{\pi}{2}<y<\dfrac{\pi}{2}\right)$ とすると，

$$x=\tan y,\quad \frac{dx}{dy}=\sec^2 y$$

ここで，$\sec^2 y=1+\tan^2 y=1+x^2$ だから，

$$\frac{dy}{dx}=\frac{1}{\dfrac{dx}{dy}}=\frac{1}{\sec^2 y}=\frac{1}{1+x^2}$$

$$\frac{dx}{dy}=\left(\tan y\right)'=\left(\frac{\sin y}{\cos y}\right)'=\frac{\left(\sin y\right)'\cdot\cos y-\sin y\cdot\left(\cos y\right)'}{\cos^2 y}=\frac{\cos^2 y+\sin^2 y}{\cos^2 y}$$

$$=\frac{1}{\cos^2 y}=\sec^2 y$$

$\dfrac{d}{dx}\left\{\tan^{-1}f(x)\right\}=\dfrac{\dfrac{d}{dx}f(x)}{1+f(x)^2}$ の証明

$y=\tan^{-1}f(x)$ として，$z=f(x)$ とおくと，

$$\frac{dy}{dx}=\frac{dy}{dz}\cdot\frac{dz}{dx}=\frac{1}{1+z^2}\cdot\frac{dz}{dx}=\frac{1}{1+\left\{f(x)\right\}^2}\cdot\frac{d}{dx}f(x)=\frac{\dfrac{d}{dx}f(x)}{1+\left\{f(x)\right\}^2}$$

6.3　たわみに関するモールの定理⇒「弾性荷重法」によるたわみの計算

梁のたわみの基本式

1回積分（たわみ角）　　2回積分（たわみ）

$$\frac{d^2y}{dx^2}=-\frac{M}{EI}\qquad \theta=\frac{dy}{dx}=-\int\frac{M}{EI}dx+C_1\qquad y=-\iint\frac{M}{EI}dx+C_1x+C_2$$

梁の荷重強度 q，せん断力 Q，曲げモーメント M の関係

1 回積分（せん断力）　　2 回積分（曲げモーメント）

$$\frac{d^2M}{dx^2} = -q \qquad Q = \frac{dM}{dx} = -\int q\,dx + D_1 \qquad M = -\iint q\,dx + D_1x + D_2$$

$$\left(\frac{dM}{dx} = Q,\quad \frac{dQ}{dx} = -q\right)$$

以上の関係をみると，次のような対応関係がある．

荷重強度　$q \Leftrightarrow \dfrac{M}{EI}$ ：「**弾性荷重**」（elastic load）

せん断力　$Q \Leftrightarrow \theta$ ：たわみ角

曲げモーメント　$M \Leftrightarrow y$ ：たわみ

ここで，「**仮想の荷重強度**」$\tilde{q} = \dfrac{M}{EI}$ ＝が載荷される梁を考える．

このとき，荷重強度 $\tilde{q}$，せん断力 $\tilde{Q}$，曲げモーメント $\tilde{M}$ の関係は，次のようになる．

1 回積分（せん断力）　　2 回積分（曲げモーメント）

$$\frac{d^2\tilde{M}}{dx^2} = -\tilde{q} = -\frac{M}{EI} \qquad \tilde{Q} = \frac{d\tilde{M}}{dx} = -\int \frac{M}{EI}dx + D_1 \qquad \tilde{M} = -\iint \frac{M}{EI}dx + D_1x + D_2$$

$$\left(\frac{d\tilde{M}}{dx} = \tilde{Q},\quad \frac{d\tilde{Q}}{dx} = -\tilde{q} = -\frac{M}{EI}\right)$$

したがって，

$$\theta = \frac{dy}{dx} = -\int \frac{M}{EI}dx + C_1 = \tilde{Q} = \frac{d\tilde{M}}{dx} = -\int \frac{M}{EI}dx + D_1$$

$$y = -\iint \frac{M}{EI}dx + C_1x + C_2 = \tilde{M} = -\iint \frac{M}{EI}dx + D_1x + D_2$$

となる．

以上をまとめると，「梁のたわみ角 θ，たわみ y は，『仮想の荷重強度』$\tilde{q} = \dfrac{M}{EI}$（弾性荷重）が載荷された梁のせん断力 $\tilde{Q}$，曲げモーメント $\tilde{M}$ を求めることにより得られる」ことがわかる．

ここで，問題となるのは，積分定数 C_1，C_2 と積分定数 C_1，C_2 の処理である．すなわち，「仮想の荷重強度」$\tilde{q}=\dfrac{M}{EI}$ が載荷される「梁」は，「実際の梁」と同じで良いか？　という問題である．

いま，たわみ角 θ とせん断力 $\tilde{Q}$ が，たわみ y と曲げモーメント $\tilde{M}$ がそれぞれ対応していることから,「実際の梁」と「弾性荷重が載荷される梁」の境界条件（境界点）の対応について考えてみると，下表のようになる．

この表のように，境界条件（境界点）を変更すれば，「実際の梁」と「弾性荷重が載荷される梁」の境界条件は一致させることができる．

実際の梁		共役梁	
境界点	境界条件	境界条件	境界点
固定端	$y=0$，$\theta=0$	$\tilde{M}=0$，$\tilde{Q}=0$	自由端
ヒンジ端	$y=0$，$\theta\neq0$	$\tilde{M}=0$，$\tilde{Q}\neq0$	ヒンジ端
自由端	$y\neq0$，$\theta\neq0$	$\tilde{M}\neq0$，$\tilde{Q}\neq0$	固定端
中間支点	$y=0$，$\theta_l=\theta_r$	$\tilde{M}=0$，$\tilde{Q}_l=\tilde{Q}_r$	中間ヒンジ
中間ヒンジ	$y_l=y_r$，$\theta_l\neq\theta_r$	$\tilde{M}_l=\tilde{M}_r$，$\tilde{Q}_l\neq\tilde{Q}_r$	中間支点

このとき，表のように境界条件（境界点）を変更し，弾性荷重を載荷する梁のことを「**共役梁**」（conjugate beam）という．

以上をまとめると，「梁のたわみ角 θ，たわみ y は，『共役梁』に『弾性荷重』$\tilde{q}=\dfrac{M}{EI}$ が載荷されたときのせん断力，曲げモーメント を求めることにより得られる」ということになる．

以上のような考え方を，「**たわみに関するモールの定理**（Mohr's theorem)」といい，「弾性荷重法」によるたわみ角，たわみの計算法という．

「弾性荷重法」によるたわみ角，たわみの計算手順をまとめると，次のようになる．

(1) 本来の荷重が載荷された梁の曲げモーメント（曲げモーメント図，M－図）を求める．

① 支点反力を求める．

② 曲げモーメント図（M－図）を図示する．

(2)「弾性荷重」を「共役梁」に載荷する．

① 境界条件（境界点）を変更して「共役梁」を図示する．

② (1) で求めた曲げモーメント図（M −図）より，「弾性荷重」を載荷する．

(3)「共役梁」のせん断力 $\tilde{Q}$，曲げモーメント $\tilde{M}$ を求める．

① 「共役梁」の支点反力を求める．

② たわみ角，たわみを求めたい点のせん断力 $\tilde{Q}$，曲げモーメント $\tilde{M}$ を求める．

③ せん断力 $\tilde{Q} = \theta$（たわみ角），曲げモーメント $\tilde{M} = y$（たわみ）より，たわみ角 θ，たわみ y を得る．

計算例 1 「弾性荷重法」により，右図に示すような変断面片持梁 AB の自由端 B のたわみ V_B を求めよ．

なお，変断面片持梁 AB の曲げ剛性は，A ～ C 間，C ～ D 間，D ～ B 間でそれぞれ $3EI$，$2EI$，EI である．

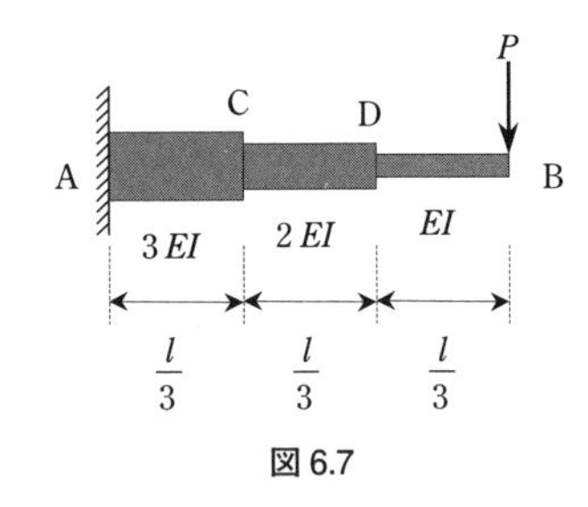

図 6.7

解 まず，変断面片持梁の曲げモーメント図は，図 6.8 のようになる．

次に，「モールの定理」より，「共役梁」に「弾性荷重」を載荷したものは図 6.9 のようになり，これについて支点曲げモーメント $\tilde{M}_B = v_B$ を求めればよいことになる．なお，ここに $-\dfrac{Pl}{3EI} = \alpha$ とする．

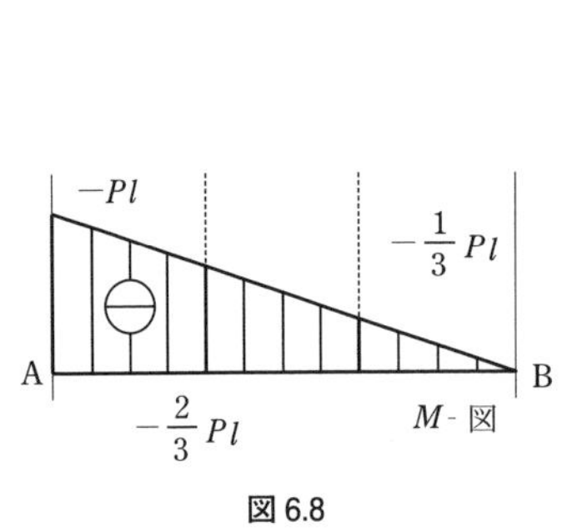

図 6.8

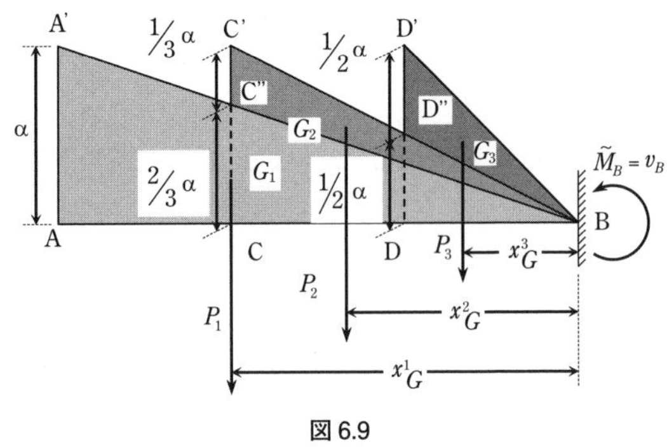

図 6.9

ここで,

$$P_1=\frac{1}{2}\alpha l \qquad x_G^1=\frac{2}{3}l$$

$$P_2=\frac{1}{2}\cdot\frac{\alpha}{3}\cdot\frac{2}{3}l=\frac{1}{9}\alpha l \qquad x_G^2=\frac{2}{3}\cdot\frac{2}{3}l=\frac{4}{9}l$$

$$P_3=\frac{1}{2}\cdot\frac{\alpha}{2}\cdot\frac{l}{3}=\frac{1}{12}\alpha l \qquad x_G^3=\frac{2}{3}\cdot\frac{1}{3}l=\frac{2}{9}l$$

であるから，モーメントの釣合いから，次のようになる.

$$\tilde{M}_B+P_1\cdot x_G^1+P_2\cdot x_G^2+P_3\cdot x_G^2=0$$

$$\therefore -\tilde{M}_B=\frac{1}{2}\alpha l\cdot\frac{2}{3}l+\frac{1}{9}\alpha l\cdot\frac{4}{9}l+\frac{1}{12}\alpha l\cdot\frac{2}{9}l=\left(\frac{1}{3}+\frac{4}{81}+\frac{1}{54}\right)\cdot\alpha l^2$$

$$=\frac{54+8+3}{162}\alpha l^2=\frac{65}{162}\alpha l^2$$

$$\therefore v_B=\tilde{M}_B=-\frac{65}{162}\alpha l=-\frac{65}{162}\cdot\left(-\frac{Pl}{3EI}\right)\cdot l^2=\frac{65}{486}\cdot\frac{Pl^3}{EI}$$

よって， $\boxed{v_B=\frac{65}{486}\cdot\frac{Pl^3}{EI}}$

計算例2　右図に示す等変分布荷重載荷の片持梁（曲げ剛性 EI は一定）のたわみ角 $\theta(x)$ とたわみ $y(x)$ を,

(1)　$\dfrac{d^2y}{dx^2}=-\dfrac{M}{EI}$ の式

(2)　$EI\dfrac{d^4y}{dx^4}=q(x)$ の式

を用いて求めよ.

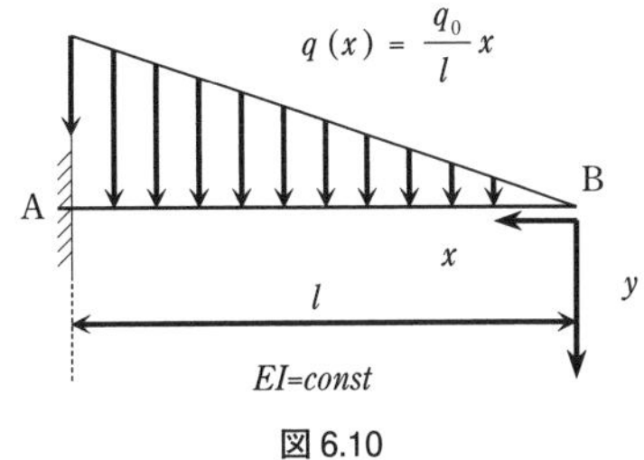

図 6.10

解

(1)　A点の支点反力 R_A，M_A を求めると，次のようになる.

$$R_A=\frac{1}{2}q_0 l$$

$$M_A=-\frac{1}{2}q_0 l\cdot\frac{l}{3}=-\frac{1}{6}q_0 l^2$$

次に，片持梁を図 6.11 のように切断して，断面力 Q，M を求めると，次のようになる．

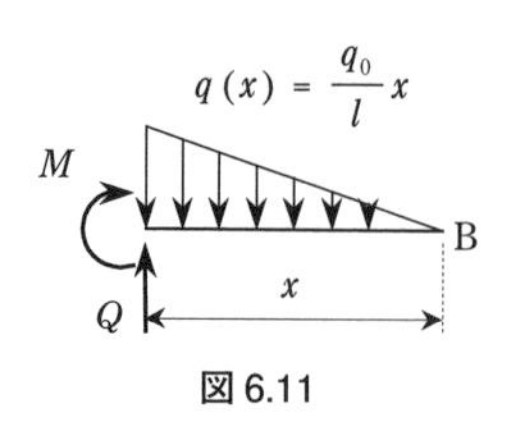

図 6.11

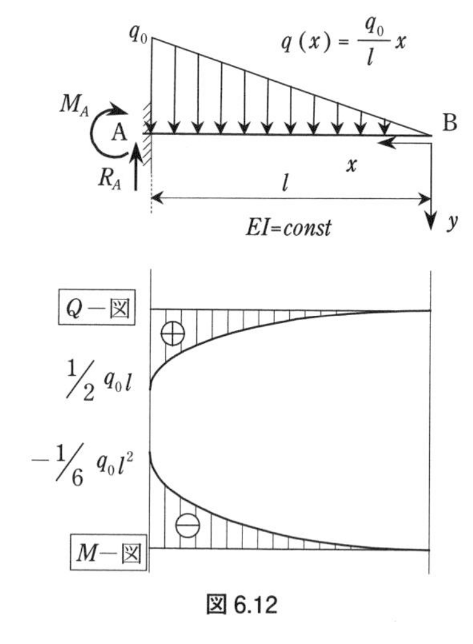

図 6.12

$$Q = \frac{1}{2} \cdot \frac{q_0}{l} x \cdot x = \frac{1}{2} \cdot \frac{q_0}{l} x^2$$

$$M = -\frac{1}{2} \cdot \frac{q_0}{l} x \cdot x \cdot \frac{x}{3} = -\frac{1}{6} \cdot \frac{q_0}{l} x^3$$

これらより，断面力図を図示すると，図 6.12 のようになる．
以上より，梁のたわみと曲げモーメントの関係を表す 2 階の微分方程式

$\frac{d^2y}{dx^2} = -\frac{M}{EI}$ より，$EI\frac{d^2y}{dx^2} = -M = \frac{1}{6} \cdot \frac{q_0}{l} x^3$ を逐次積分すると，次のようになる．

$$EI\theta(x) = EI\frac{dy}{dx} = \frac{1}{24} \cdot \frac{q_0}{l} x^4 + C_1$$

$$EIy(x) = \frac{1}{120} \cdot \frac{q_0}{l} x^5 + C_1 x + C_2$$

これに，以下のような境界条件を与えて，積分定数 C_1，C_2 を求める．

① $X = l$ のとき，$\theta = y' = 0$ より，$\frac{1}{24} \cdot \frac{q_0}{l} l^4 + C_1 = 0$

$$\therefore C_1 = -\frac{1}{24} q_0 l^3$$

② $x = l$ のとき，$y = 0$ より，$\frac{1}{120} \cdot \frac{q_0}{l} l^5 - \frac{1}{24} q_0 l^4 + C_2 = 0$

$$\therefore C_2 = \frac{1}{30} q_0 l^4$$

したがって，たわみ角 $\theta(x)$ とたわみの式 $y(x)$ は，次のようになる．

$$EI\theta(x)=\frac{1}{24}\cdot\frac{q_0}{l}x^4-\frac{1}{24}q_0l^3$$

$$\therefore\ \boxed{\theta(x)=\frac{1}{24}\cdot\frac{q_0l^3}{EI}\left\{\left(\frac{x}{l}\right)^4-1\right\}}$$

$$EIy(x)=\frac{1}{120}\cdot\frac{q_0}{l}x^5-\frac{1}{24}q_0l^3x+\frac{1}{30}q_0l^4$$

$$\therefore\ \boxed{y(x)=\frac{1}{120}\cdot\frac{q_0l^4}{EI}\left\{\left(\frac{x}{l}\right)^5-5\cdot\left(\frac{x}{l}\right)+4\right\}}$$

(2) 梁のたわみと荷重の関係を表す4階の微分方程式 $EI\dfrac{d^4y}{dx^4}=q(x)=\dfrac{q_0}{l}x$ を逐次積分すると，次のようになる．

$$EIy'''=\frac{1}{2}\cdot\frac{q_0}{l}x^2+C_1$$

$$EIy''=\frac{1}{6}\cdot\frac{q_0}{l}x^3+C_1x+C_2$$

$$EIy'=\frac{1}{24}\cdot\frac{q_0}{l}x^4+\frac{C_1}{2}x^2+C_2x+C_3$$

$$EIy=\frac{1}{120}\cdot\frac{q_0}{l}x^5+\frac{C_1}{6}x^3+\frac{C_2}{2}x^2+C_3x+C_4$$

これに，以下のような境界条件を与えて，積分定数 C_1，C_2，C_3，C_4 を求める．

① $x=0$ のとき，せん断力がゼロだから， $y'=0$ より，$C_1=0$

② $x=0$ のとき，曲げモーメントがゼロだから，$y=0$ より，$C_2=0$

③ $x=l$ のとき， $y'=0$ より， $\dfrac{1}{24}\cdot\dfrac{q_0}{l}l^4+C_3=0\quad\therefore C_3=-\dfrac{1}{24}q_0l^3$

④ $x=l$ のとき，$y=0$ より， $\dfrac{1}{120}\cdot\dfrac{q_0}{l}l^5-\dfrac{1}{24}q_0l^4+C_4=0\quad\therefore C_4=\dfrac{1}{30}q_0l^4$

したがって，たわみ角 θ（x）とたわみの式 y（x）は，次のようになる．

$$EI\theta(x)=\frac{1}{24}\cdot\frac{q_0}{l}x^4-\frac{1}{24}q_0l^3$$

$$\therefore\ \boxed{\theta(x)=\frac{1}{24}\cdot\frac{q_0l^3}{EI}\left\{\left(\frac{x}{l}\right)^4-1\right\}}$$

$$EIy(x) = \frac{1}{120} \cdot \frac{q_0}{l} x^5 - \frac{1}{24} q_0 l^3 x + \frac{1}{30} q_0 l^4$$

$$\therefore \boxed{y(x) = \frac{1}{120} \cdot \frac{q_0 l^4}{EI} \left\{ \left(\frac{x}{l} \right)^5 - 5 \cdot \left(\frac{x}{l} \right) + 4 \right\}}$$

計算例 3 右図に示すような曲げ剛性 EI が一定の 2 つの不静定片持梁について，それぞれ（1）（2）（3）を求めよ．

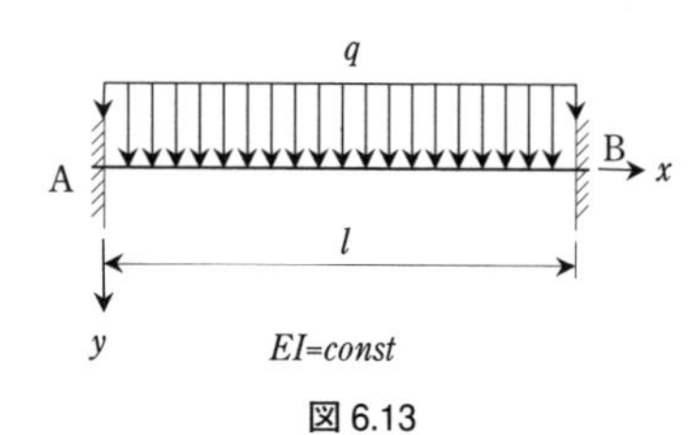

図 6.13

3 次不静定片持梁（両端固定梁）

（1）たわみ角 θ（x），たわみ y（x）の式

（2）最大のたわみ $y_{\max}$ とその発生位置 $x_{\max}$

（3）せん断力図（Q −図）と曲げモーメント図（M −図）

解

3 次不静定片持梁（両端固定梁）

（1）たわみ角 θ（x），たわみ y（x）の式を求める．

梁のたわみと荷重の関係を表す 4 階の微分方程式 $EI\dfrac{d^4 y}{dx^4} = q$ を逐次積分すると，次のようになる．

$$EIy''' = qx + C_1$$

$$EIy'' = \frac{q}{2}x^2 + C_1 x + C_2$$

$$EIy' = \frac{q}{6}x^3 + \frac{C_1}{2}x^2 + C_2 x + C_3$$

$$EIy = \frac{q}{24}x^4 + \frac{C_1}{6}x^3 + \frac{C_2}{2}x^2 + C_3 x + C_4$$

これに，以下のような境界条件を与えて，積分定数 C_1，C_2，C_3，C_4 を求める．

① $x=0$ のとき，$y'=0$ より，$C_3=0$

② $x=0$ のとき，$y=0$ より，$C_4=0$

③　$x=l$ のとき，$y'=0$ より，$\frac{q}{6}l^3+\frac{C_1}{2}l^2+C_2 l=0$　(1)

④　$x=l$ のとき，$y=0$ より，$\frac{q}{24}l^4+\frac{C_1}{6}l^3+\frac{C_2}{2}l^2=0$　(2)

(1) を変形すると，$ql^2+3C_1 l+6C_2=0$　(1)'

(2) を変形すると，$ql^2+4C_1 l+12C_2=0$　(2)'

(3)

(1)'×2 −(2)' より，$ql^2+2C_1 l=0$　$\therefore C_1=-\frac{q}{2}l$

これを (1)' に代入すると，$6C_2=-ql^2-3\cdot\left(-\frac{q}{2}l\right)\cdot l=\frac{q}{2}l^2$　$\therefore C_2=\frac{q}{12}l^2$

よって，たわみ角 $\theta(x)$ とたわみ $y(x)$ の式は，次のようになる．

$$EIy'''=qx-\frac{q}{2}l$$

$$EIy''=\frac{q}{2}x^2-\frac{q}{2}lx+\frac{q}{12}l^2$$

$$EIy'=\frac{q}{6}x^3-\frac{q}{4}lx^2+\frac{q}{12}l^2x$$

$$EIy=\frac{q}{24}x^4-\frac{q}{12}lx^3+\frac{q}{24}l^2x^2$$

$$\therefore \begin{cases} \theta(x)=y'(x)=\dfrac{q}{6EI}x^3-\dfrac{q}{4EI}lx^2+\dfrac{q}{12EI}l^2x \\ y(x)=\dfrac{q}{24EI}x^4-\dfrac{q}{12EI}lx^3+\dfrac{q}{24EI}l^2x^2 \end{cases}$$

これらを整理すると，次のようになる．

$$\boxed{\begin{aligned} \theta(x)&=\frac{ql^3}{12EI}\cdot\left\{2\cdot\left(\frac{x}{l}\right)^2-3\cdot\left(\frac{x}{l}\right)+1\right\}\cdot\left(\frac{x}{l}\right) \\ y(x)&=\frac{ql^4}{24EI}\cdot\left\{\left(\frac{x}{l}\right)^2-2\cdot\left(\frac{x}{l}\right)+1\right\}\cdot\left(\frac{x}{l}\right)^2 \end{aligned}}$$

(2)　最大のたわみ $y_{\max}$ とその発生位置 $x_{\max}$ を求める．

最大のたわみ $y_{\max}$ は，たわみ角 $\theta(x)=0$ のときに生ずるから，

$$\left\{2\cdot\left(\frac{x}{l}\right)^2-3\cdot\left(\frac{x}{l}\right)+1\right\}\cdot\left(\frac{x}{l}\right)=0 \quad \therefore\left(\frac{x}{l}\right)\cdot\left\{2\cdot\left(\frac{x}{l}\right)-1\right\}\cdot\left\{\left(\frac{x}{l}\right)-1\right\}=0$$

$$\therefore \frac{x}{l}=0,\quad \frac{1}{2},\quad 1$$

ここで，$0<\frac{x}{l}<1$ でないと意味を持たないから，$\frac{x}{l}=\frac{1}{2}$ すなわち，$x_{\max}=\frac{1}{2}l$ のとき，次のような最大のたわみ $y_{\max}$ を生じる．

$$y_{\max}=y\left(\frac{l}{2}\right)=\frac{ql^4}{24EI}\cdot\frac{1}{4}\left(\frac{1}{4}-1+1\right)=\frac{ql^4}{384EI}=0.002604166\cdots\frac{ql^4}{EI}\fallingdotseq 0.00260\cdot\frac{ql^4}{EI}$$

整理すると，

$\boxed{x_{\max}=\frac{1}{2}l}$ のとき，$y_{\max}=\frac{ql^4}{384EI}\fallingdotseq 0.00260\cdot\frac{ql^4}{EI}$

ちなみに，両端単純支持の場合は，$y_{\max}=y\left(\frac{l}{2}\right)=\frac{5ql^4}{384EI}\fallingdotseq 0.01302\cdot\frac{ql^4}{EI}$ である．

(3) せん断力図（Q －図）と曲げモーメント図（M －図）を描く．

支点反力 M_A，M_B，R_A，R_B，を求めると，以下のようになる．

$$M=-EIy'' \text{ より，}\quad M_A=-EIy''\big|_{x=0}=-\frac{1}{12}ql^2=M_B$$

$$Q=-EIy''' \text{ より，}\quad R_A=Q_A=-EIy'''\big|_{x=0}=\frac{1}{2}ql=R_B$$

以上より，$\boxed{M_A=M_B=-\frac{1}{12}ql^2}$，$\boxed{R_A=R_B=\frac{1}{2}ql}$

せん断力図（Q －図），曲げモーメント図（M －図）を図示すると，下図のようになる．

曲げモーメントの最大値を求めると，

$$M_{\max} = -EIy''\big|_{x=\frac{1}{2}l}$$
$$= -\frac{q}{2}\cdot\frac{1}{4}l^2 + \frac{1}{2}\cdot\frac{1}{2}l - \frac{1}{12}ql^2$$
$$= \left(-\frac{1}{8}+\frac{1}{4}-\frac{1}{12}\right)\cdot ql^2$$
$$= \frac{-3+6-2}{24}ql^2$$
$$= \frac{1}{24}ql^2$$

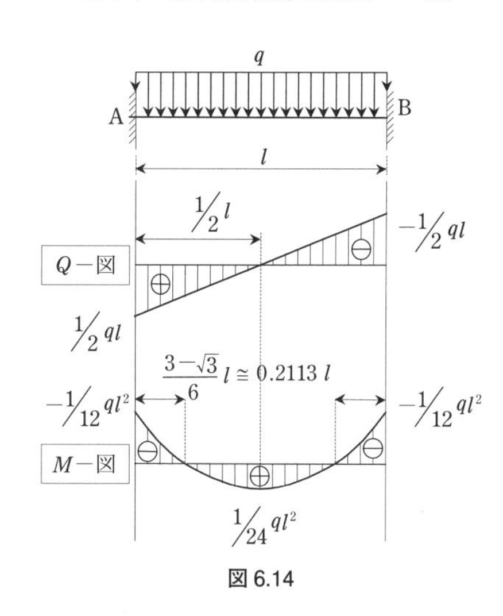

図 6.14

$$M = -EIy'' = -\frac{q}{2}x^2 + \frac{1}{2}qlx - \frac{1}{12}ql^2 = 0$$

を解くと，

$$-6x^2 + 6lx - l^2 = 0$$
$$\therefore 6x^2 - 6lx + l^2 = 0$$
$$\therefore x = \frac{3\pm\sqrt{3}}{6}l$$

せん断力による付加たわみ

図 6.15 のように，微小距離 dx を隔てる 2 つの隣接断面にせん断力 Q が作用するとき，せん断応力 τ_{xy} は，次のように表される．

$$\tau_{xy} = \tau_{yx} = \frac{Q}{I_z B}\int_y^{y_1} yBdy = \frac{Q}{I_z B}S_z(y) \qquad (6.9)$$

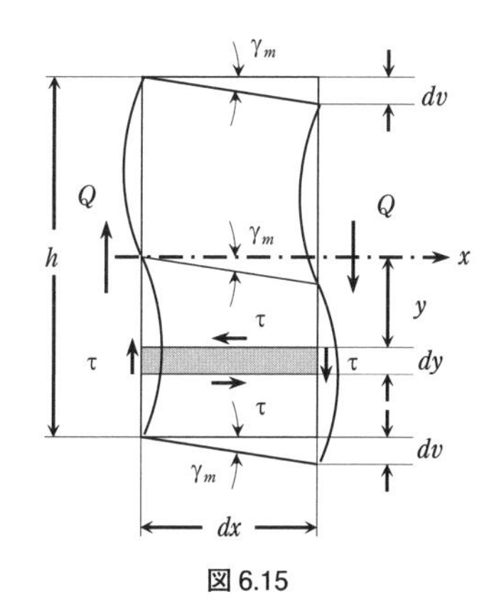

図 6.15

Q：作用するせん断力，

I_z：中立軸に関する断面 2 次モーメント，

B：せん断応力 τ_{xy} が作用する縦断面の幅，

$S_z(y) = \int_y^{y_1} yBdy$ ：せん断応力 τ_{xy} が作用する縦断面より縁に至る間の横断面部分の中立軸に関する断面 1 次モーメント

ここで，中立面に作用するせん断応力度 τ_m を考えると，上式に $y=0$ を代入して，

$$\tau_m = \frac{Q}{I_z B}S_z(0) \qquad (6.10)$$

と表される．ここに，S_z は，中立軸から片側にある断面部分の中立軸に関する断面1次モーメントである．

ところで，せん断応力度は，次頁の下表のように断面内で分布し，

平均せん断応力度：$\tau_{\mathrm{mean}} = \dfrac{Q}{A}$ （A：断面積）

最大せん断応力度と平均せん断応力度の比：$k = \dfrac{\tau_{\max}}{\tau_{\mathrm{mean}}}$

を用いると，

$$\tau_m = \tau_{\max} = k \cdot \tau_{\mathrm{mean}} = k\frac{Q}{A} \tag{6.11}$$

と表される．

一方，中立軸の位置におけるせん断ひずみ γ_m は，次のように表される．

$$\gamma_m = \frac{\tau_m}{G} \tag{6.12}$$

ここに，$G = \dfrac{E}{2(1+\mu)}$ ：せん断弾性係数，E：ヤング率，μ：ポアソン比である．この式（6.12）に式（6.11）を代入すると，次のようになる．

$$\gamma_m = \frac{\tau_m}{G} = \frac{kQ}{GA} \tag{6.13}$$

このせん断ひずみ γ_m のために，梁の部材軸は無応力時の部材軸（x 軸）より近似的に γ_m だけ傾くことになる．すなわち，座標 x に位置する断面のせん断力 Q によるたわみ角 $\dfrac{dv}{dx}$ は，近似的にこのせん断ひずみ γ_m に等しいと考えることができるので，次の式が成り立つ．

$$\frac{dv}{dx} = \gamma_m = \frac{kQ}{GA} \tag{6.14}$$

せん断力 Q が部材軸方向に変化する場合には，たわみ角 $\dfrac{dv}{dx}$ も x の関数として変化するので，次式で与えられるような付加曲率を生ずる．

$$\frac{d^2v}{dx^2} = \frac{d}{dx}\left(\frac{kQ}{GA}\right) \tag{6.15}$$

一般に，横荷重を受ける梁には曲げモーメント M とせん断力 Q が作用するので，梁に生ずる曲率にも両者の影響が含まれる．曲げモーメント M による曲率は $\dfrac{d^2y}{dx^2} = -\dfrac{M}{EI}$ で与えられ，これに式（6.15）で与えられるせん断力による曲率 $\dfrac{d^2v}{dx^2}$

を加算すると，実際に生ずる全曲率 $\frac{d^2\eta}{dx^2}$ が次のように得られる．

$$\frac{d^2\eta}{dx^2}=\frac{d^2y}{dx^2}+\frac{d^2v}{dx^2}=-\frac{M}{EI}+\frac{d}{dx}\left(\frac{kQ}{GA}\right) \tag{6.16}$$

特に，等断面梁の場合には，次式のように簡単になる．

$$\frac{d^2\eta}{dx^2}=-\left(\frac{M}{EI}+\frac{kp}{GA}\right) \tag{6.17}$$

ここに，p は，横分布荷重の着目点における荷重強度である．

式（6.16）あるいは式（6.17）は，せん断力の影響を含むたわみ η に関する基礎微分方程式であると見なすことができる．したがって，所定の境界条件のもとに，この微分方程式を解くことにより，せん断力による付加たわみを含む全たわみ η の分布を知ることができる．

支間長に比して，梁の高さがそれほど小さくない場合には，付加たわみが全たわみの中で無視できなくなるので，η の計算が重要となる．

各種断面のせん断応力度分布

断面形状	τ_{max}	$k=\frac{\tau_{max}}{\tau_{mean}}$
b, h, τ_{xy} 分布, τ_{max}	$\frac{3}{2}\cdot\frac{Q}{bh}$	$\frac{3}{2}$
B, t, h, H, τ_{max}	$\frac{3}{2}\cdot\frac{BH^2-(B-t)h^2}{t[BH^3-(B-t)h^3]}\cdot Q$	$\frac{3}{2}\cdot\frac{[BH^2-(B-t)h^2]\cdot[BH-(B-t)h]}{t[BH^3-(B-t)h^3]}$
2r, τ_{max}	$\frac{4}{3}\cdot\frac{Q}{\pi r^2}$	$\frac{4}{3}$

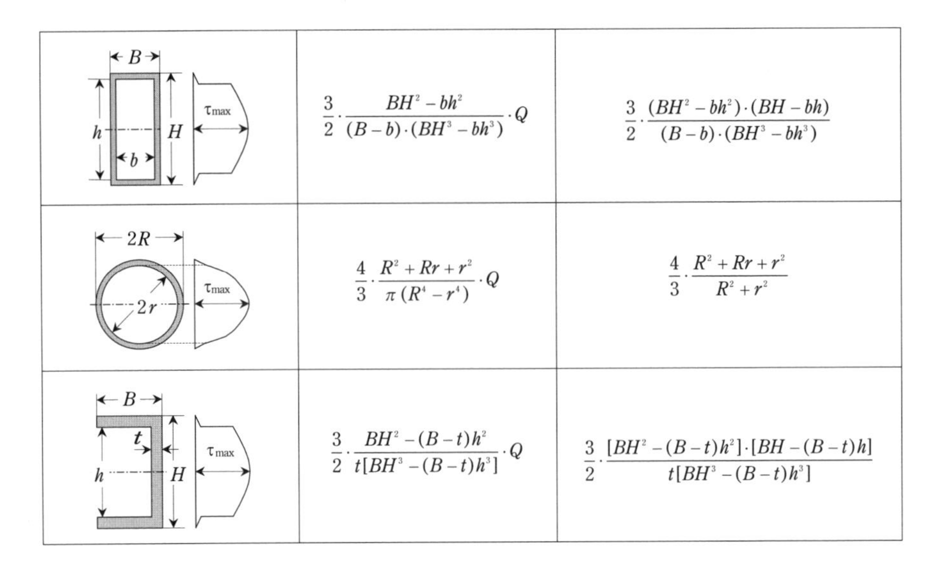

	$\dfrac{3}{2}\cdot\dfrac{BH^2-bh^2}{(B-b)\cdot(BH^3-bh^3)}\cdot Q$	$\dfrac{3}{2}\cdot\dfrac{(BH^2-bh^2)\cdot(BH-bh)}{(B-b)\cdot(BH^3-bh^3)}$
	$\dfrac{4}{3}\cdot\dfrac{R^2+Rr+r^2}{\pi(R^4-r^4)}\cdot Q$	$\dfrac{4}{3}\cdot\dfrac{R^2+Rr+r^2}{R^2+r^2}$
	$\dfrac{3}{2}\cdot\dfrac{BH^2-(B-t)h^2}{t[BH^3-(B-t)h^3]}\cdot Q$	$\dfrac{3}{2}\cdot\dfrac{[BH^2-(B-t)h^2]\cdot[BH-(B-t)h]}{t[BH^3-(B-t)h^3]}$

ここに，Q：せん断力，A：断面積，$\tau_{\text{mean}}=\dfrac{Q}{A}$：平均せん断応力度

計算例 4　図 6.16 に示す部材長が で，曲げ剛性 EI, せん断剛性 GA が一定の「片持梁」について，せん断力による付加たわみを考慮した全たわみ $\eta(x)$，たわみ角 $\dfrac{d\eta}{dx}=\eta'(x)$ の式を求めよ．

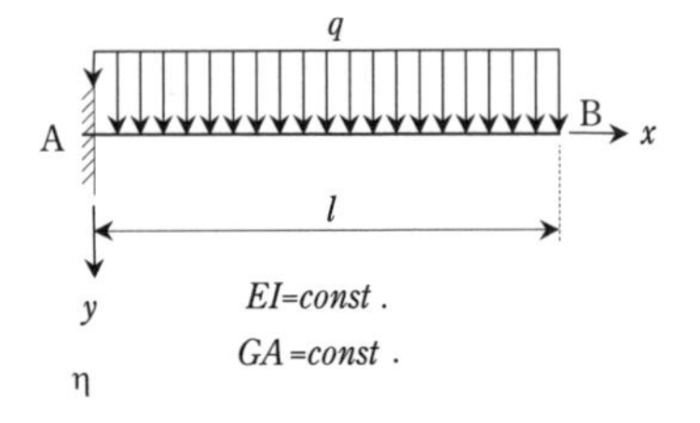

図 6.16

解

図 6.17 のように考えて，断面力の釣合い条件から曲げモーメントの式を求める．

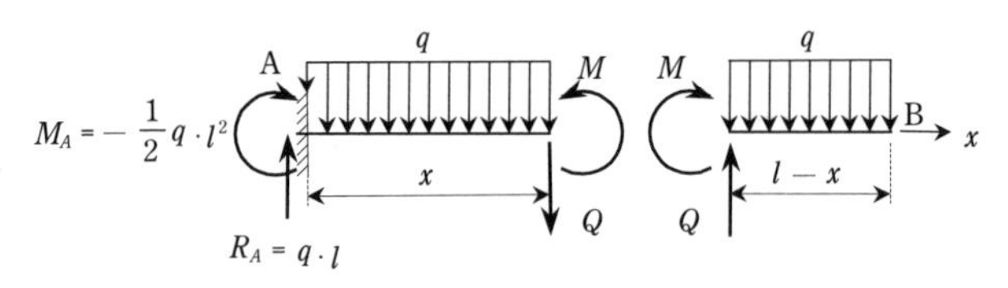

図 6.17

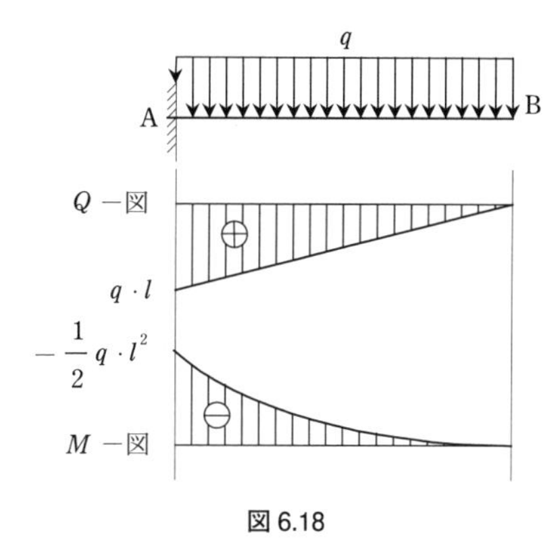

図 6.18

《左側の図について》

$$Q + q\cdot x = R_A = q\cdot l$$

$$\therefore\ Q = q\cdot(l-x)$$

$$M + \frac{1}{2}q\cdot x^2 = M_A + R_A\cdot x = -\frac{1}{2}q\cdot l^2 + q\cdot l\cdot x$$

$$\therefore M = -\frac{1}{2}q\cdot l^2 + q\cdot l\cdot x - \frac{1}{2}q\cdot x^2$$

$$= -\frac{1}{2}q\cdot(l^2 - 2\cdot l\cdot x + x^2) = -\frac{1}{2}q\cdot(l-x)^2$$

《右側の図について》

$$Q = q\cdot(l-x)$$

$$M + q\cdot(l-x)\cdot\frac{1}{2}(l-x) = 0 \qquad \therefore\ M = -\frac{1}{2}q\cdot(l-x)^2$$

よって，断面力図は，右上図のようになる．

次に，せん断力による付加たわみを考慮した全たわみ η に関する基礎微分方程式は，

$$\frac{d^2\eta}{dx^2} = -\frac{M}{EI} - \frac{d}{dx}\left(\frac{\kappa\cdot Q}{GA}\right) = -\frac{M}{EI} - \frac{\kappa}{GA}\cdot\frac{dQ}{dx} = -\left(\frac{M}{EI} + \frac{\kappa\cdot q}{GA}\right)$$

と表されるから，曲げモーメントの式を代入すると，次のようになる．

$$\frac{d^2\eta}{dx^2} = \frac{q}{2EI}\cdot(l-x)^2 - \frac{\kappa\cdot q}{GA}$$

これを逐次積分すると，

$$\eta'(x)=\frac{d\eta}{dx}=-\frac{q}{6EI}\cdot(l-x)^3-\frac{\kappa\cdot q}{GA}x+C_1$$

$$\eta(x)=\frac{q}{24EI}\cdot(l-x)^4-\frac{\kappa\cdot q}{2GA}x^2+C_1x+C_2$$

これに，以下のような境界条件を与えて，積分定数 C_1，C_2 を求める．

(1)　$x=0$ のとき，$\eta'=0$ より，

$$\eta'(0)=-\frac{q}{6EI}\cdot l^3+C_1=0\qquad\therefore C_1=\frac{q\cdot l^3}{6EI}$$

(2)　$x=0$ のとき，$\eta=0$ より，

$$\eta(0)=\frac{q}{24EI}\cdot l^4+C_2=0\qquad\therefore C_2=-\frac{q\cdot l^4}{24EI}$$

したがって，せん断力による付加たわみを考慮した全たわみ $\eta(x)$，たわみ角 $\eta'(x)$ は，次のようになる．

$$\begin{aligned}\eta'(x)&=-\frac{q}{6EI}\cdot(l-x)^3-\frac{\kappa\cdot q}{GA}x+\frac{q\cdot l^3}{6EI}\\&=\frac{q}{6EI}\left\{l^3-(l-x)^3\right\}-\frac{\kappa\cdot q}{GA}x=\frac{q}{6EI}\left\{3l^2x-3lx^2+x^3\right\}-\frac{\kappa\cdot q}{GA}x\\&=\frac{q\cdot l^3}{6EI}\left\{3\cdot\left(\frac{x}{l}\right)-3\cdot\left(\frac{x}{l}\right)^2+\left(\frac{x}{l}\right)^3\right\}-\frac{\kappa\cdot q}{GA}x\end{aligned}$$

$$\therefore\ \boxed{\eta'(x)=\frac{q\cdot l^3}{6EI}\left\{3\cdot\left(\frac{x}{l}\right)-3\cdot\left(\frac{x}{l}\right)^2+\left(\frac{x}{l}\right)^3\right\}-\frac{\kappa\cdot q}{GA}x}$$

$$\begin{aligned}\eta(x)&=\frac{q}{24EI}\cdot(l-x)^4-\frac{\kappa\cdot q}{2GA}x^2+\frac{q\cdot l^3}{6EI}x-\frac{q\cdot l^4}{24EI}\\&=\frac{q}{24EI}\left\{(l-x)^4+4l^3x-l^4\right\}-\frac{\kappa\cdot q}{2GA}x^2=\frac{q}{24EI}\left\{(l^2-2lx+x^2)^2+4l^3x-l^4\right\}-\frac{\kappa\cdot q}{2GA}x^2\\&=\frac{q}{24EI}\left\{l^4-4l^3x+4l^2x^2+2l^2x^2-4lx^3+x^4+4l^3x-l^4\right\}-\frac{\kappa\cdot q}{2GA}x^2\\&=\frac{q}{24EI}\left\{6l^2x^2-4lx^3+x^4\right\}-\frac{\kappa\cdot q}{2GA}x^2=\frac{q\cdot l^4}{24EI}\left\{6\cdot\left(\frac{x}{l}\right)^2-4\cdot\left(\frac{x}{l}\right)^3+\left(\frac{x}{l}\right)^4\right\}-\frac{\kappa\cdot q}{2GA}x^2\end{aligned}$$

$$\therefore\ \boxed{\eta(x)=\frac{q\cdot l^4}{24EI}\left\{6\cdot\left(\frac{x}{l}\right)^2-4\cdot\left(\frac{x}{l}\right)^3+\left(\frac{x}{l}\right)^4\right\}-\frac{\kappa\cdot q}{2GA}x^2}$$

計算例5　支間長 l=6m でH型鋼 の単純梁に等分布荷重が満載したときのせん断力による最大付加たわみと曲げモーメントによる最大たわみとの比 をもとめよ.

解

JIS規格のH型鋼の断面性能表参照

H型鋼の断面諸係数

断面積 A=131.7 cm^2　断面二次モーメント I = 75 600 cm^4

幅 B=20 cm　高さ H=60 cm　腹板厚 t=1.1 cm,　h=56.6 cm

断面のせん断応力度分布

断面形状	τ_{max}	$k=\dfrac{\tau_{max}}{\tau_{mean}}$
B, t, h, H, τ_{max}	$\dfrac{3}{2}\cdot\dfrac{BH^2-(B-t)h^2}{t[BH^3-(B-t)h^3]}\cdot Q$	$\dfrac{3}{2}\cdot\dfrac{[BH^2-(B-t)h^2]\cdot[BH-(B-t)h]}{t[BH^3-(B-t)h^3]}$

ここに,Q:せん断力,A:断面積,　$\tau_{mean}=\dfrac{Q}{A}$:平均せん断応力度

$$k=\frac{3}{2}\cdot\frac{[20\times(60)^2-(20-1.1)\times56.6^2]\cdot[20\times60-(20-1.1)\times56.6]}{1\times[20\times(60)^3-(20-1.1)\times(56.6)^3]}=2.278$$

たわみ比 a は,次のように計算される.

$$a=\frac{\dfrac{kpl^2}{8GA}}{\dfrac{5pl^4}{384EI}}=\frac{48kEI}{5GAl^2}=\frac{48\times2.278\times2.0\times10^5\times75600\times10^4}{5\times7.7\times10^4\times131.7\times10^2\times(6000)^2}=0.090572$$

せん断力による最大付加たわみは,曲げモーメントによる最大たわみの約 である.梁高さ H は支間長 l の 1/10 である.支間長が l=12m になれば H/l=1/20 となる.すると,a=2.26 × 10^{-2}(約 2.2%)となり付加たわみの影響は小さく

なる．

■参考文献

1)　酒井忠明：構造力学，技報堂出版，pp.61 ～ 68，1970.
2)　四俵正俊：構造力学，技報堂出版，pp.104 ～ 117，pp.152 ～ 163，1997.
3)　小松定夫：構造解析学Ⅰ，丸善出版，pp.182 ～ 197，pp.212 ～ 214，1982.

アルハンブラ宮殿の水道橋（チスペイン・グラナダ）
イベリア半島における最後のイスラム王朝（1238 ～ 1492 年）の王宮都市へ水を送っていた水道橋である．ダーロ川を約 6km 遡った地点で取水し，地下水路を経てヘネラリーフェ庭園へ送られた水は，別の貯水池から分水された水と合流後，水道橋の上部を流れて宮殿内へ送られた．水の塔と呼ばれる水道橋を守るための監視施設が隣接して建設されており，戦略的にも重要な橋であった．（写真提供：佐藤恒明）

各種はりのたわみとたわみ角

	荷重状態	たわみ曲線	特定点のたわみ角	特定点のたわみ
単純ばり①	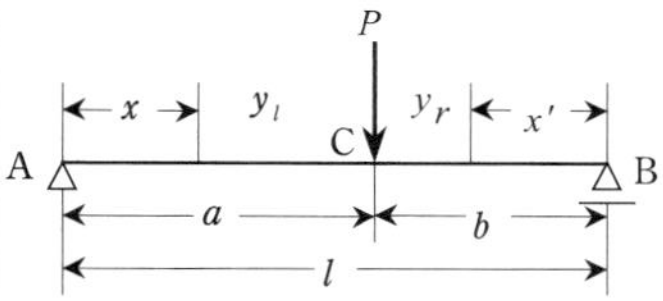 P, x, y_l, C, y_r, x', A, B, a, b, l	$y_l = \dfrac{Pa^2b^2}{6EIl}\left(2\dfrac{x}{a} + \dfrac{x}{b} - \dfrac{x^3}{a^2b}\right)$ $y_r = \dfrac{Pa^2b^2}{6EIl}\left(2\dfrac{x'}{b} + \dfrac{x'}{a} - \dfrac{x'^3}{ab^2}\right)$	$\theta_A = \dfrac{Pl^2}{6EI}\left(\dfrac{b}{l} - \dfrac{b^3}{l^3}\right)$ $\theta_B = -\dfrac{Pl^2}{6EI}\left(\dfrac{a}{l} - \dfrac{a^3}{l^3}\right)$	$y_C = \dfrac{Pa^2b^2}{3EIl}$
単純ばり②	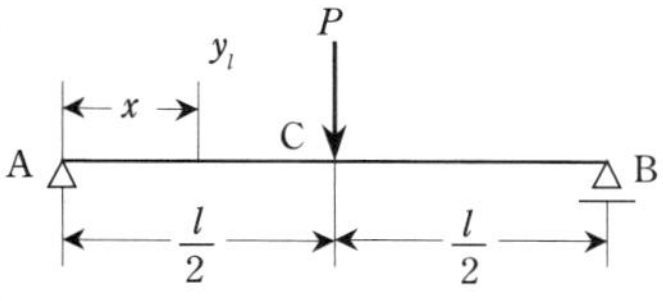 P, y_l, x, C, A, B, $\dfrac{l}{2}$, $\dfrac{l}{2}$	$y_l = \dfrac{Pl^3}{16EI}\left(\dfrac{x}{l} - \dfrac{4}{3}\cdot\dfrac{x^3}{l^3}\right)$　$0 \leqq x \leqq \dfrac{l}{2}$	$\theta_l = \dfrac{Pl^2}{16EI}\left(1 - 4\dfrac{x^2}{l^2}\right)$　$0 \leqq x \leqq \dfrac{l}{2}$ $\theta_A = -\theta_B = \dfrac{Pl^2}{16EI}$	$y_{\max} = y_C = \dfrac{Pl^3}{48EI}$
単純ばり③	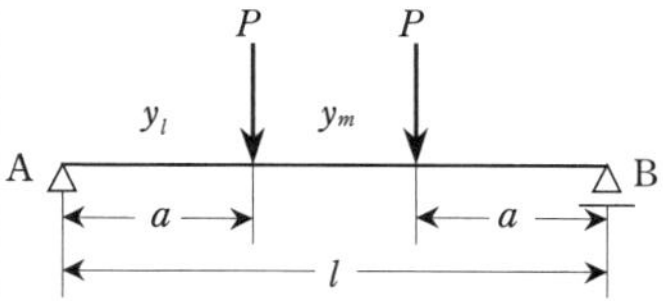 P, P, y_l, y_m, A, B, a, a, l	$y_l = \dfrac{Pl^2x}{6EI}\left[3\left(\dfrac{a}{l} - \dfrac{a^2}{l^2}\right) - \dfrac{x^2}{l^2}\right]$ $y_m = \dfrac{Pl^2a}{6EI}\left[3\left(\dfrac{x}{l} - \dfrac{x^2}{l^2}\right) - \dfrac{a^2}{l^2}\right]$	$\theta_A = -\theta_B = \dfrac{Pla}{2EI}\left(1 - \dfrac{a}{l}\right)$	$y_{\max} = y_{x=\frac{l}{2}} = \dfrac{Pl^2a}{24EI}\left(3 - 4\dfrac{a^2}{l^2}\right)$
単純ばり④	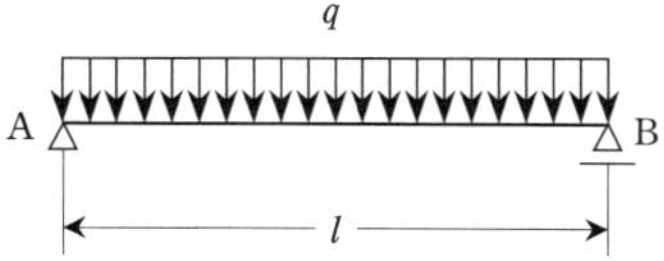 q, A, B, l	$y = \dfrac{ql^4}{24EI}\left(\dfrac{x}{l} - 2\dfrac{x^3}{l^3} + \dfrac{x^4}{l^4}\right)$	$\theta = \dfrac{ql^3}{24EI}\left(1 - 6\dfrac{x^2}{l^2} + \dfrac{x^3}{l^3}\right)$ $\theta_A = -\theta_B = \dfrac{ql^3}{24EI}$	$y_{\max} = y_{x=\frac{l}{2}} = \dfrac{5}{384}\cdot\dfrac{ql^4}{EI}$

単純ばり⑤	q, A, B, l	$y=\dfrac{ql^4}{360EI}\left(7\dfrac{x}{l}-10\dfrac{x^3}{l^3}+3\dfrac{x^5}{l^5}\right)$	$\theta=\dfrac{ql^3}{360EI}\left(7-30\dfrac{x^2}{l^2}+15\dfrac{x^4}{l^4}\right)$ $\theta_A=\dfrac{7}{360}\cdot\dfrac{ql^3}{EI}$, $\theta_B=-\dfrac{8}{360}\cdot\dfrac{ql^3}{EI}$	$y_{max}=\dfrac{5}{768}\cdot\dfrac{ql^4}{EI}$ $\left(x=\sqrt{\dfrac{15-2\sqrt{30}}{15}}l=0.519329622\cdots l\cong0.5193\,l\right)$
単純ばり⑥	q, A, B, l	$y=\dfrac{ql^4}{24EI}\left(\dfrac{5}{8}\cdot\dfrac{x}{l}-\dfrac{x^3}{l^3}+\dfrac{2}{5}\cdot\dfrac{x^5}{l^5}\right)\quad 0\leqq x\leqq\dfrac{l}{2}$	$\theta=\dfrac{ql^3}{24EI}\left(\dfrac{5}{8}-3\dfrac{x^2}{l^2}+2\dfrac{x^4}{l^4}\right)\quad 0\leqq x\leqq\dfrac{l}{2}$ $\theta_A=-\theta_B=\dfrac{5}{192}\cdot\dfrac{ql^3}{EI}$	$y_{max}=y_{x=\frac{l}{2}}=\dfrac{1}{120}\cdot\dfrac{ql^4}{EI}$
単純ばり⑦	M_A, M_B, A, B, l	$y=\dfrac{l^2}{6EI}\left[M_A\left(2\dfrac{x}{l}-3\dfrac{x^2}{l^2}+\dfrac{x^3}{l^3}\right)+M_B\left(\dfrac{x}{l}-\dfrac{x^3}{l^3}\right)\right]$	$\theta_A=\dfrac{l}{6EI}(2M_A+M_B)$ $\theta_B=\dfrac{-l}{6EI}(M_A+2M_B)$	$y_{x=\frac{l}{2}}=\dfrac{l^2}{16EI}(M_A+M_B)$

	荷重状態	たわみ曲線	特定点のたわみ角	特定点のたわみ
片持ばり①	q, A, B, l	$y=\dfrac{ql^4}{24EI}\left(6\dfrac{x^2}{l^2}-4\dfrac{x^3}{l^3}+\dfrac{x^4}{l^4}\right)$	$\theta=\dfrac{ql^3}{6EI}\left(3\dfrac{x}{l}-3\dfrac{x^2}{l^2}+\dfrac{x^3}{l^3}\right)$	$y_{max}=y_B=\dfrac{1}{8}\cdot\dfrac{ql^4}{EI}$
片持ばり②	P, A, B, l	$y=\dfrac{Pl^3}{6EI}\left(3\dfrac{x^2}{l^2}-\dfrac{x^3}{l^3}\right)$	$\theta=\dfrac{Pl^2}{2EI}\left(2\dfrac{x}{l}-\dfrac{x^2}{l^2}\right)$	$y_{max}=y_B=\dfrac{1}{3}\cdot\dfrac{Pl^3}{EI}$

片持ばり③	P, A, C, B, y_l, y_r, a, l	$y_l = \dfrac{Pa^3}{6EI}\left(3\dfrac{x^2}{a^2} - \dfrac{x^3}{a^3}\right) \quad 0 \leqq x \leqq a$ $y_r = \dfrac{Pa^3}{6EI}\left(3\dfrac{x}{a} - 1\right) \quad a \leqq x \leqq l$	$\theta_l = \dfrac{Pa^2}{2EI}\left(2\dfrac{x}{a} - \dfrac{x^2}{a^2}\right) \quad 0 \leqq x \leqq a$ $\theta_r = \dfrac{Pa^2}{2EI} \quad a \leqq x \leqq l$	$y_{\max} = y_B = \dfrac{Pa^3}{6EI}\left(3\dfrac{l}{a} - 1\right)$
片持ばり④	q, A, B, l	$y = \dfrac{ql^4}{120EI}\left(20\dfrac{x^2}{l^2} - 10\dfrac{x^3}{l^3} + \dfrac{x^5}{l^5}\right)$	$\theta = \dfrac{ql^3}{24EI}\left(8\dfrac{x}{l} - 6\dfrac{x^2}{l^2} + \dfrac{x^4}{l^4}\right)$	$y_{\max} = y_B = \dfrac{11}{120} \cdot \dfrac{ql^4}{EI}$
片持ばり⑤	M, A, B, l	$y = \dfrac{Ml^2}{2EI}\left(\dfrac{x}{l}\right)^2$	$\theta = \dfrac{Ml}{EI} \cdot \dfrac{x}{l}$	$y_{\max} = y_B = \dfrac{Ml^2}{2EI}$
張出ばり①	q, A, B, x, y, x_1, y_1, l, a	$y = \dfrac{ql^4}{24EI} \cdot \dfrac{x}{l} \cdot \left[1 - 2\dfrac{a^2}{l^2} - 2\left(1 - \dfrac{a^2}{l^2}\right) \cdot \dfrac{x^2}{l^2} + \dfrac{x^3}{l^3}\right]$ $y_1 = \dfrac{ql^4}{24EI} \cdot \dfrac{x_1}{l} \cdot \left(4\dfrac{a^2}{l^2} - 1 + 6\dfrac{a^2}{l^2} \cdot \dfrac{x_1}{l} - 4\dfrac{a}{l} \cdot \dfrac{x_1^2}{l^2} + \dfrac{x_1^3}{l^3}\right)$	$\theta = \dfrac{ql^3}{24EI}\left[1 - 2\dfrac{a^2}{l^2} - 6\left(1 - \dfrac{a^2}{l^2}\right) \cdot \dfrac{x^2}{l^2} + 4\dfrac{x^3}{l^3}\right]$ $\theta_1 = \dfrac{ql^3}{24EI}\left(4\dfrac{a^2}{l^2} - 1 + 12\dfrac{a^2}{l^2} \cdot \dfrac{x_1}{l} - 12\dfrac{a}{l} \cdot \dfrac{x_1^2}{l^2} + 4\dfrac{x_1^3}{l^3}\right)$	$y_{1\max} = \dfrac{ql^4}{24EI} \cdot \dfrac{a}{l} \cdot \left(3\dfrac{a^3}{l^3} + 4\dfrac{a^2}{l^2} - 1\right)$
張出ばり②	P, A, B, x, y, x_1, y_1, l, a	$y = -\dfrac{Pl^3}{6EI} \cdot \dfrac{a}{l} \cdot \dfrac{x}{l} \cdot \left(1 - \dfrac{x^2}{l^2}\right)$ $y_1 = \dfrac{Pl^3}{6EI} \cdot \dfrac{x_1}{l} \cdot \left(2\dfrac{a}{l} + 3\dfrac{a}{l} \cdot \dfrac{x_1}{l} - \dfrac{x_1^2}{l^2}\right)$	$\theta = -\dfrac{Pl^3}{6EI} \cdot \dfrac{a}{l} \cdot \left(1 - 3\dfrac{x^2}{l^2}\right)$ $\theta_1 = \dfrac{Pl^3}{6EI}\left(2\dfrac{a}{l} + 6\dfrac{a}{l} \cdot \dfrac{x_1}{l} - 3\dfrac{x_1^2}{l^2}\right)$	$\lvert y \rvert_{\max} = \dfrac{Pal^2}{9\sqrt{3}EI} \quad \left(x = \dfrac{1}{\sqrt{3}}l\right)$ $y_{1\max} = y_B = \dfrac{Pa^2l}{3EI}\left(1 + \dfrac{a}{l}\right)$

カレル橋（チェコ共和国・プラハ）
この橋の約200年前につくられた石橋が壊れたので，神聖ローマ皇帝カール4世の治世のもとに，1357年に建設が始まり1402年に建設された．チェコ生まれのカール4世は，ドイツ語圏の神聖ローマ帝国の皇帝になるためドイツ名カールに名前を変えた．彼はドイツ語圏の最初の大学であるプラハ大学を創設した．（写真提供：小出英夫）

第7章　圧縮力を受ける柱と板

7.1　柱の分類

太くて短い柱の両端に圧縮力を加えると，柱は曲がることなく，材料の強度に達して圧縮破壊する．一方，細くて長い柱の両端に圧縮力を加えると，ある時点で柱は側方に大きく変形し，やがて曲げ破壊する．このときの圧縮力は，短い柱と同じ断面の柱でも，材料の強度に達するよりも小さい力である．短い柱は短柱（stub column）と呼ばれ，その破壊形態を圧壊（crush）という．また，長い柱は長柱（long column）と呼ばれ，その破壊形態を座屈（buckling）という．短柱と長柱は，部材の寸法や形状で区別されるのではなく，破壊の仕方で区別される．短柱と長柱の間にある柱は，中間柱と呼ばれる．

7.2　短　　柱

断面の中心に圧縮荷重を受ける短柱の応力は，荷重を P，柱の断面積を A とすると，軸方向圧縮応力度 σ_C は次式で求まる．

$$\sigma_C = -\frac{P}{A} \qquad (7.1)$$

なお，柱を扱う場合には圧縮力を正（＋）とするのが一般的であるので，本書でもそのように扱う．

次に，荷重が x 軸上で偏心して作用する場合を考える．偏心量を e_x とすると，この偏心荷重は図 7.1 に

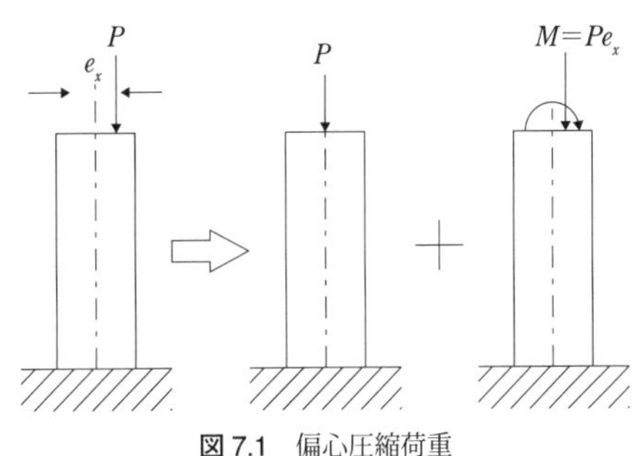

図 7.1　偏心圧縮荷重

示すように中心軸方向荷重Pとy軸まわりのモーメント荷重$M_y=Pe_x$との和になる．このとき，図7.2に示すように，$x>0$に引張応力が生じるものを正のモーメント荷重とする．

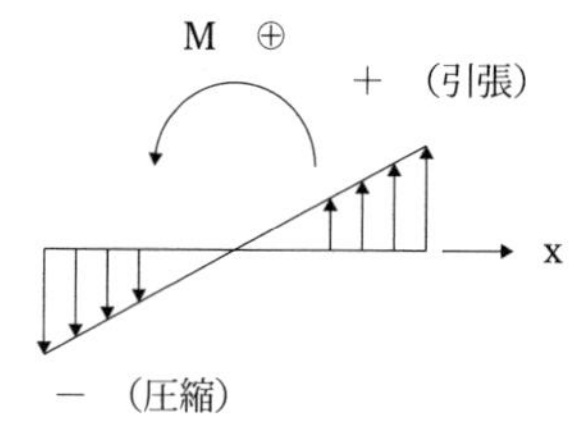

図7.2　モーメント荷重の符号

したがって，y軸からxだけ離れた断面に生じる軸方向圧縮応力度σは，

$$\sigma=\sigma_C+\sigma_x=-\frac{P}{A}-\frac{Pe_x}{I_y}x \qquad (7.2)$$

となる．I_yは，y軸まわりの断面2次モーメントである．

また，$x<0$の領域で偏心している場合は，$e_x<0$となり，モーメント荷重の符号も変わるので，e_x（負の値）をそのまま式に入れればよい．

y軸方向の偏心の場合も，x軸方向偏心の場合と同様に考えると，軸方向圧縮応力度σは，

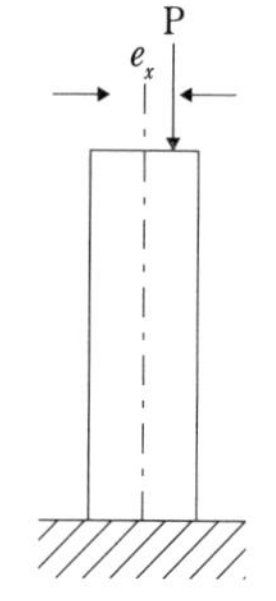

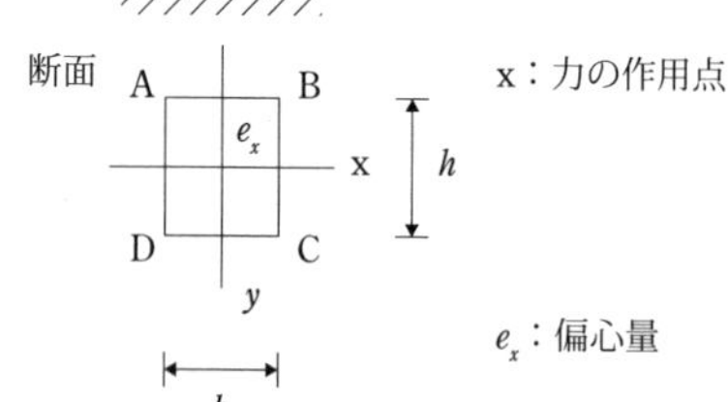

図7.3　偏心荷重が作用する短柱

$$\sigma=\sigma_C+\sigma_y=\frac{N}{A}+\frac{M_x}{I_x}y=-\frac{P}{A}-\frac{Pe_y}{I_x}y \qquad (7.3)$$

2方向に偏心している場合は，1方向の場合と同様に考えると，軸方向圧縮応力度σは，

$$\sigma=\sigma_C+\sigma_x+\sigma_y=\frac{N}{A}+\frac{M_y}{I_y}x+\frac{M_x}{I_x}y=-\frac{P}{A}-\frac{Pe_x}{I_y}x-\frac{Pe_y}{I_x}y \qquad (7.4)$$

と表される．

x軸方向に偏心の場合，応力度σは断面積と断面2次モーメントを用いると以下のように変形できる．

断面積$A=bh$，断面2次モーメント$I_y=\dfrac{hb^3}{12}$より，

$$\sigma=-\frac{P}{A}-\frac{Pe_x}{I_y}x=-\frac{P}{hb}-\frac{Pe_x}{\frac{hb^3}{12}}x=-\frac{p}{bh}-\frac{12Pe_x}{hb^3}x \tag{7.5}$$

$x=-b/2$（AD上）の応力を考えると，

$$\sigma=-\frac{p}{bh}-\frac{12Pe_x}{hb^3}\left(-\frac{b}{2}\right)=-\frac{P}{bh}-\frac{6Pe_x}{hb^2}=\frac{P}{bh}\left(\frac{6e_x}{b}-1\right) \tag{7.6}$$

$\sigma=0$とすると，

$$\frac{6e_x}{b}-1=0 \tag{7.7}$$

$$\therefore e_x=\frac{b}{6} \tag{7.8}$$

このことから，偏心量が大きくなり，$b/6$を超えると引張応力が発生する．例えばコンクリートなどの引張力に弱い材料では，偏心量が$b/6$を超えると引張応力が発生してしまうので危険である．図7.4に，偏心量と応力分布の関係のイメージを示す．

y軸方向についても同様に考え，引張応力のみ生じるところをマーキングしていくと，図7.5 (a) のような形になる．塗りつぶした菱形部分を短柱の核（core）という．すなわち，核とは全断面が圧縮となる荷重の載荷点の集まった領域である．核の中に圧縮力を作用させても，引張応力は生じない．円形断面の場合，核は図のように円形となる（図7.5 (b)）．

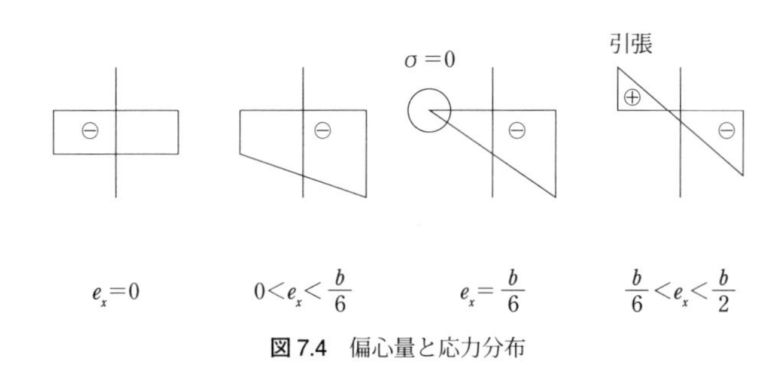

図7.4　偏心量と応力分布

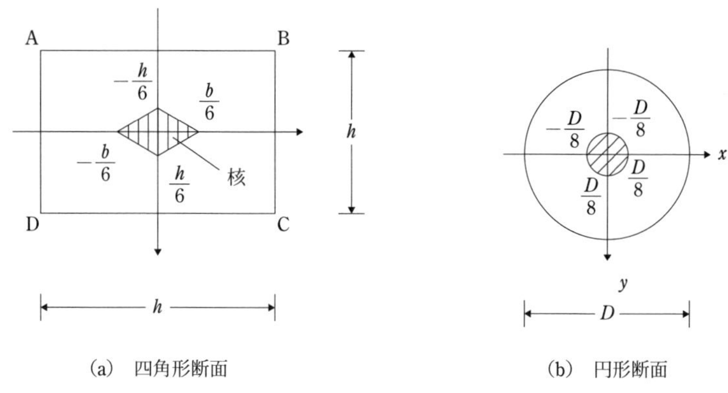

(a) 四角形断面 (b) 円形断面

図 7.5 短柱の核

7.3 長 柱

図 7.6 のように，両端をヒンジで単純支持された断面積 A，曲げ剛性 EI，長さ l の柱が圧縮力を受けて側方に変形した状態を考える．図のように座標系をとり，x におけるたわみを y とすると，x 点における曲げモーメント M は，

$$P_y - M = 0 \quad (7.9)$$

$$\therefore M = P_y \quad (7.10)$$

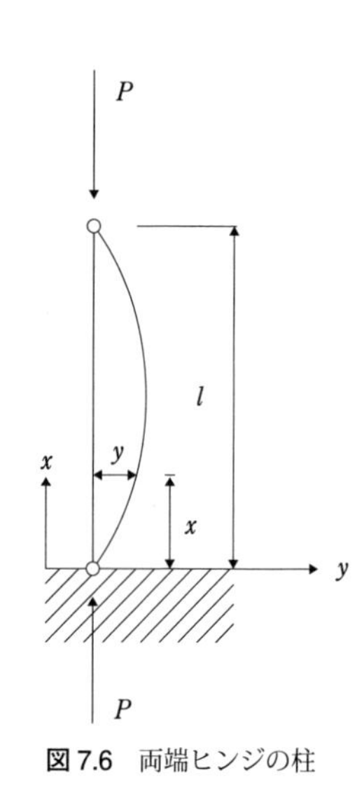

図 7.6 両端ヒンジの柱

また，たわみと曲げモーメントには，以下の関係がある．

$$\frac{d^2y}{dx^2} = -\frac{M}{EI} \quad (7.11)$$

式（7.10），（7.11）より，

$$\frac{d^2y}{dx^2} = -\frac{M}{EI} = -\frac{P}{EI}y \quad (7.12)$$

すなわち，

$$\frac{d^2y}{dx^2} + \frac{P}{EI}y = 0 \quad (7.13)$$

ここで，

$$\frac{P}{EI} = \omega^2 \tag{7.14}$$

とおくと，式（7.12）は，

$$\frac{d^2y}{dx^2} + \omega^2 y = 0 \tag{7.15}$$

となる．

この微分方程式の一般解は，

$$y = A\sin\omega x + B\cos\omega x \tag{7.16}$$

で表される（A，B は定数）．

境界条件 $x=0$ で $y=0$ を考慮すると，

$$A\sin 0 + B\cos 0 = 0 \tag{7.17}$$

$\sin 0 = 0$，$\cos 0 = 1$ であるから，

$$B = 0 \tag{7.18}$$

また，同じく境界条件より，$x=l$ で，$y=0$ だから，

$$A\sin\omega l + B\cos\omega l = 0 \tag{7.19}$$

$B=0$ より，

$$A\sin\omega l = 0 \tag{7.20}$$

しかし，$A=0$ とすると変形がゼロで座屈が生じないことになるので，$A \neq 0$ とする．

$$\therefore \sin\omega l = 0 \tag{7.21}$$

したがって，

$$\omega l = n\pi \tag{7.22}$$

$(n=1,\ 2,\ \cdot\ \cdot)$

$$\therefore \omega = \frac{n\pi}{l} \tag{7.23}$$

よって，$\omega^2 = \dfrac{P}{EI}$ より，

$$P = \omega^2 EI = \left(\frac{n\pi}{l}\right)^2 EI \tag{7.24}$$

$(n=1,\ 2,\ \cdot\ \cdot)$

$$\therefore P = \frac{n^2\pi^2 EI}{l^2} \tag{7.25}$$

このとき，最小となるのは，$n=1$ のときなので，

$$P = P_{cr} = \frac{\pi^2 EI}{l^2} \tag{7.26}$$

これを**オイラーの座屈荷重**（Euler's buckling load）という．

長方形断面の場合では，断面２次モーメントは２通り存在するが，座屈荷重の算定には弱軸まわりの断面２次モーメント I_{min}，すなわち小さいほうの断面２次モーメントの値を用いる．

$$P_{cr} = \frac{\pi^2 EI_{min}}{l^2} \tag{7.27}$$

式（7.25）において，$n=1,\ 2,\ 3$ に対応するたわみ形を図 7.7 に示す．このたわみ形を座屈モードという．

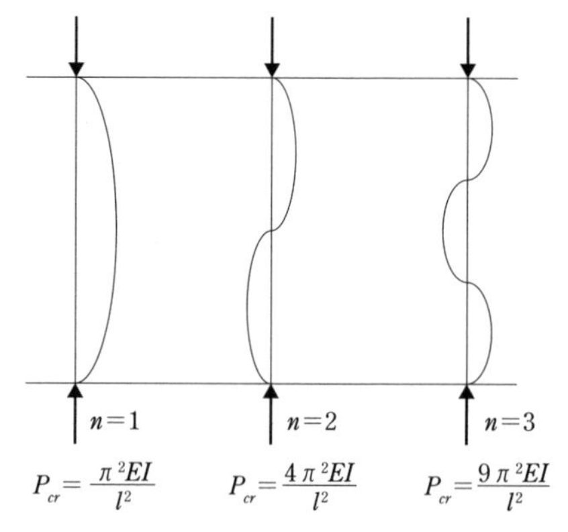

図 7.7　座屈モード

次に，図 7.8 のように，一端を固定，一端を自由として支持された断面積 A，曲げ剛性 EI，長さ l の柱が圧縮力を受けて側方に変形した状態を考える．図のように座標

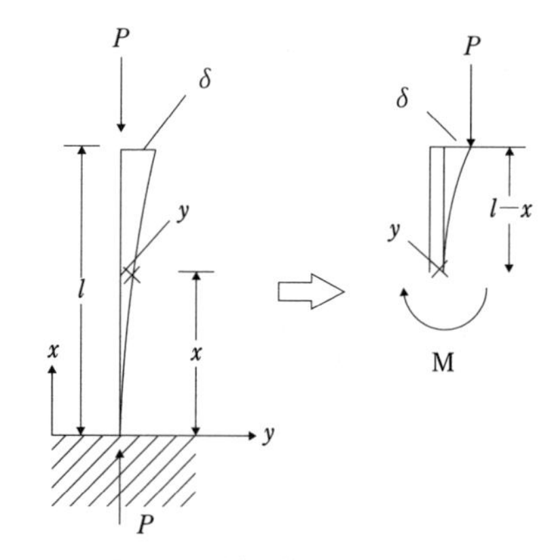

図 7.8　一端固定，一端自由の柱

系をとり，x におけるたわみを y とすると，x 点における曲げモーメント M は，

$$P(\delta - y) + M = 0 \tag{7.28}$$

$$\therefore M = -P(\delta - y) \tag{7.29}$$

式（7.11）のたわみと曲げモーメントの関係を使うと，

$$\frac{d^2y}{dx^2} = -\frac{M}{EI} = \frac{P}{EI}(\delta - y) \tag{7.30}$$

すなわち，

$$\frac{d^2y}{dx^2} + \frac{P}{EI}y = \frac{P}{EI}\delta \tag{7.31}$$

ここで，

$$\frac{P}{EI} = \omega^2 \tag{7.32}$$

とおいて，式（7.30）は，

$$\frac{d^2y}{dx^2} + \omega^2 y = \omega^2 \delta \tag{7.33}$$

となる．

この微分方程式の一般解は，

$$y = A\sin\omega x + B\cos\omega x + \delta \tag{7.34}$$

で表される（A，B は定数）．

境界条件　$x=0$ で $y=0$ より，

$$A\sin 0 + B\cos 0 + \delta = 0 \tag{7.35}$$

$\sin 0=0$，$\cos 0=1$ より，

$$B = -\delta \tag{7.36}$$

また，

$$\theta = \frac{dy}{dx} = \omega A\cos\omega x - \omega B\sin\omega x \tag{7.37}$$

であるから，境界条件 $x=0$ で $\theta = \dfrac{dy}{dx} = 0$ より，

$$\omega A\cos 0 - \omega B\sin 0 = 0 \tag{7.38}$$

$\sin 0=0$，$\cos 0=1$ より，$\omega A=0$ となるので，

$$A=0 \tag{7.39}$$

$$\therefore y = -\delta\cos\omega x + \delta = \delta\left(1-\cos\omega x\right) \tag{7.40}$$

また，$x=l$ で $y=\delta$ を満たすためには，

$$\delta = \delta\left(1-\cos\omega l\right) \tag{7.41}$$

$$\therefore \cos\omega l = 0 \tag{7.42}$$

$$\omega l = \frac{n\pi}{2} \tag{7.43}$$

（$n=1$，2，・・）

$$\omega = \frac{n\pi}{2l} \tag{7.44}$$

よって，$\omega^2 = \dfrac{P}{EI}$ より，

$$P = \omega^2 EI = \left(\frac{n\pi}{2l}\right)^2 EI \tag{7.45}$$

（$n=1$，2，・・）

$$\therefore P = \frac{n^2\pi^2 EI}{4l^2} \tag{7.46}$$

P が一番小さいのは $n=1$ のときであるので，

$$P = P_{cr} = \frac{n^2 EI}{4l^2} \tag{7.47}$$

一端固定，一端自由の場合の座屈荷重は，両端単純支持の場合の 1/4 になっている．この場合についても，両端単純支持の場合と同様に，長方形断面の柱では断面 2 次モーメントは 2 とおり存在するため，座屈荷重の算定には弱軸まわりの

断面2次モーメント$I_{\min}$, すなわち小さいほうの断面2次モーメントの値を用いる.

一般に，柱の座屈荷重は以下の式で表される.

$$P_{cr} = k\frac{\pi^2 EI_{\min}}{l^2} \tag{7.48}$$

kは，支持条件によって決まる**座屈係数**（buckling coefficient）である．また，式（7.48）は，以下のようにも表すことができる.

$$P_{cr} = \frac{\pi^2 EI_{\min}}{l_e^2} \tag{7.49}$$

このとき，l_eを**有効座屈長**（effective buckling length）という．有効座屈長は，同じ座屈荷重を持つと想定した両端ヒンジの柱の長さである．種々の支持条件における座屈荷重P_{cr}と座屈係数k，有効座屈長l_eを図7.9に示す.

また，柱の座屈応力度（buckling stress）σ_{cr}は，式（7.49）を用いて，以下のように表すことができる.

$$\sigma_{cr} = \frac{P_{cr}}{A} = \frac{\pi^2 EI_{\min}}{l_e^2 A} = \frac{\pi^2 E}{l_e^2}\left(\sqrt{\frac{I_{\min}}{A}}\right)^2 = \frac{\pi^2 Er^2}{l_e^2} = \frac{\pi^2 E}{\left(\frac{le}{r}\right)^2} = \frac{\pi^2 E}{\lambda^2} \tag{7.50}$$

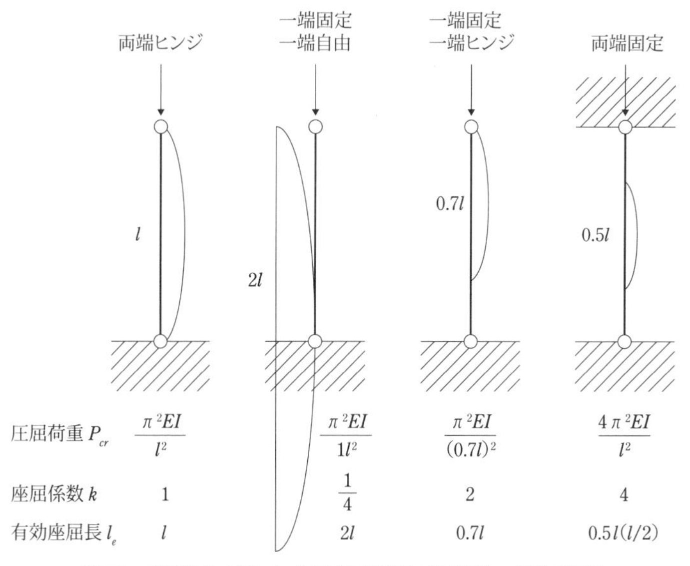

図7.9　支持条件の違いによる座屈荷重と座屈係数，有効座屈長

ここに，

$$r = \sqrt{\frac{I_{\min}}{A}} \tag{7.51}$$

r を**断面 2 次半径（回転半径）**という．断面 2 次半径は，長さの単位を持つ．

$$\lambda = \frac{le}{r} \tag{7.52}$$

λ を**細長比**（slenderness ratio）という．細長比は無次元である．細長比が大きいと長柱であり，小さいと短柱となる．一般的な鋼材の場合，細長比が 100 以上であれば，長柱である．

また，座屈応力度が降伏応力 σ_Y になるときの座屈荷重と細長比をそれぞれ P_Y，λ_Y とすると，

$$\sigma_Y = \frac{P_Y}{A} = \frac{\pi^2 E}{\lambda_Y^2} \tag{7.53}$$

λ を λ_Y で無次元化して，

$$\bar{\lambda} = \sqrt{\frac{\sigma_Y}{\sigma_{cr}}} = \sqrt{\frac{P_Y}{P_{cr}}} \tag{7.54}$$

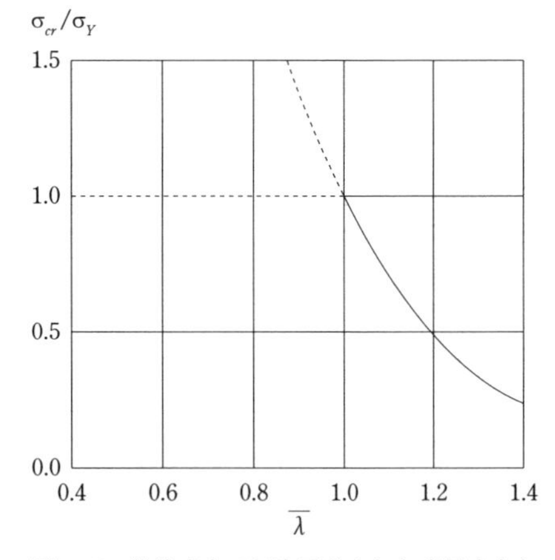

図 7.10 降伏応力で無次元化された座屈応力と細長比パラメータ

$\bar{\lambda}$ を細長比パラメータ（slenderness ratio parameter）という．これを用いると，式（7.54）は，

$$\frac{\sigma_{cr}}{\sigma_Y} = \frac{1}{\bar{\lambda}^2} \tag{7.55}$$

となる．式（7.55）を図示すると図 7.10 のようになる．通常 $\sigma_Y > \sigma_{cr}$ なので，$\bar{\lambda}$ は 1 以上で有効である．無次元化することによって，鋼材の種類によらず，細長比パラメータのみによって支配される関係となっていることがわかる．

7.4 板

圧縮力を受ける鋼柱は鋼板で構成されて，図 7.11 のように箱形あるいは H 型

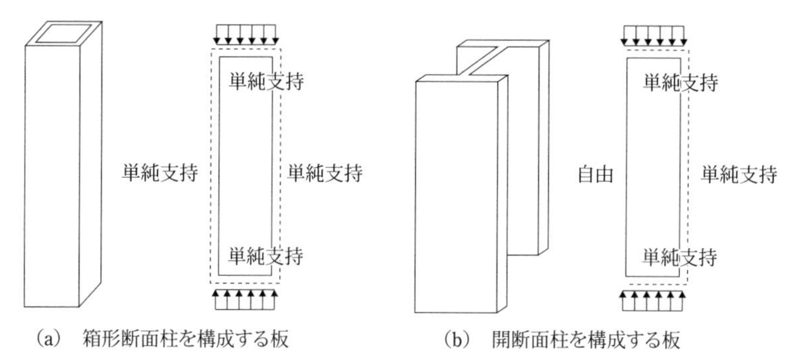

図 7.11　板の座屈

の断面を有することが多い．この場合，柱を構成する板も圧縮力を受けることになり，座屈する可能性がある．このような場合，鋼柱が柱として一体化して座屈するものを全体座屈（global buckling）といい，鋼柱を構成する板だけが座屈するものを局部座屈（local buckling）という．

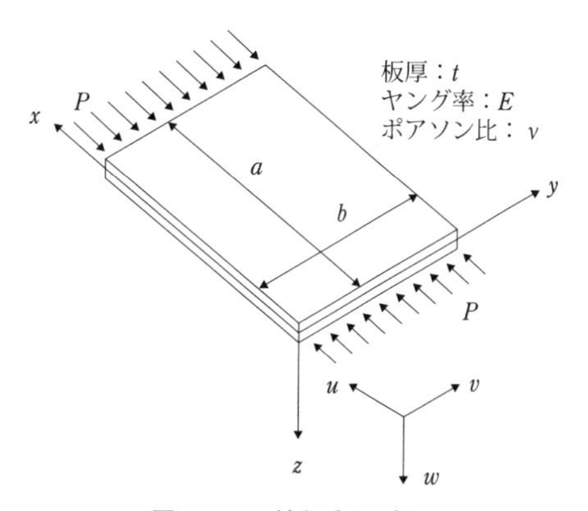

図 7.12　圧縮を受ける板

図 7.12 に示す板（ヤング率 E，板厚 t，ポアソン比 v が x 軸方向に一様な圧縮力 p を受ける場合，板の座屈方程式は以下のようになる．

$$D\left(\frac{\partial^4 w}{\partial x^4}+2\frac{\partial^4 w}{\partial x^2 \partial y^2}+\frac{\partial^4 w}{\partial y^4}\right)+p\frac{\partial^2 w}{\partial x^2}=0 \tag{7.56}$$

ここに，

$$D=\frac{Et^3}{12\left(1-v^2\right)} \tag{7.57}$$

$$p=\sigma t \tag{7.58}$$

D を板の曲げ剛性という．

板の 4 辺とも単純支持されているとき，式（7.56）の解は，

$$w=A\sin\frac{m\pi}{a}x \quad \sin\frac{n\pi}{b}y \tag{7.59}$$

$(m, \ n=1, \ 2, \ 3 \cdot \cdot)$

となる．式（7.59）を式（7.56）に代入し，式（7.58）を用いると，座屈応力度 σ_{cr} は，

$$\sigma_{cr} = \frac{\pi^2 D}{tb^2}\left(m\frac{b}{a} + \frac{n^2}{m}\frac{a}{b}\right)^2 \tag{7.60}$$

と表される．m の値にかかわらず，$n=1$ のときに最小の σ_{cr} が得られるので，$n=1$ として，

$$\sigma_{cr} = k_m \sigma_E \tag{7.61}$$

ここに，

$$\sigma_E = \frac{\pi^2 D}{tb^2} = \frac{\pi^2 E t^2}{12b^2\left(1-v^2\right)} \tag{7.62}$$

$$k_m = \left(m\frac{b}{a} + \frac{1}{m}\frac{a}{b}\right)^2 \tag{7.63}$$

$P_{cr}=\sigma_E t$ は，板幅 b を部材長とする柱のオイラー座屈荷重に相当するので，σ_E は板の座屈応力度に関する基準の値として用いられる．このとき，k_m を板の座屈係数という．

式（7.63）において，m を変化させたときの板の座屈係数 k_m と縦横比（aspect ratio）a/b の関係を図示すると図 7.13 のようになる．座屈係数は縦横比の関数であるが，一般には最小の値をその縦横比に対する座屈係数という．図 7.13 からわかるように，縦横比によって最小の座屈係数を与える m の値が異なる．したがって，座屈モードも変わるが，縦横比がある程度以上であれば，$k_m \fallingdotseq 4$ としてよい．

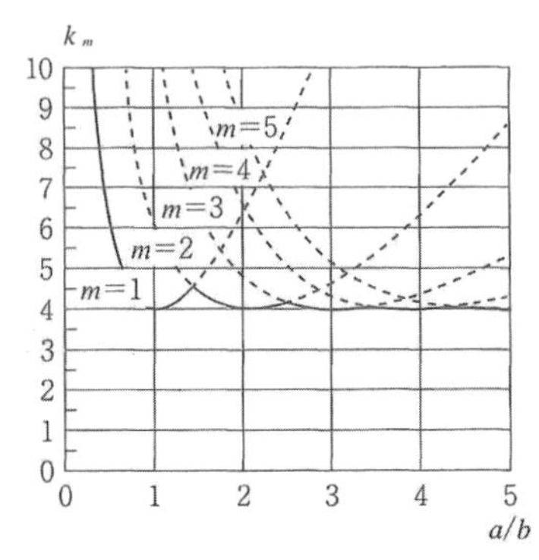

図 7.13　4 辺単純支持板の座屈係数

第 8 章　不静定構造物の基礎

8.1　不静定次数

静定構造物（statically determinate structure）は，3 つの条件式すなわち$\sum H = 0$，$\sum V = 0$，$\sum M = 0$によって反力などが求められた．しかし，不静定構造物（statically indeterminate structure）は静定構造物に比べて支点や部材が多く存在しており，上述の 3 つの条件式では，未知数が多いので反力などが求められない．したがって不静定構造物を解くには，3 つの条件式のほかに新たにそれに見合うだけのいくつかの条件式を導入しなければならない．その新たに導入しなければならない条件式の数を，「不静定次数」（degree of statically indeterminateness）という．逆の言い方をすると，その 3 条件式によって求めることのできない余分の部材や反力の数を「不静定次数」という．その余分の反力の数は「外的不静定次数」，余分の部材の数は「内的不静定次数」と呼ばれる．3 条件に比べ反力が少ない場合は「外的不安定」，部材が少ない場合は「内的不安定」と呼ばれる．

それでは不静定次数の具体的な計算方法を，トラス，梁，ラーメンなどの充腹構造の 2 つに分類して述べよう．

（1）　トラス[2),3)]

トラスの不静定次数 n を求める式を誘導しよう．まず l を部材数，r をトラスの支点反力の総数，j をトラスの節点の総数とすると，トラスの部材数がそのまま求めなければならない未知の部材力になり，支点反力の総数 r と含めて（$l + r$）個が未知力数となる．それに対して，1 節点ごとに$\sum H = 0$，$\sum V = 0$の 2 個の式が成り立つから，$2j$ 個の条件式が成り立つ．したがって（$l + r$）個の未知力数に，条件式は $2j$ 個であるので，その差が不静定次数 n となる．したがって以下の式が求められる．

$$\underline{n=l+r-2j} \tag{8.1}$$

ここで，l：部材数，r：トラスの支点反力の総数，j：トラスの節点の総数．ここで，$n=0$ のときは未知力数と条件式の数が等しいので，静定となる．また，$n>0$ のときは未知力数の方が条件式の数より多い（反力や部材が余分にある）ことなので，外的もしくは内的不静定次数を表わす．$n<0$ のときは未知力数の方が条件式の数より少ない（反力や部材が足りない）ことなので，図 8.1 に示すように外的もしくは内的不安定を表わす．

次に外的不静定次数を求める式を誘導しよう．一般的に静定構造物が地盤と剛結するには，反力の数が 3 個（単純梁のヒンジ支点とローラー支点のように）あればよい．したがって，トラスの支点反力総数に比べて，反力数 3 個より多いものが余分な反力すなわち外的不静定となるので，外的不静定次数 n_e とすると

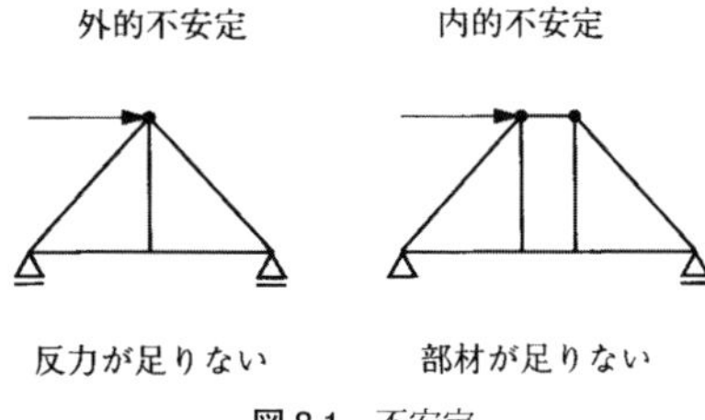

図 8.1　不安定

$$n_e=r-3 \tag{8.2}$$

内的不静定次数を求める式を誘導しよう．式（8.1）で求められた不静定次数 n は，外的不静定次数 n_e と内的不静定次数 n_i によって成り立っているので，内的不静定次数 n_i は不静定次数 n と外的不静定次数 n_e の差と考えられ次式になる．

$$n_i=n-n_e \tag{8.3}$$

わかりやすく言うと，部材が余分にある数を内的不静定次数と考えてよい．

（2） 梁，ラーメンなどの充腹構造 [2),3),9)]

梁，ラーメンなどの充腹構造の不静定次数を求める前に，図 8.2 のような各支点において仮想の連結棒（これ以下はリンクと呼ぶ）を考える．ヒンジ支点はリ

図 8.2　支持状態におけるリンク

ンク 2 本，ローラー支点はリンク 1 本，固定端はリンク 3 本に置き換えて地盤や部材に固定されていると考える．また，部材間の連結は図 8.3 に示すように考える．

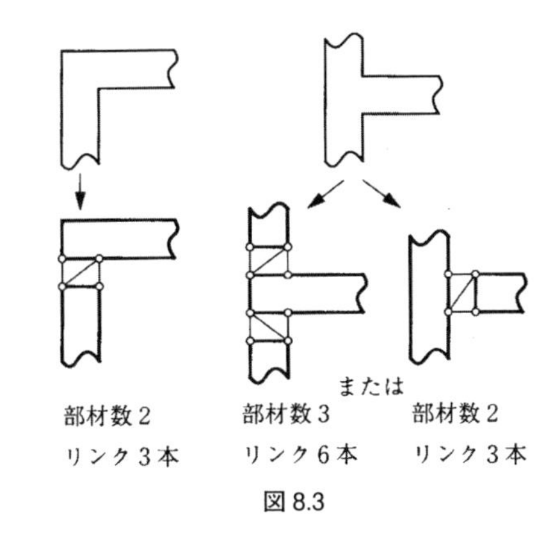

図 8.3

したがって，ある構造物で r を各支点のリンクの総和数，l を各部材結合部（支点を除く）のリンクの総和数とすると，その構造物は $r+l$ の未知力をもつと考えられる．次に m を部材数とすると，1 つの部材について $\Sigma H=0$，$\Sigma V=0$，$\Sigma M=0$ の 3 条件が成り立つので，全部材については $3m$ 個の条件式が成り立つ．それゆえ $(r+l)$ の未知力数に，条件式は $(3m)$ 個であるので，その差が不静定次数となり，以下の式が求められる．

$$\underline{n=r+l-3m} \tag{8.4}$$

ここで，r：各支点のリンクの総和数，l：各部材結合部（支点を除く）のリンクの総和数，m：部材数，n：不静定次数．

外的不静定次数 n_e は，トラスと同じように地盤と剛結するにはリンク 3 本でよいので式（8.4）を使えばよい．すなわち反力数が 3 個より多いと外的不静定となる．

$$n_e=r-3$$

内的不静定次数 n_i も同様に，式（8.4）で求められた n と n_e の差が内的不静定となる．したがって式（8.3）でよい．

$$n_i=n-n_e$$

計算例 1　図 8.4 に示すトラスの静定，不静定を判定しなさい．

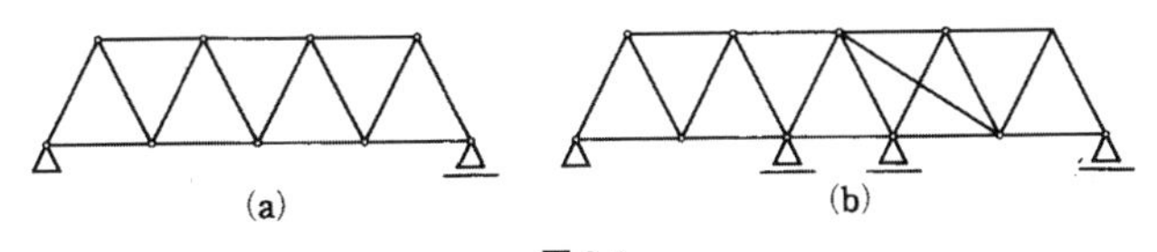

図 8.4

解　(a) では，全部材数 $l=15$，支点反力総数 $r=3$，全節点数 $j=9$ なので，式

（8.1）から，$n=l+r-2j=15+3-9\times2=0$ で静定．（b）では，全部材数 $l=20$，支点反力総数 $r=5$，全節点数 $j=11$ なので，$n=l+r-2j=20+5-11\times2=3$ で3次不静定．外的不静定次数は，式（8.2）から $n_e=r-3=5-3=2$ で外的二次不静定．それは反力数が2個多いことを意味する．内的不静定次数は，式（8.3）から $n_i=n-n_e=3-2=1$ で内的一次不静定．それは部材が1本多いことを意味する．したがって，与えられた構造物の反力数と部材数を観察すれば，容易に不静定次数を求められる．

計算例2　図8.5に示す構造物において静定・不静定を判定しなさい．

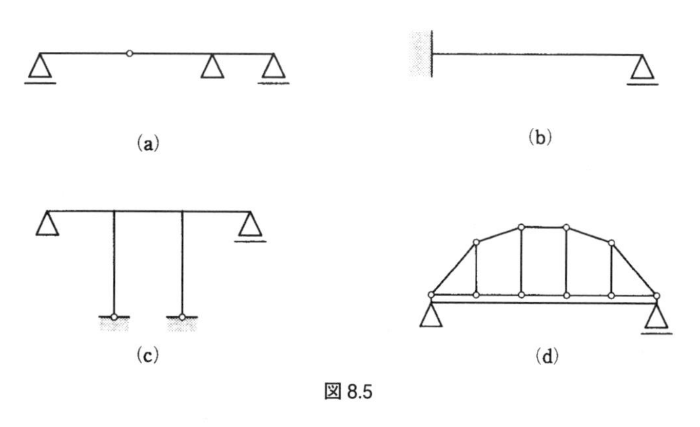

図8.5

解　図8.6に示すようにリンクを考えて支点のリンク数 r，各部材結合部（支点を除く）のリンクの総和数 l，全部材数 m を式（8.4）に代入する．

（a）　$n=r+l-3m=4+2-3\times2=0$ で静定

（b）　$n=r+l-3m=4+0-3\times1=1$ で1次不静定．次に式（8.2）に代入して $n_e=r-3=4-3=1$ で外的一次不静定．次に式（8.3）に n と n_e を代入して $n_i=n-n_e=1-1=0$ で内的静定．

（c）　$n=r+l-3m=7+6-3\times3=4$ で4次不静定．$n_e=r-3=7-3=4$ で外的4次不静定．$n_i=n-n_e=4-4=0$ で内的静定．

（d）　$n=r+l-3m-2j=3+9-3\times1-2\times4=1$ で1次不静定．$n_e=r-3=0$ で外的静定．$n_i=n-n_e=1-0=1$ で内的1次不静定．

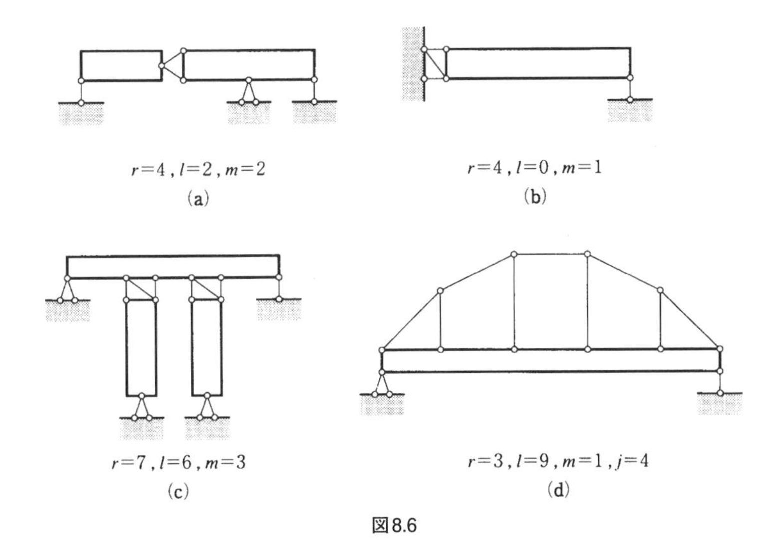

図8.6

8.2　静定基本系による解法[3)]

不静定構造物は，前節で述べたように静定構造物に不静定次数と等しい数の余分な反力や部材が存在していると考えられる．逆にいえば，不静定構造物からその余分な反力や部材をとって考えられる静定構造物を「静定基本系」(statically determinate principal system) と呼ぶ．また，不静定次数 n と等しい余分な反力や部材の断面力を「不静定力」(statically indeterminate force) と呼び，一般的に X_1，X_2，X_3，……，X_n として表わす．

一般的に梁については，静定梁の単純梁，張出し梁，片持梁やゲルバー梁を静定基本系と考えてみるとよい．例として，図 8.7 の連続梁の静定基本系と不静定力を考えてみよう．静定基本系と不静定力が，図 8.8 の (a)～(c) に示すように 3 つ考えられる．(a) は静定基本系として AC の単純梁をとり，外力として B 点の反力を不静定力とした．(b) は静定基本系として AB の張出し梁として，その自由端 C 点に外力として C 点の反力を

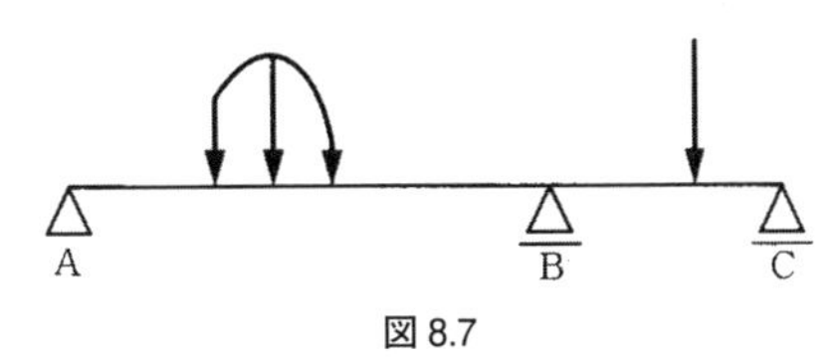

図 8.7

不静定力とした．(c) はB点にヒンジを入れてABおよびBCの梁を静定基本系にして，B点の曲げモーメントを不静定力としてその両方の梁に載荷する．この3つの静定基本系と不静定力のいずれかを使って「重ね合せの原理」からその不静定力を求めることができる．

たとえば，図8.7に示される連続梁を図8.8 (a) に示す不静定力のとり方で考えると，図8.9 (a) (b) で示すように静定基本系を2つの荷重状態に分けて考えられる．1つは図8.9 (a) の静定基本系に実際の荷重が作用している場合，そしてもう1つは図8.9 (b) の静定基本系に不静定力Xが作用している場合である．図中の$\delta_{B,0}$は静定基本系すなわち単純梁ACの実際の荷重によるB点のたわみであり，$\delta_{B,1}$は不静定力XによるB点のたわみである．本来B点のたわみは0であるので$\delta_{B,0}+\delta_{B,1}=0$となるような不静定力$X$が$R_B$である．わかりやすくいえば，実際の荷重によるB点のたわみを反力R_Bによるたわみによって0にしている状態と考えることができる．

次に図8.10の一端固定，他端ローラーの構造物を考えよう．図8.11の(a)と(b)のように片持梁ABを静定基本系にとり，B点の反力R_Bを不静定力Xにとって行ってもよいし，(c) と (d) のように単純梁ABを静定基本系にとり，不静定力X

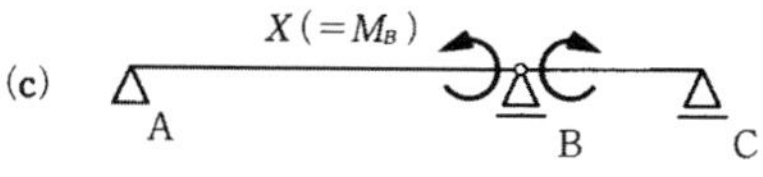

図8.8　各種の不静定力のとり方

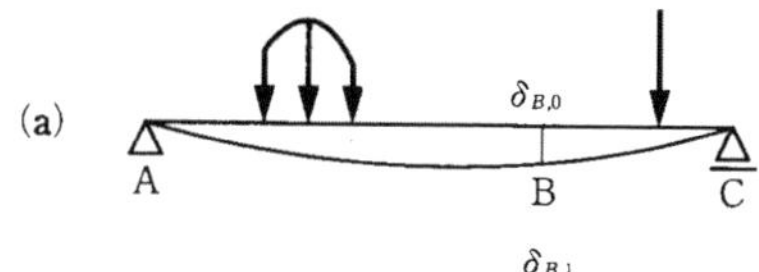

図8.9　不静定力と実荷重の考え方

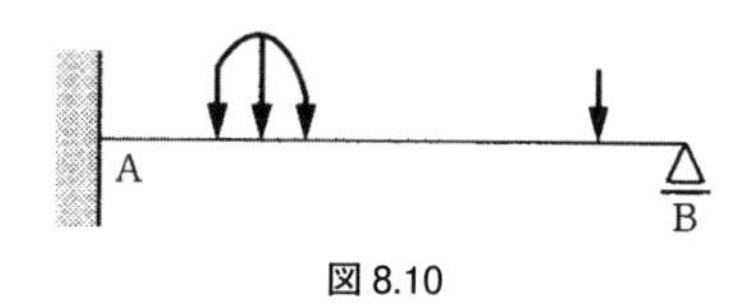

図8.10

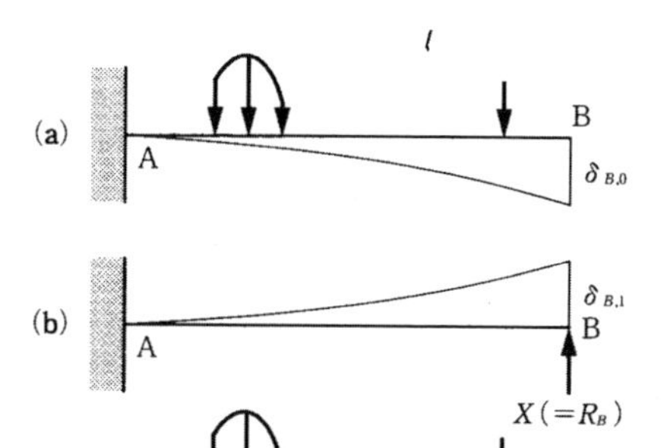

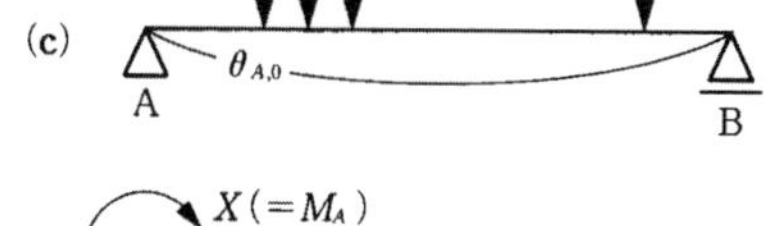

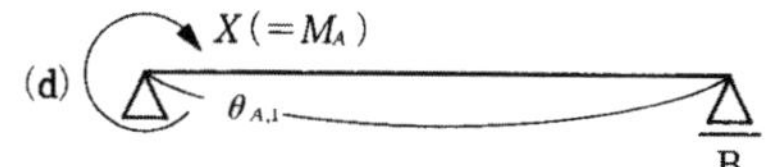

図8.11　不静定力と実荷重の考え方

としてA点の曲げモーメント M_A をとってもよい.

(a) と (b) の反力 R_B を不静定力にとるときは前述の連続梁と同じ考え方で，B点はローラー支点でたわみは0であることから，$\delta_{B,0}+\delta_{B,1}=0$ が成り立つ．荷重により片持梁のB点のたわみを反力 R_B で0にしている状態と考えてよい．また (c) と (d) の場合，実際の荷重によるA点のたわみ角 $\theta_{A,0}$ と不静定力 X によるA点のたわみ角 $\theta_{A,1}$ では，A点は固定端なので $\theta=0$ になり，$\theta_{A,0}+\theta_{A,1}=0$ が成り立つ．すなわち後者の場合では，実際の荷重によるA点のたわみ角を0にするようなA点の曲げモーメント X が M_A になるということである.

このようにして不静定力が求められれば，その不静定力を静定基本系に働く外力とみなして，曲げモーメントやせん断力を求めればよい.

ここで読者が注意しなければいけないことが2つあるので述べておきたい．それは，①符号の問題，②不静定力の方向である.

①　符号の問題（たわみやたわみ角の＋の方向に注意して釣合いをとる）

前述の連続梁を解く際，$\delta_{B,0}+\delta_{B,1}=0$ でなく $\delta_{B,0}=\delta_{B,1}$ であると思ってしまいがちだが，たわみの定義は下方に変位した場合を＋としているので，$\delta_{B,1}$ は－の符号をもっていることに注意されたい.

②　不静定力の方向（曲げモーメントの＋の方向に載荷すること）

前述の一端固定，他端ローラーの構造物で曲げモーメントを不静定力 X にとって計算する例 (図8.11 (d)) として，その向きを右まわりにとっている．曲げモーメントの符号の＋の向きに不静定力をとれば，そのまま求まった値が曲げモーメントになるからである．ゆえに図8.11の (d) のたわみ曲線は，下向きにたわんでいるのである．したがって不静定力 X （$=M_A$）は，－の符号をもって求まることを推察されたい.

計算例3　図8.12に示すような連続梁の曲げモーメント図を描きなさい．ただし，全部材 EI を一定とする.

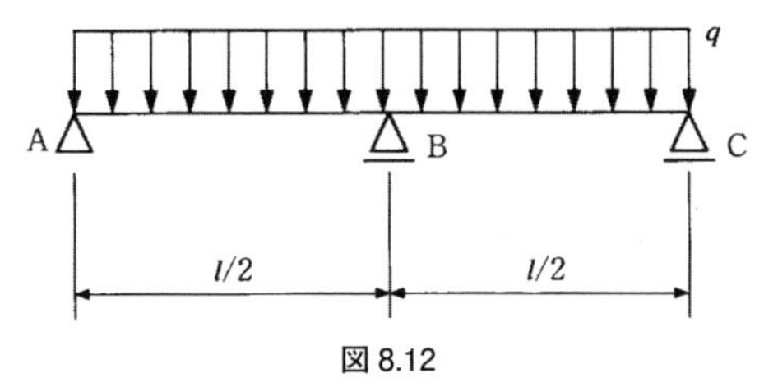

図8.12

解　静定基本系として単純梁ACを選び，R_Bを不静定力Xとする．

図8.13の（a）で示すように，静定基本系の単純梁ACに実際の荷重が作用しているときのB点のたわみ$\delta_{B,0}$を求めると（その際に第6章末の表を使用すると便利である）

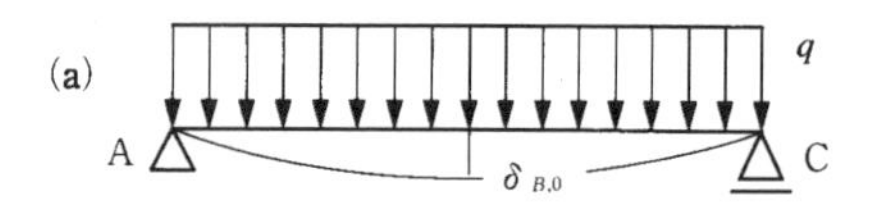

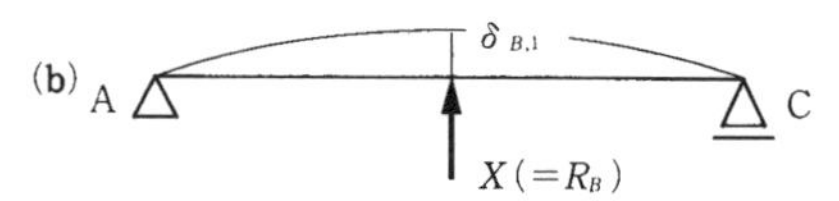

図8.13　不静定力と実荷重の考え方

$$\delta_{B,0} = \frac{5ql^4}{384EI}$$

また図8.13の（b）で示すように，静定基本系の単純梁ACに不静定力Xのみが作用しているときのB点のたわみ$\delta_{B,1}$を求めると

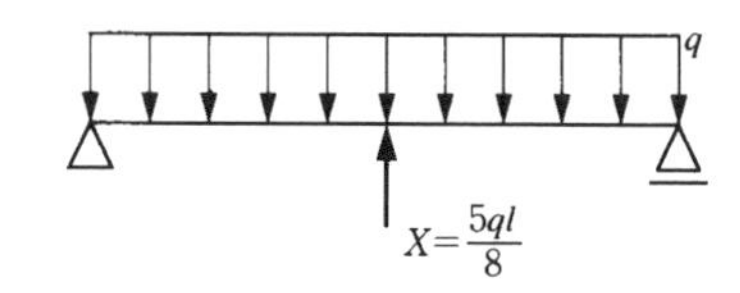

図8.14　不静定力を外力として載荷

$$\delta_{B,1} = -\frac{Xl^3}{48EI}$$

となる．$\delta_{B,0}+\delta_{B,1}=0$に代入し，B点のたわみを0とするような$X$を求める．

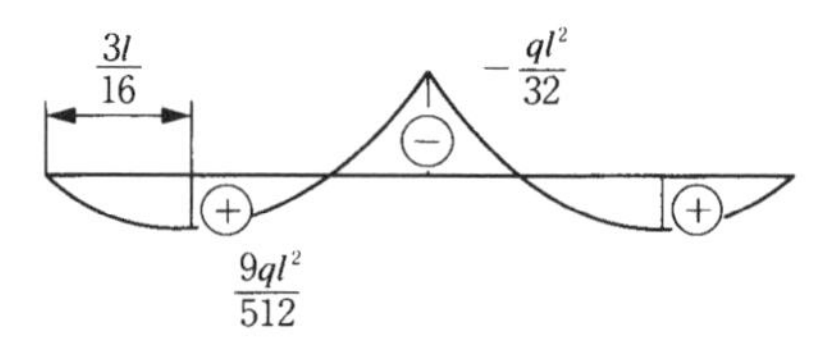

図8.15　曲げモーメント図

$$\delta_{B,0}+\delta_{B,1} = \frac{5ql^4}{384EI} - \frac{Xl^3}{48EI} = 0$$

$$\therefore X = R_B = \frac{5ql}{8}$$

曲げモーメント図を描くために，図8.14で示すように，求められたXを外力として実際の荷重とともに作用させればよい．そのときの曲げモーメントを計算する．その結果は図8.15に示す．

計算例4　図8.16に示すような不静定梁の曲げモーメント図を描きなさい．ただし，全部材EIを一定とする．

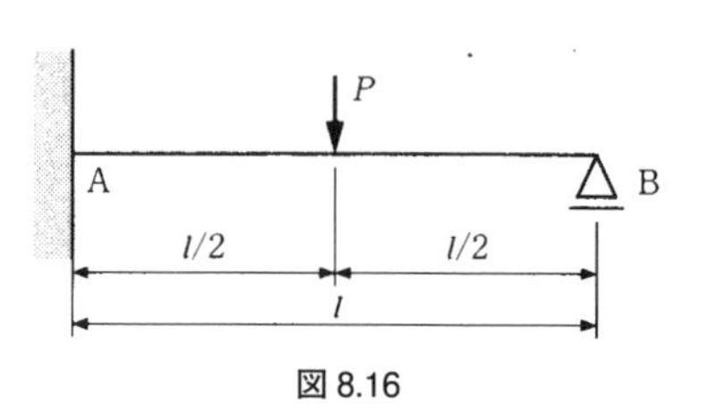

図8.16

解　単純梁ABを静定基本系として選び，M_Aを不静定力Xとしてもよいが，ここでは片持梁を静定基本系にとり，反

力 R_B を不静定力 X にして解いてみよう．図 8.17 の（a）で示すように，静定基本系の片持梁 AB に実際の荷重が作用しているときの B 点のたわみ $\delta_{B,0}$ を求めると

$$\delta_{B,0} = \frac{5Pl^3}{48EI}$$

また図 8.17 の（b）で示すように，静定基本系の片持梁 AB に不静定力 X（$= R_B$）のみが作用しているときの B 点のたわみ $\delta_{B,1}$ を求めると

$$\delta_{B,1} = -\frac{Xl^3}{3EI}$$

となる．$\delta_{B,0}+\delta_{B,1}=0$ を代入し，B 点のたわみを 0 にするような X（$= R_B$）を求める．

$$\delta_{B,0} + \delta_{B,1} = \frac{5Pl^3}{48EI} - \frac{Xl^3}{48EI} = 0$$

$$\therefore X = R_B = \frac{5P}{16}$$

前の例題と同じように曲げモーメント図を描くために，図 8.18 で示すように，求められた X を外力として実際の荷重とともに作用させて計算する．その結果を図 8.19 に示す．

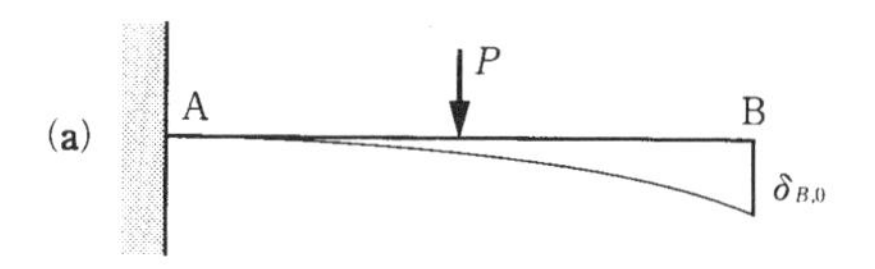

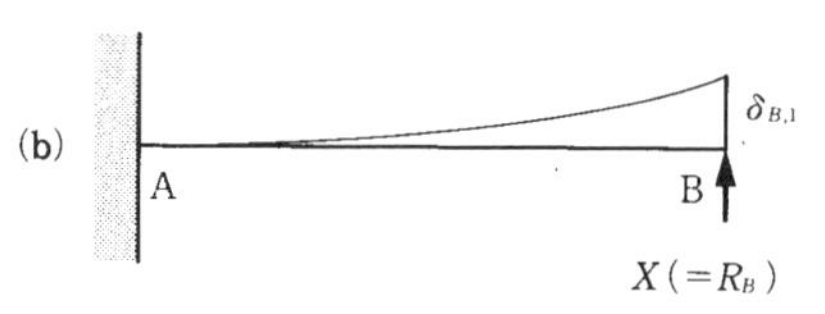

図 8.17　不静定力と実荷重の考え方

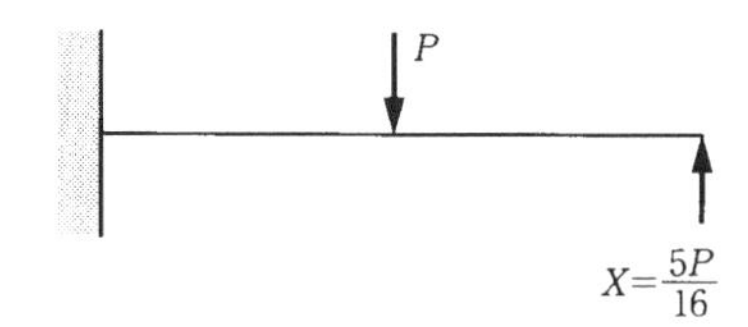

図 8.18　不静定力を外力として載荷

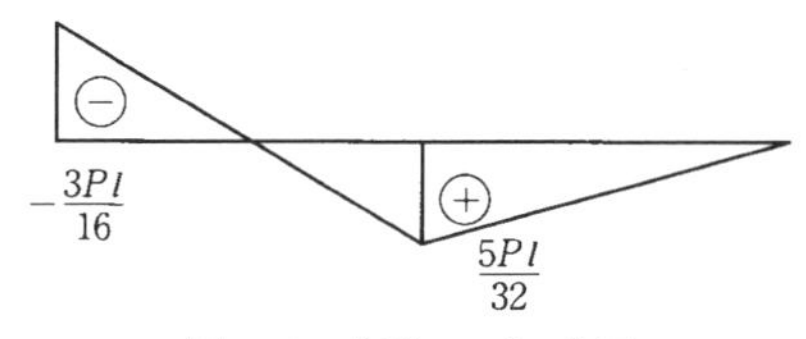

図 8.19　曲げモーメント図

8.3　微分方程式による解法

第 6 章で学んだように，たわみの弾性曲線の微分方程式（differential equation）は

$$EI\frac{d^4y}{dx^4} = EIy'''' = q_x \quad \text{（等分布荷重が作用している場合）} \tag{8.5}$$

$$EI\frac{d^4y}{dx^4} = EIy'''' = 0 \quad \text{（それ以外の場合）} \tag{8.6}$$

$$EI\frac{d^3y}{dx^3} = EIy''' = -S_x \tag{8.7}$$

$$EI\frac{d^2y}{dx^2} = EIy'' = -M_x \tag{8.8}$$

で表わされた．ここで明らかなように，微分方程式はたわみの関数 y が連続関数であり，力と変位の関係式により求められているので，不静定構造物も同様に解くことができる．

一般的に等分布荷重 q_x が作用しているときは式（8.5）を使う．また，集中荷重が作用しているときは式（8.6）を使う．また，S_x や M_x を求めて直接式（8.7）や式（8.8）に代入してもよい．これらの式を用いて積分し，境界条件や連続条件を考慮して，各々の積分定数を求める．その積分定数を代入して求められる曲げモーメントやせん断力がそのまま不静定構造物のそのものになる．

読者が注意しなければならないことが 2 つある．1 つは，上述の式は左から x をとって求めた場合を基本としているので，もし仮に読者が右から x をとって計算した場合は，せん断力とたわみ角は逆符号になることを忘れてはならない．なぜならせん断力は，左から x をとった場合と右から x をとった場合と符号の＋の定義が逆であること，また図 8.20 でわかるように，x 軸がそれぞれの場合で逆方向なので，当然その傾き（たわみ角）は符号が逆になって算出されるからである．もう 1 つは，せん断力を反力に置き換えるような場合に，せん断力の符号と反力が必ずしもいつも同じ関係とは限らないことをよくつかんでおかねばならない．例題にこれを示すので注意されたい．

積分定数を求めるための境界条件と連続条件を表 8.1 にまとめる．

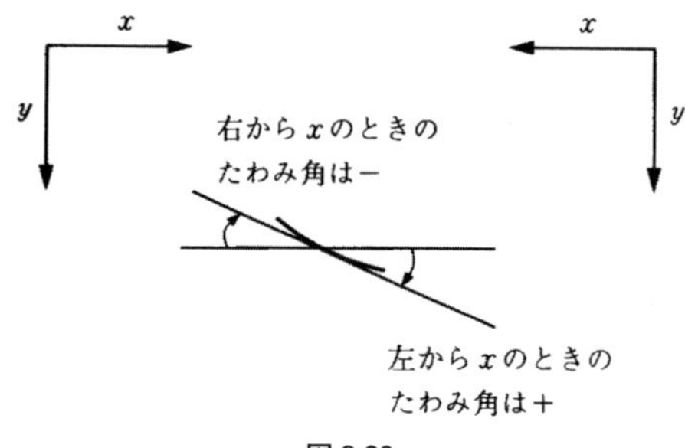

図 8.20

表 8.1　支持状態における境界条件，連続条件

単純支持端	$y=y''=0$（単純支持端にモーメント荷重が作用していない場合）
固　定　端	$y=y'=0$
自　由　端 ただし，集中荷重 P が作用しているときは （自由端が構造物の右側にある場合） $y''=0,\quad y'''=-\dfrac{P}{EI}$ （自由端が構造物の左側にある場合） $y''=0,\quad y'''=\dfrac{P}{EI}$	$y''=y'''=0$
集中荷重 P の作用点 $y_l=y_r,\quad y_l'=y_r',\quad y_l''=y_r'',\quad y_l'''-y_r'''=-\dfrac{P}{EI}$	

計算例 5　図 8.21 に示すような不静定梁の A 点の曲げモーメント M_A と B 点の反力 R_B を求めなさい．ただし，全部材 EI を一定とする．

解　まず左から x をとってみよう．$q_x=q$ なので式（8.5）に代入して，積分を行う．題意から

$$EIy''''=q$$

$$EIy'''=qx+C_1$$

$$EIy''=\frac{qx^2}{2}+C_1x+C_2$$

$$EIy'=\frac{qx^3}{6}+\frac{C_1x^2}{2}+C_2x+C_3$$

$$EIy=\frac{qx^4}{24}+\frac{C_1x^3}{6}+\frac{C_2x^2}{2}+C_3x+C_4$$

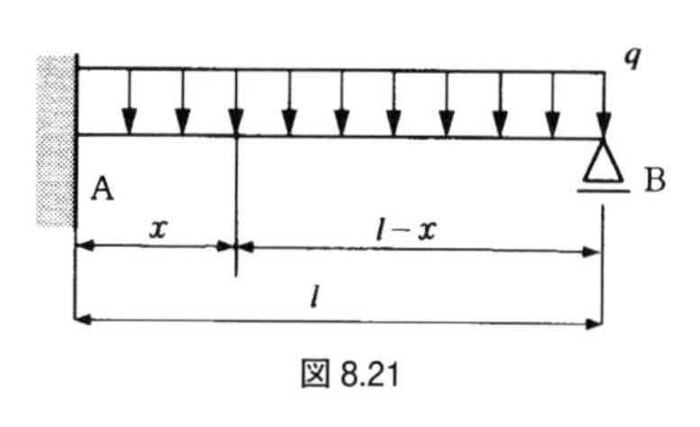

図 8.21

境界条件として，表 8.1 から $x=0$ で $y'=y=0$，$x=l$ で $y''=y=0$ なので，それぞれ上式に代入すると $C_1\sim C_4$ が求まる．

$$C_1=-5ql/8,\qquad C_2=ql^2/8,\qquad C_3=C_4=0$$

したがって A 点の曲げモーメントは，$M_A=\{-EIy''\}_{x=0}=-ql^2/8$．B 点の反力は，$R_B=-S_{x=1}=\{EIy'''\}_{x=1}=3ql/8$．

別解　①〜④のそれぞれの解法について概略を述べる．

① 左から x をとって，右から考えた曲げモーメント $M_x=-q(l-x)^2/2+R_B(l-x)$ を式（8.8）に代入し積分する．

② 左から x をとって固定端の反力をそれぞれ M_A，R_A とおいて，$M_x=M_A+R_Ax-qx^2/2$ を式（8.8）に代入して積分して解いてもよい．

③ 右から x をとってみよう．

$$EIy''''=q$$

$$EIy'''=qx+D_1$$

$$EIy''=\frac{qx^2}{2}+D_1x+D_2$$

$$EIy'=\frac{qx^3}{6}+\frac{D_1x^2}{2}+D_2x+D_3$$

$$EIy=\frac{qx^4}{24}+\frac{D_1x^3}{6}+\frac{D_2x^2}{2}+D_3x+D_4$$

同様に境界条件から $D_1=-3ql/8$，$D_3=ql^3/48$，$D_2=D_4=0$．A 点の曲げモーメントは，$M_A=\{-EIy''\}_{x=l}=-ql^2/8$ で同じ答えになるが，B 点の反力は，$R_B=-S_{x=0}=\{EIy'''\}_{x=0}=-3ql/8$ となってしまう．したがって，前述したように右から x をとった場合は，せん断力やたわみ角は逆符号になるので注意されたい．

④ 同じく右から x をとって単純に $M_x=R_Bx-qx^2/2$ とする．たわみ角は逆符号であるが R_B 自体を求めることができる．

■参考文献

1) 吉田　博：構造力学演習［不静定編］，森北出版，1980.
2) 宮原良夫・高端宏直：構造力学（2），コロナ社，1973.
3) 畑中元弘・高端宏直：応用力学（II），彰国社，1970.
4) 望月　重：構造力学 II，学献社，1965.
5) 崎元達郎：構造力学［下］，森北出版，1993.
6) 平嶋政治・宮原　玄：不静定構造物の解法，森北出版，1993.
7) 宮本　裕他：構造工学の基礎と応用（第 4 版），技報堂出版，2016.
8) 小松定夫：構造解析学演習 II，丸善，1984.
9) 酒井忠明：構造力学，技報堂出版，1970.

第9章　エネルギー法

9.1　ひずみエネルギー

(1)　外力仕事[3)]

外力が作用すると，弾性体はひずみを生じさせながら変形する．それは，変形することにより外力は仕事をして，その仕事量がそのまま弾性体内に「ひずみエネルギー」(strain energy) として蓄積されることを意味する．したがって，外力を取り去れば蓄積されたひずみエネルギーは解放されて，弾性体は元の形に戻るのである．

それでは外力仕事 (external work) を求めてみよう．図9.1の (a) に示すような，上部が固定されている弾性体の長さ l の棒を考える．荷重 P のもとでその棒は変位 u を生じて釣合っているとする．ちょうど長さ l のばねにおもり (P) を吊り下げ，変位 u を生じて釣合ったと思ってもらいたい．ばねはおもりを載せた段階で徐々に変位を生じていくことがわかると思う．弾性体であるから図9.1

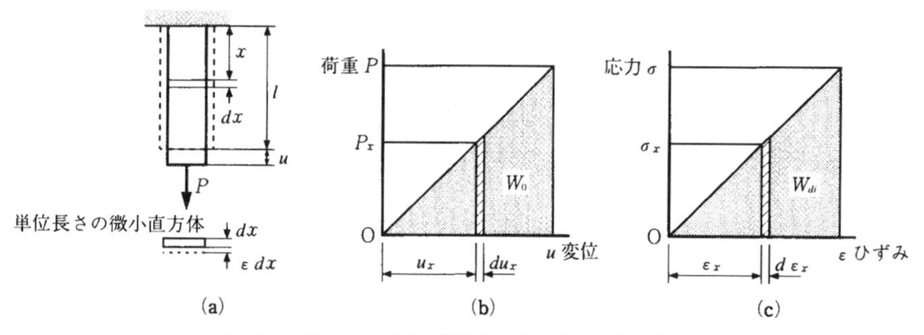

図9.1　軸力 P を受ける弾性体の外力仕事と内力仕事

(b) のように，荷重 P と変位 u は直線的比例関係にある．すなわち荷重 P は 0 ～ P_x ～ P と変化していくと，それとともに変位 u も 0 ～ u_x ～ u と変化していく．同様に図 9.1（c）のように応力 σ とひずみ ε も直線的比例関係にある．

外力仕事 W_o は

$$W_o = \int_0^u P_x du_x = \int_0^u \frac{u_x}{u} P du_x = \frac{P}{u}\left[\frac{1}{2}u_x^2\right]_0^u = \underline{\frac{1}{2}Pu} \tag{9.1}$$

となる．ここで注意しなければならないのは，外力仕事 W_o は $P \times u \times 1/2$（外力×外力の作用方向の変位× 1/2）になっていることである．弾性体に荷重 P が変位によって変化して作用するような場合は，変化しない場合に比べて半分になる．同様に考えると，モーメント M が作用して，その方向に角度 θ 変位すると，外力仕事 W_o は

$$\underline{W_o = \frac{1}{2}M\theta} \tag{9.2}$$

となる．

（2） 内力仕事[3)]

外力仕事 W_o が，そのまま物体内のひずみエネルギーとして蓄積される．その内部に蓄積されるひずみエネルギーを「内力仕事」(internal work) という．内力仕事には，代表的な下記の 3 つがある[3)]．

① 軸方向力による（垂直応力度）ひずみエネルギー W_n

② 曲げモーメントによる（曲げ応力度）ひずみエネルギー W_m

③ せん断力による（せん断応力度）ひずみエネルギー W_s

それぞれについて説明していこう．

a. 軸方向力による（垂直応力度）ひずみエネルギー W_n[3)]

図 9.1 の（c）に示すように，弾性体に蓄えられる単位体積当りのひずみエネルギー W_{di} は，応力がひずみに対しなす仕事で計算されるので，$\sigma = E\varepsilon$ の関係を用いて

$$W_{di} = \int_0^\varepsilon \sigma_x d\varepsilon_x = E\int_0^\varepsilon \varepsilon_x d\varepsilon_x = \frac{E\varepsilon^2}{2} = \frac{\sigma\varepsilon}{2} \tag{9.3}$$

この値は図 9.1 の（c）の下の三角形の面積 W_{di} を意味している．

棒全体の軸方向力を受けるひずみエネルギー W_n は

$$W_n = \int_V W_{di} dV = \int_0^l \left(\frac{\sigma\varepsilon}{2} \int dA \right) dx = \underline{\int_0^l \frac{N_x{}^2}{2EA} dx} \tag{9.4}$$

図9.1の(a)の例のように，直線部材で断面積Aが一定なら，$\sigma=N/A$, $\varepsilon=N(EA)$で

$$\underline{W_n = \frac{N^2 l}{2EA} \left(= \frac{\sigma^2 Al}{2E} \right)} \tag{9.5}$$

ただし，軸方向力$N=P$とする．トラスもこの式（9.5）を使用する．

b. 曲げモーメントによる（曲げ応力度）ひずみエネルギー W_m [3)]

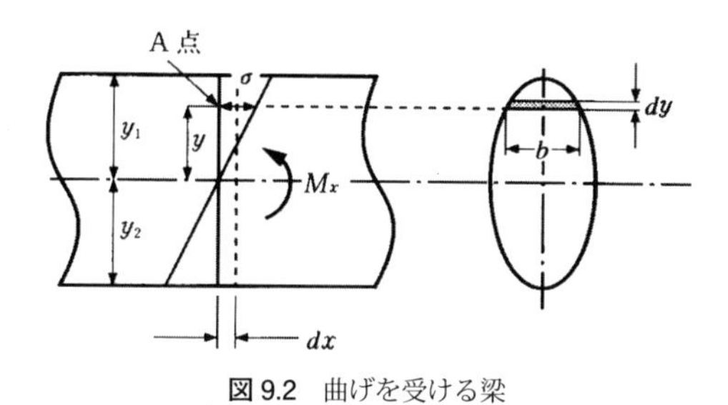

図9.2　曲げを受ける梁

図9.2に示すように，曲げ応力を生じている長さlの梁の一部で中立軸から距離yのA点の応力をσとする．微小区間dxを考え，A点の変位をΔdxとすると，$\sigma=E\varepsilon$の関係から$\Delta dx=\sigma/Edx$となる．$\sigma=M_x y/I$から微小断面bdyのひずみエネルギーは

$$\frac{1}{2}(\sigma bdy)\,\Delta dx = \frac{1}{2}\left(\frac{M_x}{I} y\right)(bdy)\left(\frac{\sigma}{E} dx\right)$$

区間dxでは

$$dW_m = \frac{1}{2} \frac{M_x{}^2}{I^2 E} dx \int_{-y_1}^{y_2} by^2 dy = \frac{M_x{}^2}{2EI}$$

全区間については

$$\underline{W_m = \int_0^l \frac{M_x{}^2}{2EI} dx} \tag{9.6}$$

（別解）上述と同じことであるが，式（9.4）を用いても簡単に導くことができる[5)]．式（9.2）の$dV=dA \cdot dx$，$\sigma=M_x y/I$，$\varepsilon=M_x y/(EI)$

$$W_m = \frac{1}{2} \iint \left(\frac{M_x y}{I}\right)\left(\frac{M_x y}{EI}\right) dA \cdot dx = \frac{1}{2} \int_0^l \frac{M_x{}^2}{EI^2} \left(\int y^2 dA\right) dx$$

$$= \int_0^l \frac{M_x{}^2}{2EI} dx$$

c. せん断力による（せん断応力度）ひずみエネルギー W_s[2),3)]

図 9.3 に示すように微小要素の 2 つの面に生じる τdA の仕事は，γ をせん断ひずみとすると，変位は γdy で表わされるから

$$dW_s = \frac{1}{2}\tau dA\gamma dy = \frac{1}{2}\tau b_y dx \frac{\tau}{G} dy$$

$\tau = S_x Q_y / b_y I$ から

$$dW_s = \frac{\tau^2 b_y dxdy}{2G} = \frac{S_x{}^2 Q_y{}^2}{2GI^2 by} dxdy$$

ただし，τ はせん断応力，S_x はせん断力，G はせん断弾性係数，Q_y は上端から y までの断面の中立軸に関する断面一次モーメントとする．したがって

$$W_s = \int_l \int_A \frac{S_x{}^2 Q_y{}^2}{2GI^2 b_y} dxdy$$

となる．

$$k = A\int_A \frac{Q_y{}^2}{I^2 b_y} dy$$

とおけば

$$\underline{W_s = k\int_0^l \frac{S_x{}^2}{2AG} dx} \qquad (9.7)$$

ただし，k は定数，A は断面積とする．

k はその定義上，断面形状によって決定される定数である．k を図 9.4 に示す長方形断面について計算してみよう．

$$k = A\int_A \frac{Q_y{}^2}{I^2 b_y} dy$$

において

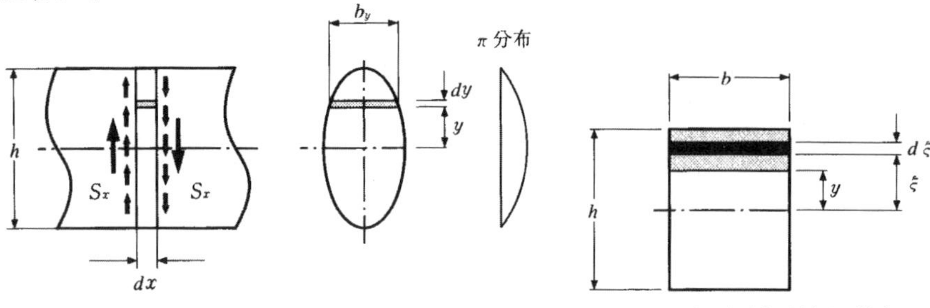

図 9.3　せん断力を受ける梁　　図 9.4　梁が長方形断面の場合

$$A = bh, \qquad I = \frac{bh^3}{12}, \qquad b_y = b\text{（一定）}$$

$$Q_y = \int_y^{h/2} bd\xi \cdot \xi = \frac{b}{2}\left(\frac{h^2}{4} - y^2\right)$$

を代入して k を計算すると

$$k = bh\int_{-h/2}^{h/2} \frac{\left\{b\left(h^2/4 - y^2\right)/2\right\}^2}{\left\{bh^3/12\right\}^2 \cdot b} dy = 1.20$$

k は長方形断面では 1.20，円形断面では 1.19 になる．

(3)　外力仕事と内力仕事[3)]

前述したように外力が作用すると弾性体は，ひずみを生じさせながら変形する．そして，変形することにより外力は仕事をして，その仕事量がそのまま弾性体内にひずみエネルギー（内力仕事）として蓄積されることを意味する．すなわち，外力仕事と内力仕事は等しい関係にあることがわかる．

外力仕事は下記の式で表わされた．

$$W_o = \frac{1}{2}\left(\sum P \cdot \delta + \sum M \cdot \theta\right) \tag{9.8}$$

内力仕事（ひずみエネルギー）は

$$W_i = \sum W_n + \sum W_m + \sum W_s \tag{9.9}$$

ただし

トラス　　梁（W_s は実用上無視することが多い）

$$W_n = \int_0^l \frac{N_x^{\ 2}}{2EA} dx \qquad W_m = \int_0^l \frac{M_x^{\ 2}}{2EI} dx, \qquad W_s = k\int_0^l \frac{S_x^{\ 2}}{2GA} dx$$

W_n は，トラスの各部材が直線部材で断面積が部材長間で変化しなければ，**(2) a.** で述べたように式 (9.5) を使用する．

$W_o = W_i$ から

$$\underline{\frac{1}{2}\left(\sum P \cdot \delta + \sum M \cdot \theta\right) = \sum W_n + \sum W_m + \sum W_s} \tag{9.10}$$

計算例 1　図 9.5 に示す張出し梁の C 点のたわみを，外力仕事と内力仕事が等しいことから求めなさい．ただし，内力仕事ではせん断力の影響は無視すること．

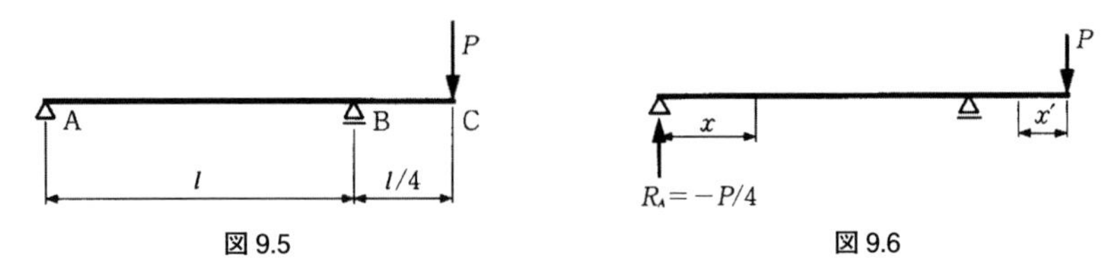

図 9.5　　　図 9.6

解　図 9.6 から

$$M_x = -\frac{P}{4}x \qquad (0 \leqq x \leqq l)$$

$$M_{x'} = -Px' \qquad (0 \leqq x' \leqq l/4)$$

曲げモーメントによる内力仕事 W_m は式（9.6）に代入し

$$W_m = \int \frac{{M_x}^2}{2EI}dx = \frac{1}{2EI}\int_0^l \left(-\frac{P}{4}x\right)^2 dx + \frac{1}{2EI}\int_0^{l/4}\left(-Px'\right)^2 dx'$$

$$= \frac{5P^2l^3}{384EI}$$

となる．また式（9.1）から，外力仕事は $W_o = P\delta/2$ となる．式（9.10）から $W_o = W_i$（$= W_m$）なので

$$\frac{P\delta}{2} = \frac{5P^2l^3}{384EI}$$

となる．

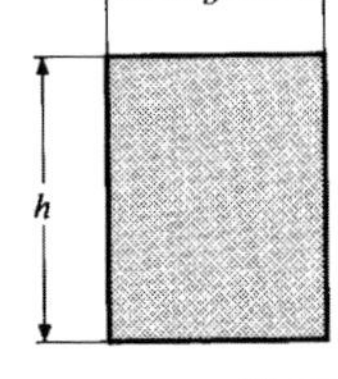

図 9.7

$$\therefore \delta = \frac{5Pl^3}{192EI}$$

せん断力の影響を無視したが，試みに図 9.7 の断面でその影響を考慮すると

$$S_x = -\frac{P}{4} \qquad (0 \leqq x \leqq l)$$

$$S_{x'} = P \qquad (0 \leqq x' \leqq l/4)$$

から，せん断力による内力仕事 W_s は式（9.7）に代入して

$$W_s = \int \frac{{S_x}^2}{2AG}dx = \frac{k}{2AG}\int_0^l \left(-\frac{P}{4}\right)^2 dx + \frac{k}{2AG}\int_0^{l/4} P^2 dx'$$

長方形断面なので，$k = 1.2$

$$W_s = \frac{1.2P^2 l}{32AG} + \frac{1.2P^2 l}{8AG} = \frac{3P^2 l}{16AG}$$

したがって，内力仕事 W_i は

$$W_i = W_m + W_s = \frac{5P^2 l^3}{384EI} + \frac{3P^2 l}{16AG}$$

となる．

前と同様に，式（9.10）から $W_o = W_i$ なので

$$\delta = \frac{5Pl^3}{192EI} + \frac{3Pl}{8AG} = \frac{1}{G}\left(\frac{5Pl^3}{192(E/G)\cdot bh^3/12} + \frac{3Pl}{8\cdot bh}\right)$$

$E/G = 2.6$ とすると

$$\delta = \frac{5Pl}{41.6\cdot G\cdot bh}\left\{\left(\frac{l}{h}\right)^2 + 3.12\right\}$$

となる．

したがって，$l/h = 10$ と仮定すると，たわみに対するせん断力の影響は3.12％にすぎない．通常，梁の場合はせん断力の影響は無視している．

計算例2　図9.8に示す円形断面棒に圧縮荷重 P が作用している．ひずみエネルギーを求めなさい[8)]．

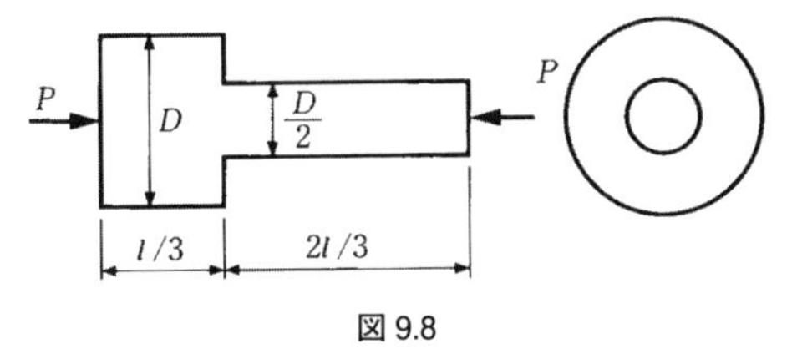

図9.8

解　この問題は軸方向力によるひずみエネルギー W_n を求めればよい．長さ l と断面積 A が一定のまま変化しているので式（9.4）は

$$W_n = \frac{1}{2}\frac{N^2}{E}\sum\frac{l}{A}$$

$$W_n = \frac{1}{2}\frac{N^2}{E}\sum\frac{l}{A} = \frac{1}{2}\frac{P^2}{E}\left(\frac{l/3}{\pi D^2/4} + \frac{2l/3}{\pi D^2/16}\right)$$

$$= \frac{6P^2 l}{E\pi D^2}$$

となる．

9.2 仮想仕事の原理

(1) 仮想変位と仮想仕事の原理

a. 剛体における外力の仮想仕事 [3),5)]

図 9.9 に示すように，$P_1 \sim P_n$ 個の荷重を受けて剛体が釣合って静止している．この剛体の下方に，$P_1 \sim P_n$ 個の荷重とは無関係の仮想の変位 $\bar{\delta}$ が与えられたとする．この仮想変位 $\bar{\delta}$ は荷重の釣合いを乱さない程度の微小なものとする．

一般的に多くの荷重が作用しているときの仕事は，その合力のなす仕事に等しい．すなわち

$$W = \Sigma\left(P_i \cos\theta_i \cdot \bar{\delta}\right) = \bar{\delta} \cdot \Sigma\left(P_i \cos\theta_i\right)$$
$$= \bar{\delta} \cdot R\cos\theta = 0$$

ただし，θ は合力の変位方向への角度であり，釣合っているので $R=0$.

このように剛体（rigid body）にいくつかの荷重が作用し釣合っている場合に，与えられた仮想変位によって荷重のなす仕事を「仮想仕事」（virtual work）といい，その代数和は 0 でなければならない．これを剛体における「仮想変位の原理」（principle of virtual work）という．

b. 弾性体における仮想仕事

弾性体は，剛体のときと違って仮想変位を作用させると，外力が仕事するだけでなく内力も仕事をする．わかりやすい例として，図 9.10 に示すように，すでに荷重 P で静止しているばねに仮想変位を作用させると，荷重（外力）は仕事をする．またばねは，伸びがさらに加えられ，内部においての抵抗力，すなわち

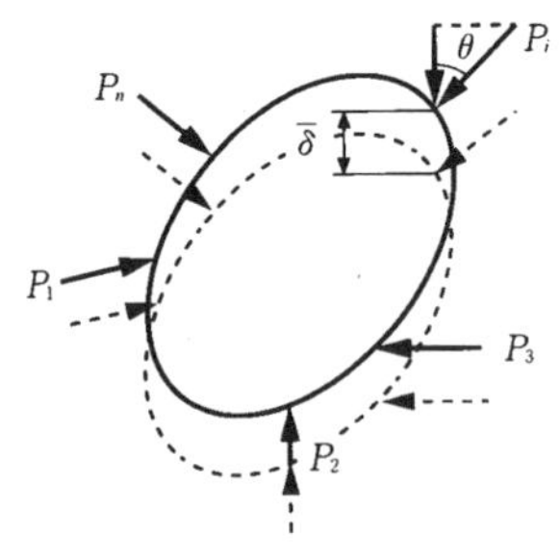

図 9.9　剛体における仮想仕事

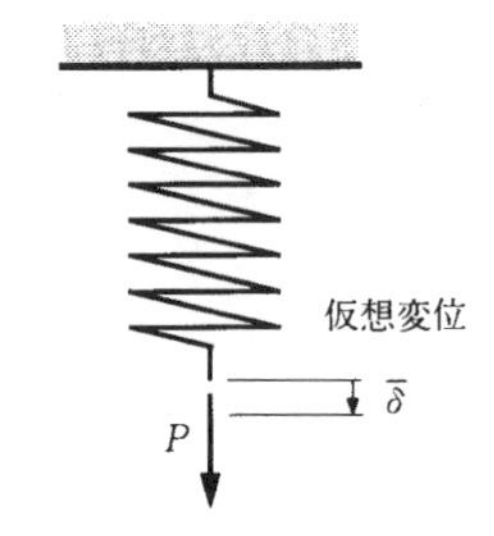

図 9.10　弾性体における仮想仕事

内力が仕事をすることになる．もちろんエネルギー保存の法則からいって外力仕事と内力仕事が等しいことは，この場合でも成り立つ[5),6)]．

i）外力のなす仮想仕事

梁のような弾性体に荷重が載荷されて釣合っているとする．反力も生じている．そのような梁に仮想変位を与えたとする．それにより荷重や反力の作用点に変位を生じるならば，それらすべての仕事の和が外力のなす仮想仕事となる．荷重 P の作用点での作用方向の仮想変位を $\bar{\delta}$，反力 R の作用点（支点）での作用方向の仮想変位を $\bar{r}$ とすると，外力が仮想変位を与えてもその値を変化させないと仮定するならば，外力のなす仮想仕事 W_o は

$$W_o = \sum P\bar{\delta} + \sum R\bar{r} \tag{9.11}$$

外力が変位の間で変化しない場合なので，1/2はつかないことに注意する．

ii）内力による仮想仕事[4)]

図9.11のように弾性体から微小要素（$dx \times dy \times dz$）を取り出して，それぞれの面に垂直応力 σ とせん断応力 τ が生じているとする．ここで，仮想変形による垂直ひずみをそれぞれ $\bar{\varepsilon}_x \sim \bar{\varepsilon}_z$，せん断ひずみを $\bar{\gamma}_{xy} \sim \bar{\gamma}_{zx}$ とすると，σ_x のなす仮想仕事は（$\sigma_x dydz$）・（$\bar{\varepsilon}_x dx$）となる．

τ_{xy} のなす仮想仕事は（$\tau_{xy} dydz$）・（$\gamma_{xy} \overline{dx}$）であり，微小要素全体の内部仮想仕事は，すべての応力に対して計算して和をとると

$$\begin{aligned} dW_i &= \left(\sigma_x \bar{\varepsilon}_x + \sigma_y \bar{\varepsilon}_y + \sigma_z \bar{\varepsilon}_z + \tau_{xy} \bar{\gamma}_{xy} + \tau_{yz} \bar{\gamma}_{yz} + \tau_{zx} \bar{\gamma}_{zx}\right) dxdydz \\ &= \left(\sigma \bar{\varepsilon} + \tau \bar{\gamma}\right) dV \end{aligned}$$

全弾性体の内部仮想仕事は，V を弾性体の全体積とすると

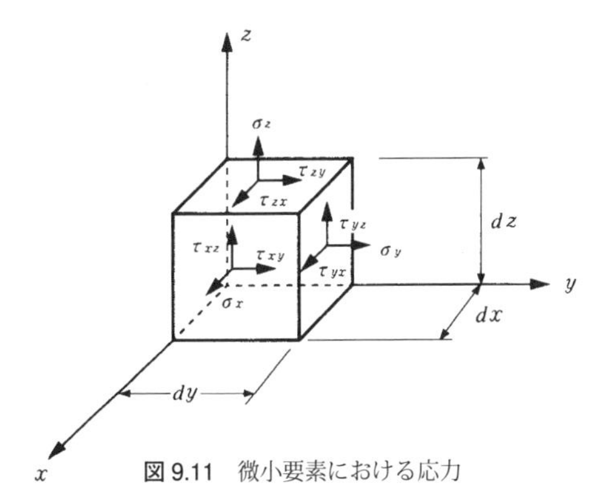

図9.11　微小要素における応力

$$W_i = \int_V \left(\sigma\bar{\varepsilon} + \tau\bar{\gamma}\right) dV \tag{9.12}$$

iii） 仮想仕事の原理 [2),3),5)]

エネルギー保存の法則から，外力（反力を含めて）が仮想変位に対してなす仮想仕事は，内力すなわち断面力（応力）の仮想の変形に対してなす仮想仕事に等しい．したがって $W_o = \sum R\bar{r}\ W_i$ になり，式（9.11）と式（9.12）を使うと

$$\sum P\bar{\delta} + \sum R\bar{r} = \int_V \left(\sigma\bar{\varepsilon} + \tau\bar{\gamma}\right) dV \tag{9.13}$$

ただし，P は実際の荷重，R は実際の反力，σ，τ はそれらによって生じる応力であり，仮想変位 $\bar{\delta}$，$\bar{r}$，そして仮想ひずみ $\bar{\varepsilon}$，$\bar{\gamma}$ とは独立している．

式（9.13）は仮想変位の原理を弾性体に拡張したもので，「仮想仕事の原理」と呼ばれている．

また，仮想変位ではなく仮想荷重についても，式（9.13）に対応して次式が成り立つ．すなわち，実際の荷重状態での変位 δ，γ そしてひずみ ε，γ と仮想の荷重 $\bar{P}$，仮想の反力 $\bar{R}$，仮想の反力や荷重によって生じる $\bar{\sigma}$，$\bar{\tau}$ との間では

$$\sum \bar{P}\delta + \sum \bar{R}r = \int_V \left(\bar{\sigma}\varepsilon + \bar{\tau}\gamma\right) dV \tag{9.14}$$

式（9.14）は仮想外力が実際の変位に対しなす仮想仕事は，仮想外力によって生じる仮想の断面力（応力）が実際の変形に対してなす仕事と等しいことを意味する．

iv） 仮想仕事の原理の応用

A．トラスのような軸方向応力を生じる構造物について

実際の軸方向応力を σ とし，仮想ひずみを ε とすると，$\sigma = N/A$，$\bar{\varepsilon} = \bar{N}/EA$ から式（9.13）により [4)]

$$\sum P\bar{\delta} + \sum R\bar{r} = \int_V \sigma\bar{\varepsilon} dV = \iiint \left(\frac{N}{A}\right)\left(\frac{\bar{N}}{AE}\right) dxdydz$$

$dy \cdot dz = dA$ から

$$= \int \left(\frac{N}{A}\right)\left(\frac{\bar{N}}{AE}\right) dx \int dA = \int \frac{N\bar{N}}{AE} dx \tag{9.15}$$

同様に式（9.14）により，仮想変位ではなくて仮想荷重について求めると

$$\sum \bar{P}_\delta + \sum \bar{R}r = \int \frac{\bar{N}N}{AE} dx \tag{9.16}$$

これ以下については重複するので，仮想荷重による仮想仕事の原理の基本式だけを誘導する[3),4)].

断面積 A が一定で，部材が直線，その長さを s とすると

$$\sum \overline{P}\delta + \sum \overline{R}r = \sum \frac{N\overline{N}}{AE}s \tag{9.17}$$

$\rho = s/AE$ とおいて，支点変位がない場合は

$$\sum \overline{P}\delta = \sum N\overline{N}\rho \tag{9.18}$$

次に温度変化 t_g を伴う場合には実際のひずみは，温度による膨張ひずみ ε_T が生じる．

$$\varepsilon_T = \frac{\Delta s}{s} = \frac{\alpha t_g s}{s} = \alpha t_g \qquad (\alpha\text{: 線膨張係数})$$

式（9.14）から $dydz = dA$ とおくと，$\int dA = A$ だから

$$\sum \overline{P}\delta + \sum \overline{R}r = \iiint \left(\frac{\overline{N}}{A}\right)(\alpha t_g)dxdydz = \int \overline{N}\alpha t_g dx \tag{9.19}$$

部材の長さ方向で断面積 A が一定，部材が直線とすると

$$\sum \overline{P}\delta + \sum \overline{R}r = \sum \alpha t_g \overline{N}s \tag{9.20}$$

式（9.7）と式（9.20）からトラスでは，部材の長さ方向で断面積 A が一定で部材が直線とすると

$$\underline{\sum \bar{P}\delta + \sum \bar{R}r = \sum \frac{N\bar{N}}{EA}s + \sum \alpha t_g \bar{N}s} \tag{9.21}$$

ここに，P：仮想荷重，R，N：仮想荷重による軸力，反力，N：実際の荷重による軸力，γ：実際の支点変位，α：線膨張係数，t_g：温度変化，s：トラスの各部材長

トラスのたわみを求める方法は，支点変位や温度変化がないものとすると，式(9.18) から①～③の順序で求められる(図 9.12).

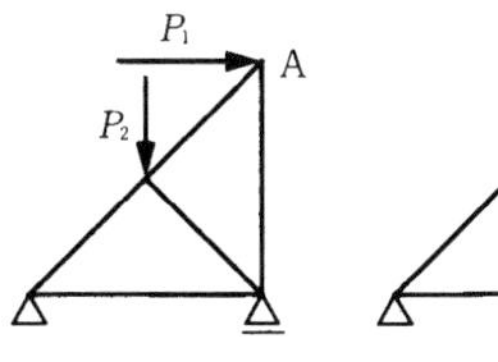

(a) 各部材力 N　(b) 各部材力 $\overline{N}$

図 9.12　A 点の垂直変位を求める場合

① 実際の荷重による全部材の部材力 N を求める.

② 節点に変位を求めたい方向に $\overline{P} = 1$ を載荷する．このときは実荷重は載荷

しない．この $\overline{P}=1$ による全部材の部材力 $\overline{N}$ を求める．

③　式（9.18）から $\overline{P}=1$ なので

$$1\cdot\delta=\sum N\overline{N}\rho \tag{9.22}$$

になる．代入して変位量 δ が求まる．

B. 梁

一般的に梁は曲げモーメントやせん断力を受けている．そこで，最初に曲げを受ける梁の仮想仕事の式を誘導しよう [4]．

曲げ応力のみを考える場合についての $\overline{\sigma}=\overline{M}y/I$，$\varepsilon=My/EI(\because\sigma=E\varepsilon)$，$dA=dydz$ を式（9.14）に代入すると，$\int y^2dA=I$ なので

$$\sum\overline{P}\delta+\sum\overline{R}r=\iiint\left(\frac{\overline{M}}{I}y\right)\left(\frac{M}{EI}y\right)dxdydz$$

$$=\int\frac{M\overline{M}}{EI^2}dx\int y^2dA=\int\frac{M\overline{M}}{EI}dx \tag{9.23}$$

式（9.23）は，$\overline{P}$ の代わりに仮想曲げモーメント $\overline{M}$，実際のたわみ角を θ とすると，次式で表わされる．

$$\sum\overline{M}\theta+\sum\overline{R}r=\int\frac{M\overline{M}}{EI}dx \tag{9.24}$$

次に，部材の断面下縁と上縁との温度差 Δt を生じるときは，仮想荷重によって生じている仮想曲げモーメントも仕事をする．$d\theta=\alpha\Delta t/hdx$ なので [2]

$$\sum\overline{P}\delta+\sum\overline{R}r=\int\overline{M}d\theta=\int\overline{M}\alpha\Delta t/hdx \tag{9.25}$$

ただし，h は断面の高さ，α は線膨張係数とする．

次に，せん断力の仮想仕事の式を求めてみる．式（9.14）から

$$\sum\overline{P}\delta+\sum\overline{R}r=\int\overline{\tau}\gamma dxdydz$$

図 9.13 に示すように

$$\overline{\tau}=\frac{\overline{S}Q_y}{b_yI},\qquad\gamma=\frac{\tau}{G}=\frac{SQ_y}{Gb_yI}$$

を代入すると

$$\sum\overline{P}\delta+\sum\overline{R}r=\iiint\frac{S\overline{S}{Q_y}^2}{GI^2{b_y}^2}dxdydz$$

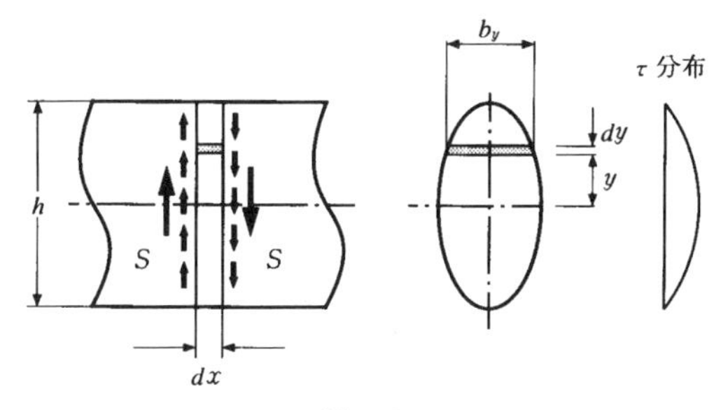

図 9.13

$$k = A\iint \frac{Q_y{}^2}{I^2 b_y{}^2}\,dydz \left(= \int_A \frac{Q_y{}^2}{I^2 b_y{}^2}\,dy \right)$$

とおけば

$$\Sigma \overline{P}\delta + \Sigma \overline{R}r = k\int \frac{S\overline{S}}{AG}\,dx \tag{9.26}$$

ただし，k は定数，A は断面積，τ はせん断応力，S_x はせん断力，G はせん断弾性係数，Q_y は上縁から y までの断面の中立軸に関する断面一次モーメントとする．k の値は 9.1 の（2）を参照のこと．

以上のことから，梁においての仮想仕事の原理の式は，前述 A．で扱ったような軸方向力や温度変化も含めると [1),2)]

$$\Sigma \overline{P}\delta + \Sigma \overline{R}r = \int \frac{N\overline{N}}{EA}\,dx + \int \frac{M\overline{M}}{EI}\,dx + k\int \frac{S\overline{S}}{GA}\,dx + \int \overline{N}\alpha t_g\,dx + \int \overline{M}\alpha \frac{\Delta t}{h}\,dx \tag{9.27}$$

ここで，$\overline{P}$：仮想荷重，$\overline{N}$，$\overline{M}$，$\overline{S}$：仮想荷重による軸力，曲げモーメント，せん断力，N，M，S：実際の荷重による軸力，曲げモーメント，せん断力，t_g：断面の図心における温度変化，Δt：断面下縁と上縁との温度差，α：線膨張係数．

梁のたわみを求める方法は，支点変位はないものとし，曲げモーメントの影響

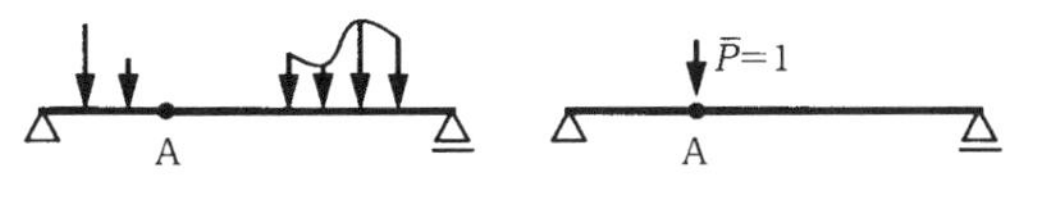

（a）曲げモーメント M　（b）曲げモーメント $\overline{M}$

図 9.14　A 点のたわみを求める場合

のみ考慮すると，式（9.23）や式（9.24）から①～③の順序で求められる（図 9.14）．

① 実際の荷重による梁の曲げモーメント M を求める．

② 梁の変位を求めたい方向に $\overline{P}=1$ を載荷する．このとき実荷重は載荷しない．このの $\overline{P}=1$ による梁の曲げモーメント $\overline{M}$ を求める．

③ 式（9.22）から $\overline{P}=1$ なので

$$1\cdot\delta=\int\frac{M\overline{M}}{EI}dx \qquad (9.28)$$

になり，$\overline{M}$，M のそれぞれに代入して積分すればたわみ δ が求まる．

たわみ角を求めたいときは，求めたいところに $\overline{P}=1$ の代わりに時計向きに $\overline{M}=1$ の仮想曲げモーメントを作用させて，たわみを求めるのと同じように式(9.28)で計算すれば，δ がそのままたわみ角となる．

ここで，式（9.23）の $\int M\overline{M}/(EI)dx$ の積分計算は，それぞれ M の曲げモーメント図，$\overline{M}$ の曲げモーメント図を描いて表 9.1 の積分公式を使うと便利である[1)]．

計算例 3 図 9.15 に示す片持梁の B 点のたわみ y_B，たわみ角 θ_B を仮想仕事の原理を適用して求めなさい．ただし，EI は一定とする．

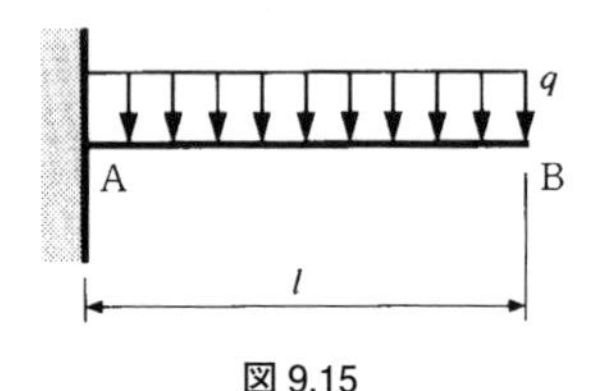

図 9.15

解 図 9.16 の（a）に示すように B 点から x をとり，実際の荷重による曲げモーメント M_x を求める．

$$M_x=-\frac{qx^2}{2} \qquad (0\leqq x\leqq l)$$

曲げモーメント図（M 図）は（b）となる．

また（c）のようにたわみを求めたい B 点に $\overline{P}=1$ を作用させる．その際たわみの定義から，B 点に下向きに作用させなければならない．

その仮想荷重 $\overline{P}$ による曲げモーメント $\overline{M}_x$ は

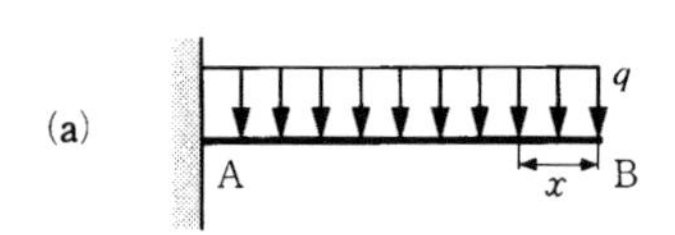

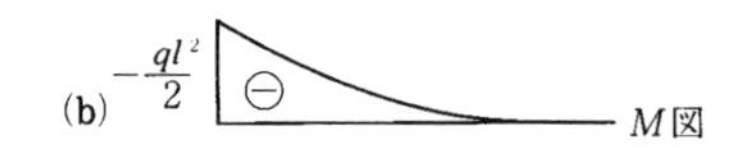

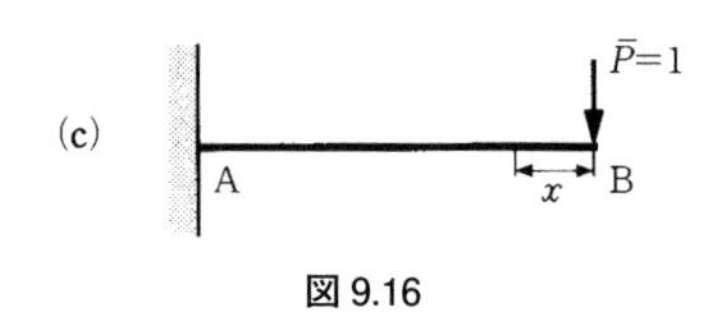

図 9.16

表 9.1　積分公式表 [1)]

① ①	$\eta_1^2 l$	② ⑦	$\eta_7(\eta_a+4\eta_b)\frac{l}{20}$	⑤ ⑤	$\eta_5^2\frac{l}{5}$
① ①′	$\eta_1\eta_1' l$	② ⑧	$\eta_8(7\eta_a+8\eta_b)\frac{2l}{45}$	⑤ ⑤′	$\eta_5\eta_5'\frac{l}{5}$
① ②	$\eta_1(\eta_a+\eta_b)\frac{l}{2}$	③ ③	$\eta_3^2\frac{l}{3}$	⑤ ⑥	$\eta_5\eta_6\frac{l}{5}$
① ③	$\eta_1\eta_3\frac{l}{2}$	③ ③′	$\eta_3\eta_3'\frac{l}{3}$	⑤ ⑦	$\eta_5\eta_7\frac{l}{6}$
① ④	$\eta_1\eta_4\frac{l}{2}$	③ ④	$\eta_3\eta_4\frac{(l+a)}{6}$	⑤ ⑧	$\eta_5\eta_8\frac{2l}{9}$
① ⑤	$\eta_1\eta_5\frac{l}{3}$	③ ⑤	$\eta_3\eta_5\frac{l}{4}$	⑥ ⑥	$\eta_6^2\frac{8l}{15}$
① ⑥	$\eta_1\eta_6\frac{2l}{3}$	③ ⑥	$\eta_3\eta_6\frac{l}{3}$	⑥ ⑥′	$\eta_6\eta_6'\frac{8l}{15}$
① ⑦	$\eta_1\eta_7\frac{l}{4}$	③ ⑦	$\eta_3\eta_7\frac{l}{5}$	⑥ ⑦	$\eta_6\eta_7\frac{2l}{15}$
① ⑧	$\eta_1\eta_8\frac{2l}{3}$	③ ⑧	$\eta_3\eta_8\frac{16l}{45}$	⑥ ⑧	$\eta_6\eta_8\frac{8l}{15}$
② ②	$(\eta_a^2+\eta_a\eta_b+\eta_b^2)\frac{l}{3}$	④ ④	$\eta_4^2\frac{l}{3}$	⑦ ⑦	$\eta_7^2\frac{l}{7}$
② ②′	$[\eta_a(2\eta_a'+\eta_b')+\eta_b(2\eta_b'+\eta_a')]\ \frac{l}{6}$	④ ④′	$\eta_4\eta_4'\frac{l}{3}$	⑦ ⑦′	$\eta_7\eta_7'\frac{l}{7}$
② ③	$\eta_3(\eta_a+2\eta_b)\frac{l}{6}$	④ ⑤	$\eta_4\eta_5\frac{(l^2+al+a^2)}{12l}$	⑦ ⑧	$\eta_7\eta_8\frac{16l}{105}$
② ④	$\frac{\eta_4}{6}\ [\eta_a b+\eta_b a+l(\eta_a+\eta_b)]$	④ ⑥	$\eta_4\eta_6\frac{(l^2+ab)}{3l}$	⑧ ⑧	$\eta_8^2\frac{512l}{945}$
② ⑤	$\eta_5(\eta_a+3\eta_b)\frac{l}{12}$	④ ⑦	$\eta_4\eta_7\frac{(l+a)(l^2+a^2)}{20l^2}$	⑧ ⑧′	$\eta_8\eta_8'\frac{512l}{945}$
② ⑥	$\eta_6(\eta_a+\eta_b)\frac{l}{3}$	④ ⑧	$\eta_4\eta_8\frac{2(7l^2-3a^2)(l+a)}{45l^2}$	(＊)	$\frac{\eta_0\eta_3 l(l^2-a^2-b^2)}{6(l-a)(l-b)}$

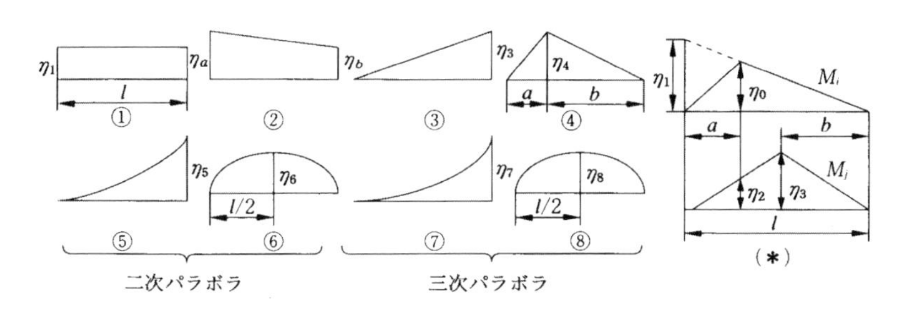

$$\overline{M}_x = -x \qquad (0 \leqq x \leqq l)$$

したがって，$\overline{M}$図は(d)になる．式(9.28)に代入してδを求めると

$$\delta = \int \frac{M\overline{M}}{EI} dx$$
$$= \frac{1}{EI}\int_0^l \left(-\frac{qx^2}{2}\right)(-x)dx$$
$$= \frac{ql^4}{8EI}$$

数学的にこの積分は，(e)に示す$M\overline{M}$図の面積がたわみになるということを意味する．

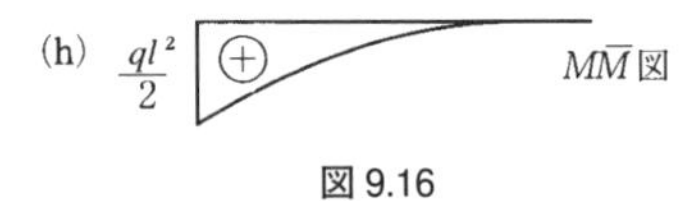

図 9.16

またこの積分は，M図と$\overline{M}$図を使って表9.1の積分公式表が便利である．表9.1をみると，M図は二次曲線なので⑤に相当し，$\overline{M}$図は③に相当している．そこで，さらに表の③⑤の項を参照すると

$$\delta = \left(\eta_3\eta_5\frac{l}{4}\right)\frac{1}{EI} = (-l)\left(-\frac{ql^2}{2}\right)\cdot\frac{l}{4}\left(\frac{1}{EI}\right) = \frac{ql^4}{8EI}$$

これから後の箇所でも$\int M_iM_j$の積分が多く出てくるので，表9.1を使えるようにしておきたい．次にB点のたわみ角θ_Bを求めよう．

図9.16の（f）のようにたわみ角を求めたいB点に時計方向に$\overline{M}=1$を作用させる．その仮想荷重による曲げモーメント$\overline{M}_x$は

$$\overline{M}_x = -1 \qquad (0 \leqq x \leqq l)$$

したがって，$\overline{M}$図は（g）になる．式（9.28）に代入してθを求めると

$$\theta_B = \int \frac{M\overline{M}}{EI} dx = \frac{1}{EI}\int_0^l \left(-\frac{qx^2}{2}\right)(-1)dx = \frac{ql^3}{6EI}$$

または，（h）に示される$M\overline{M}$図の面積を求めることであるから

$$\theta_B = \frac{1}{3}\frac{ql^2}{2}\cdot l\cdot\frac{1}{EI} = \frac{ql^3}{6EI}$$

または表9.1から求めてもよい．

計算例4　図9.17に示すトラスのB点のたわみδ_Bを仮想仕事の原理を使って求めなさい．ただし，$EA=5.0\times10^7$ Nで全部材一定とする．

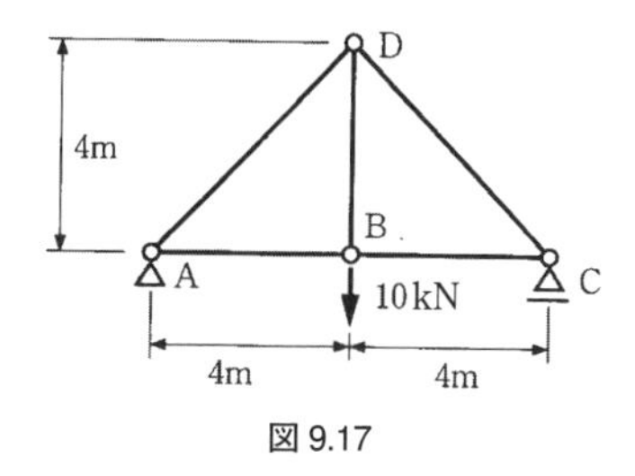

図9.17

解　図9.18の（a）に示すように，実際の荷重によるトラスの各部材力N（kN）を求める．（b）に示すように，次にたわみを求めたいB点に$\overline{P}=1$のみを載荷して各部材力$\overline{N}$を求める．表9.2にまとめる．

支点変位や温度変化がないので

$$\delta=\sum\frac{N\overline{N}}{EA}s$$

$$=\frac{\left(60+40\sqrt{2}\right)\times10^6}{5.0\times10^7}$$

$$=2.33\ (\text{mm})$$

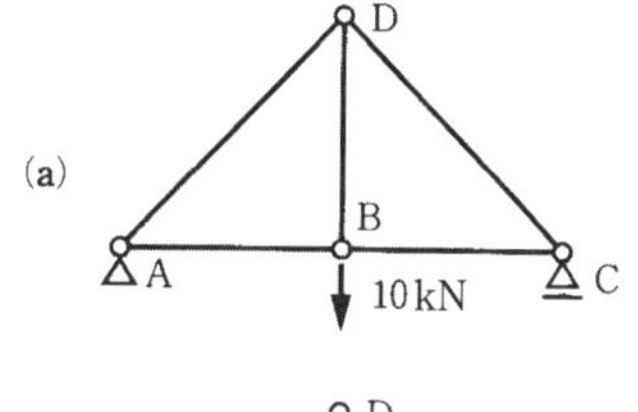

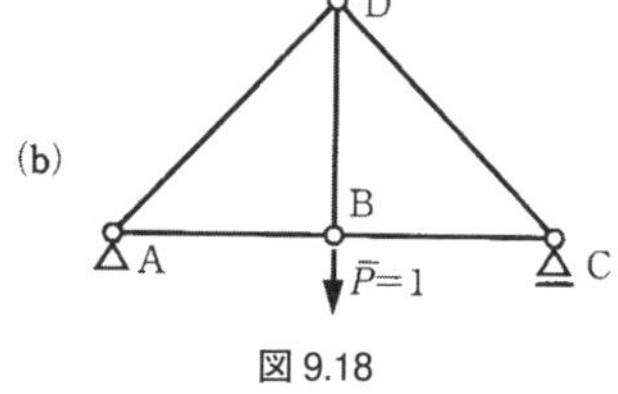

図9.18

表9.2

部材	N（kN）	$\overline{N}$（無次元）	s（m）	$N\overline{N}s$（kN・m）
AB	5	0.5	4	10
AD	$-5\sqrt{2}$	$-\sqrt{2}/2$	$4\sqrt{2}$	$20\sqrt{2}$
BD	10	1	4	40
CD	$-5\sqrt{2}$	$-\sqrt{2}/2$	$4\sqrt{2}$	$20\sqrt{2}$
CB	5	0.5	4	10

$\sum N\overline{N}s=60+40\sqrt{2}$

9.3 最小仕事の原理

(1) カスティリアノ（Castigliano）の定理[4)]

例として図9.19に示すような単純梁に，外力（$P_1 \sim P_n$）が作用しているとする．曲げモーメントM，せん断力S，軸力Nは重ね合せの定理から

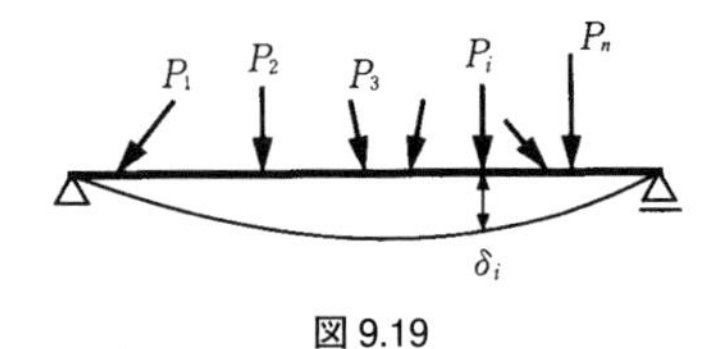

図9.19

$$\left.\begin{aligned} M &= M_1P_1 + M_2P_2 + \cdots\cdots + M_iP_i + \cdots\cdots + M_nP_n \\ S &= S_1P_1 + S_2P_2 + \cdots\cdots + S_i P_i + \cdots\cdots + P_n S_n \\ N &= N_1P_1 + N_2P_2 + \cdots\cdots + N_i P_i + \cdots\cdots + N_n P_n \end{aligned}\right\} \tag{9.29}$$

ただし，M_1，S_1，N_1はP_1=1を載荷したときの曲げモーメント，せん断力，軸力．以下同じように，P_2，M_2，S_2はP_2=1を載荷したときのそれぞれ，P_n，M_n，S_nはP_n=1を載荷したときのそれぞれを表わす．

式（9.29）のM，S，Nの各式をP_iに関して偏微分すると

$$\frac{\partial M}{\partial P_i} = M_i , \qquad \frac{\partial S}{\partial P_i} = S_i , \qquad \frac{\partial N}{\partial P_i} = N_i \tag{9.30}$$

曲げモーメント，せん断力，軸力の仮想仕事の式は式（9.27）で$\overline{P}=1$とすれば

$$1 \cdot \delta_i = \int \frac{M\overline{M}}{EI} dx + \int \frac{N\overline{N}}{EA} dx + k \int \frac{S\overline{S}}{AG} dx \tag{9.31}$$

上式の$\overline{M}$，$\overline{N}$，$\overline{S}$は仮想荷重$\overline{P}=1$による曲げモーメント，せん断力，軸力であるので，式（9.29）のM_i，N_i，S_iの定義の意味するところと同じになり

$$\overline{M} = M_i = \frac{\partial M}{\partial P_i} , \qquad \overline{S} = S_i = \frac{\partial S}{\partial P_i} , \qquad \overline{N} = N_i = \frac{\partial N}{\partial P_i} \tag{9.32}$$

式（9.32）を式（9.31）に代入すると

$$1 \cdot \delta_i = \int \left(\frac{\partial M}{\partial P_i} \right) \frac{M}{EI} dx + \int \left(\frac{\partial N}{\partial P_i} \right) \frac{N}{EA} dx + k \int \left(\frac{\partial S}{\partial P_i} \right) \frac{S}{AG} dx \tag{9.33}$$

また，式（9.9）のひずみエネルギーW_iをP_iに関して偏微分を行うと

$$\frac{\partial W_i}{\partial P_i} = \int \left(\frac{\partial M}{\partial P_i} \right) \frac{M}{EI} dx + \int \left(\frac{\partial N}{\partial P_i} \right) \frac{N}{EA} dx + k \int \left(\frac{\partial S}{\partial P_i} \right) \frac{S}{AG} dx \tag{9.34}$$

式（9.33）と式（9.34）から

$$\delta_i = \int \left(\frac{\partial M}{\partial P_i} \right) \frac{M}{EI} dx + \int \left(\frac{\partial N}{\partial P_i} \right) \frac{N}{EA} dx + k \int \left(\frac{\partial S}{\partial P_i} \right) \frac{S}{AG} dx$$
$$= \frac{\partial W_i}{\partial P_i} \qquad (9.35)$$

式（9.35）をカスティリアノの第二定理（Castigliano's second theorem）という．すなわちカスティリアノの第二定理は，ひずみエネルギーを力で偏微分すると，その力の作用している点のその力の方向の変位が求められることを意味している．

温度変化や支点変位の項も加えると，式（9.35）は同様に

$$\frac{\partial W_i}{\partial P_i} = \delta_i = \int \left(\frac{\partial M}{\partial P_i} \right) \frac{M}{EI} dx + \int \left(\frac{\partial N}{\partial P_i} \right) \frac{N}{EA} dx$$
$$+ k \int \left(\frac{\partial S}{\partial P_i} \right) \frac{S}{AG} dx + \int \left(\frac{\partial N}{\partial P_i} \right) \alpha t_g dx$$
$$+ \int \left(\frac{\partial M}{\partial P_i} \right) \alpha \frac{\Delta t}{h} dx - \Sigma \left(\frac{\partial R}{\partial P_i} \right) r \qquad (9.36)$$

式（9.36）の記号は式（9.27）を参照されたい．

式（9.35）と同じように，曲げモーメント M_i とその曲げモーメントが作用している点のたわみ角 θ_i も

$$\theta_i = \frac{\partial W_i}{\partial M_i} \qquad (9.37)$$

外力の作用を受けて変形した構造物の変位が知られているとき，任意の外力の作用点の変位で，外力のなす仕事（ひずみエネルギー）を偏微分すると，その点の外力が求められる．

$$P_i = \frac{\partial W_i}{\partial \delta_i} \qquad (9.35')$$

式（9.35′）をカスティリアノの第一定理（Castigliano's first theorem）という．

（2）　最小仕事の原理[5)]

P_i を支点反力など変位 δ_i が生じない点に作用している力にとれば，式（9.35）は

$$\frac{\partial W_i}{\partial P_i} = 0 \qquad (9.38)$$

式（9.34）をP_iでさらに偏微分すると

$$\frac{\partial^2 W_i}{\partial P_i^2}=\int\left\{\left(\frac{\partial^2 M}{\partial P_i^2}\right)\frac{M}{EI}+\left(\frac{\partial M}{\partial P_i}\right)^2\frac{1}{EI}\right\}dx+$$
$$+\int\left\{\left(\frac{\partial^2 N}{\partial P_i^2}\right)\frac{N}{EA}+\left(\frac{\partial N}{\partial P_i}\right)^2\frac{1}{EA}\right\}dx$$
$$+k\int\left\{\left(\frac{\partial^2 S}{\partial P_i^2}\right)\frac{S}{AG}+\left(\frac{\partial S}{\partial P_i}\right)^2\frac{1}{AG}\right\}dx \tag{9.39}$$

弾性範囲内ではM，N，Sは外力P_jの一次関数なので，$\partial^2 M/\partial P_i^2=\partial^2 N/\partial P_i^2=\partial^2 S/\partial P_i^2=0$となる．これを式（9.39）に代入して

$$\frac{\partial^2 W_i}{\partial P_i^2}=\int\left(\frac{\partial M}{\partial P_i}\right)^2\frac{1}{EI}dx+\int\left(\frac{\partial N}{\partial P_i}\right)^2\frac{1}{EA}dx+k\int\left(\frac{\partial S}{\partial P_i}\right)^2\frac{1}{AG}dx \tag{9.40}$$

式（9.39）の積分内で2乗になり，しかもE，I，A，Gは正値なので

$$\frac{\partial^2 W_i}{\partial P_i^2}>0 \tag{9.41}$$

支点などの変位δ_iが生じない点では，式（9.38）を満足するようなP_iがその点での力すなわち反力となることを意味している．また式（9.41）は，W_iはP_iに関して極小になることを示している．言い換えれば，外力（反力を含む）は構造物に対しひずみエネルギーが極小となるように作用しているということである．これを最小仕事の原理（principle of least work）と呼ぶ．

式（9.38）と同様に，M_iを固定端などのたわみ角θ_iが生じない点に作用している曲げモーメントにとれば，次式も成り立つ．

$$\frac{\partial W_i}{\partial M_i}=0 \tag{9.42}$$

計算例5　図9.20に示す片持梁のB点のたわみy_Bをカスティリアノの第二定理を使って求めなさい．

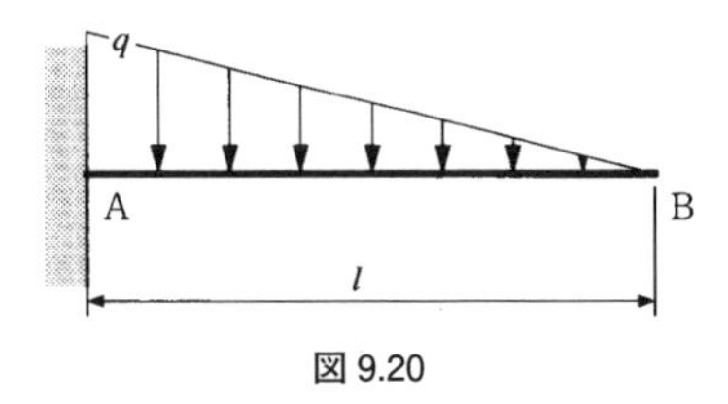

図9.20

解　このような問題ではたわみを求める箇所に荷重が載荷されていないので，図9.21のように仮想の荷重$\overline{P}$を載荷して計算すればよい．

$$M_x = -\frac{qx^3}{6l} - \overline{P}x$$

$$\frac{\partial M_x}{\partial \overline{P}} = -x$$

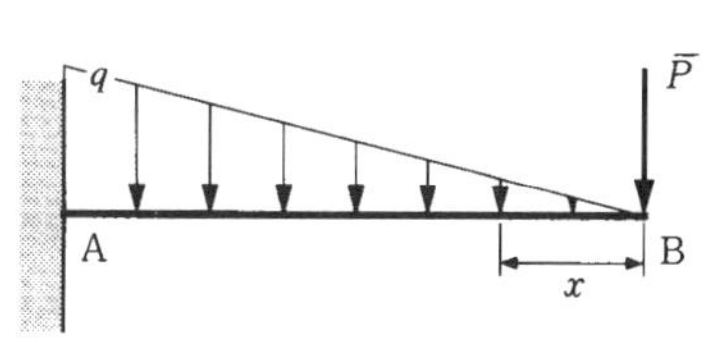

図 9.21

せん断力の影響は無視することとして，式(9.35) に代入して

$$y_B = \frac{\partial W}{\partial \overline{P}} = \int \left(\frac{\partial M_x}{\partial \overline{P}} \right) \frac{M_x}{EI} dx = \frac{1}{EI} \int_0^l (-x) \left(-\frac{qx^3}{6l} - \overline{P}x \right) dx$$

仮想荷重はもともと0なので，積分する前に $\overline{P}=0$ を代入して

$$y_B = \frac{1}{EI} \int_0^l (-x) \left(-\frac{qx^3}{6l} \right) dx = \frac{1}{EI} \int_0^l \frac{qx^4}{6l} dx = \frac{ql^4}{30EI}$$

注意しなければならないのは，たわみを求める点に集中荷重が数値で与えられているとき数値で偏微分できないので，その集中荷重にさらに仮想荷重 $\overline{P}$ を付け加えて載荷されていると考え，この例題のように計算するとよい．

ここで，B点のたわみ角 θ_B を求めたいなら，$\overline{P}=1$ の代わりに $\overline{M}=1$ をB点に載荷して同様の手順で計算すればよい．

計算例 6　図 9.22 に示す連続梁がある．B点の反力 R_B を最小仕事の原理を使って求めなさい．ただし，せん断力の影響は無視すること．

解　B点の反力 R_B を不静定力 X_1 とおくと，図 9.23 のようになる．

$$M_x = \frac{ql}{2}x - \frac{qx^2}{2} - \frac{X_1}{2}x \qquad \left(0 \leqq x \leqq \frac{l}{2}\right)$$

$$\frac{\partial M_x}{\partial X_1} = -\frac{x}{2}$$

X_1 は支点反力なので最小仕事の原理，式 (9.38) をB点に適用すると

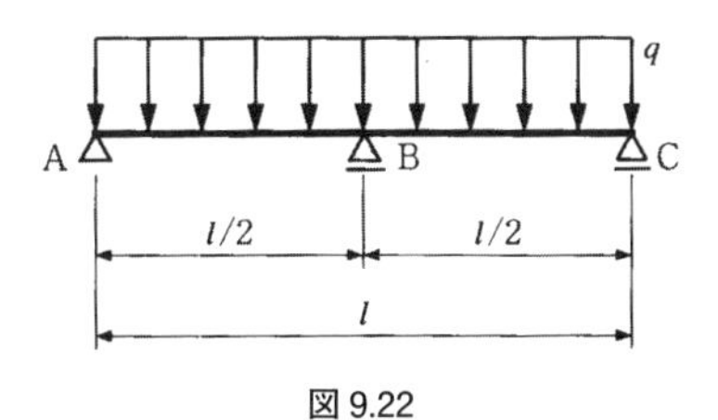

図 9.22

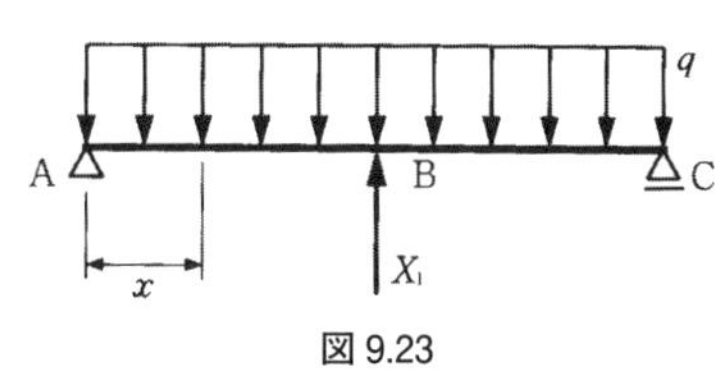

図 9.23

$$\frac{\partial W}{\partial X_1}=\int\left(\frac{\partial M_x}{\partial X_1}\right)\frac{M_x}{EI}dx=\frac{2}{EI}\int_0^{l/2}\left(-\frac{x}{2}\right)\left(\frac{ql}{2}x-\frac{qx^2}{2}-\frac{X_1}{2}x\right)d$$

$$=\frac{2}{EI}\int_0^{l/2}\left(-\frac{ql}{4}x^2+\frac{qx^3}{4}+\frac{X_1}{4}x^2\right)dx$$

$$=-\frac{ql^4}{48EI}+\frac{ql^4}{128EI}+\frac{X_1 l^3}{48EI}=0$$

から X_1 を求めると

$$\therefore X_1=R_B=\frac{5ql}{8}$$

計算例 7　図 9.24 に示す片持梁の先端にばねがついている構造物がある．C 点の反力を最小仕事の原理から求めなさい．ただし，ばね定数は K とする．

解　このような構造物が組み合っている場合は，図 9.25 の（a）と（b）に示すように分けて考える．（a）のひずみエネルギーを W_a とし，（b）のひずみエネルギーを W_b とすると

$$W=W_a+W_b \tag{1}$$

ただし，図 9.25 での不静定力 X は，ばねで負担する力（反力 R_c）とした．最小仕事の原理を適用すると式（1）から

$$\frac{\partial W}{\partial X}=\frac{\partial W_a}{\partial X}+\frac{\partial W_b}{\partial X}=0 \tag{2}$$

初めに（a）での $\partial W_a/\partial X$ を求める．

$$M_x=Xx-\frac{qx^2}{2}\quad(0\leqq x\leqq l),\qquad \frac{\partial M_x}{\partial X}=x$$

式（9.35）に代入して

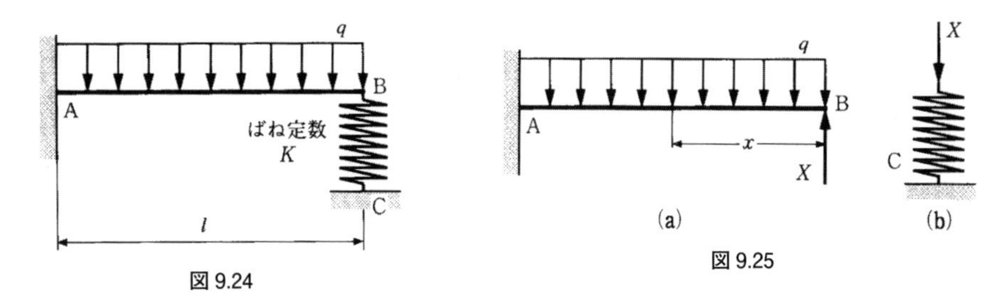

図 9.24

図 9.25

$$\frac{\partial W_a}{\partial X}=\int\left(\frac{\partial M_x}{\partial X}\right)\frac{M_x}{EI}dx=\frac{1}{EI}\int_0^l x\left(Xx-\frac{qx^2}{2}\right)dx$$

$$=\frac{1}{EI}\int_0^l\left(Xx^2-\frac{qx^3}{2}\right)dx=\frac{Xl^3}{3EI}-\frac{ql^4}{8EI} \quad (3)$$

(b) での $\partial W_b/\partial X$ を求める．$X=K\delta$ から，$W_b=1/2\cdot X\cdot(X/K)=X^2/2K$

$$\frac{\partial W_b}{\partial X}=\frac{X}{K} \quad (4)$$

式 (3) と式 (4) を式 (2) に代入して

$$\frac{Xl^3}{3EI}-\frac{ql^4}{8EI}+\frac{X}{K}=0$$

$$\therefore X=R_c=\frac{3ql^4K}{8Kl^3+24EI}$$

計算例 8　下記の2つの単純梁ABとCDが梁の中点で交差している．ただし単純梁ABは，中央に集中荷重Pが載荷されており，断面2次モーメントも$2I$である．E点のたわみy_Eを最小仕事の原理を使って求めなさい．

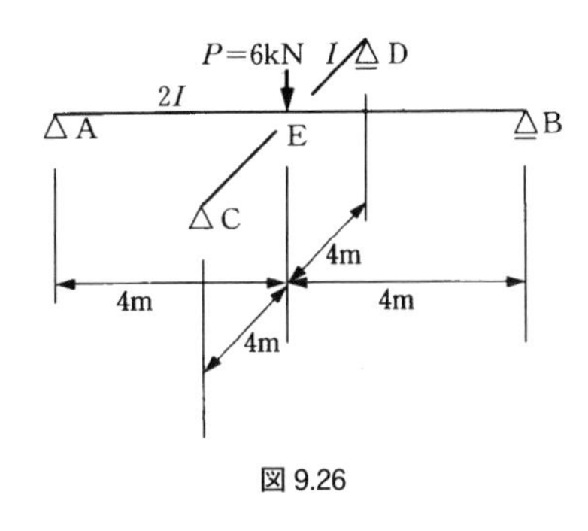

図 9.26

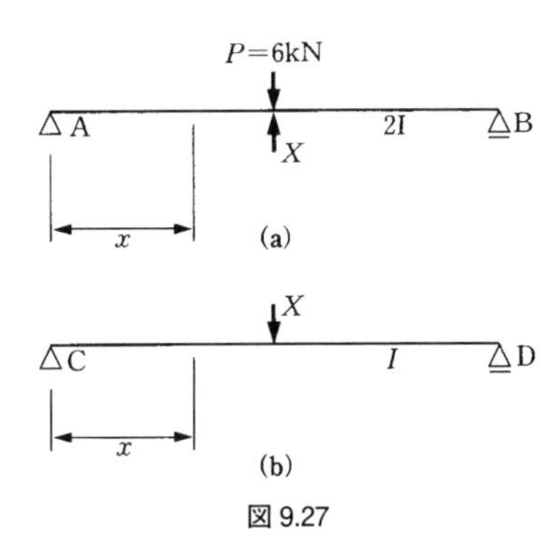

図 9.27

解　前の計算例と同様に構造物が組み合っているので，図9.27の (a) と (b) に示すように分けて考え，(a) のひずみエネルギーをW_aとし，(b) のひずみエネルギーをW_bとすると

$$W=W_a+W_b \quad (1)$$

ただし不静定力Xは，梁ABが梁CDから押し返される力（作用反作用で，梁CDが負担する力ともなる）とする．最小仕事の原理を適応すると式 (1) から

$$\frac{\partial W}{\partial X}=\frac{\partial W_a}{\partial X}+\frac{\partial W_b}{\partial X}=0 \tag{2}$$

初めに（a）での$\partial W_a/\partial X$を求める．

$$M_x=\left(\frac{P-X}{2}\right)x \quad (0\leqq x\leqq 4), \qquad \frac{\partial M_x}{\partial X}=-\frac{x}{2}$$

式（9.35）に代入して

$$\frac{\partial W_a}{\partial X}=\int\left(\frac{\partial M_x}{\partial X}\right)\frac{M_x}{EI}dx=\frac{2}{2EI}\int_0^4\left(\frac{P-X}{2}\right)x\left(-\frac{x}{2}\right)dx=\frac{16(X-6)}{3EI} \tag{3}$$

（b）での$\partial W_b/\partial X$を求める．

$$M_x=\left(\frac{X}{2}\right)x \quad (0\leqq x\leqq 4), \qquad \frac{\partial M_x}{\partial X}=\frac{x}{2}$$

式（9.35）に代入して

$$\frac{\partial W_b}{\partial X}=\int\left(\frac{\partial M_x}{\partial X}\right)\frac{M_x}{EI}dx=\frac{2}{EI}\int_0^4\left(\frac{X}{2}\right)x\left(\frac{x}{2}\right)dx=\frac{32X}{3EI} \tag{4}$$

式（3）と式（4）を式（2）に代入してXを求めると

$$\frac{16(X-6)}{3EI}+\frac{32X}{3EI}=0, \qquad \therefore X=2\text{kN}$$

したがってy_Eは，式（4）に$X=2$を代入して

$$\therefore y_E=\frac{64}{3EI}$$

9.4 弾性方程式

（1） 断面力

n次不静定の構造物として図9.28の（a）に示すようなn個の支点をもつ連続梁を考え，静定基本系として単純梁ABをとり，それぞれの支点の反力を不静定力としてX_1～X_nとする．（b）に示すように実際の荷重による静定基本系の曲げモーメント，軸力，せん断力，反力をM_0，N_0，S_0，R_0とし，（c）と（d）に示すように$X_1=1$から$X_n=1$までをそれぞれを載荷したときの静定基本系の曲げモーメント，軸力，せん断力，反力をM_1～M_n，N_1～N_n，S_1～S_n，R_1～R_nとすれば，

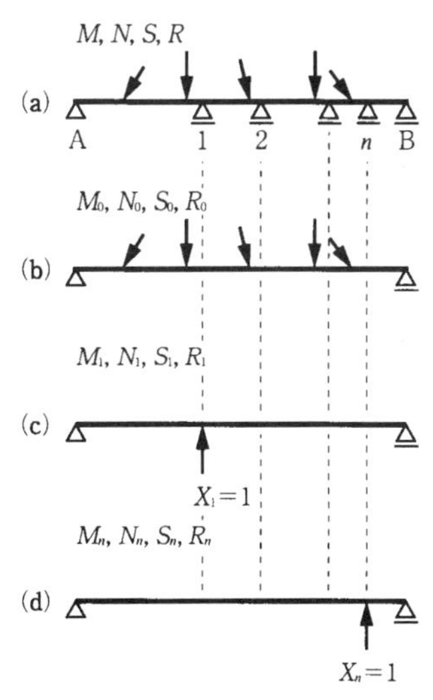

図 9.28　連続梁における静定基本系と不静定力

(a) で示される実際の梁の不静定構造物の曲げモーメント M，軸力 N，せん断力 S，反力 R は

$$\left.\begin{aligned} M &= M_0 + \sum_{i=1}^{n} M_i X_i \\ N &= N_0 + \sum_{i=1}^{n} N_i X_i \\ S &= S_0 + \sum_{i=1}^{n} S_i X_i \\ R &= R_0 + \sum_{i=1}^{n} R_i X_i \end{aligned}\right\} \tag{9.43}$$

ただし，トラスは式 (9.43) で軸力だけの式となり

$$N = N_0 + \sum_{i=1}^{n} N_i X_i \tag{9.44}$$

したがって，不静定力 $X_1 \sim X_n$ を求めることができれば，不静定構造物の M，N，S，R を求めることができる．

(2)　弾性方程式 [4)]

n 次不静定の構造物として図 9.29 の (a) に示すような n 個の支点をもつ連続梁を考え，静定基本系として単純梁 AB をとり，それぞれの支点の反力を不静定力として $X_1 \sim X_n$ とする．

(b) と (c) に示すように，静定基本系の単純梁において実際の荷重による支点の位置でのたわみ $\delta_{10} \sim \delta_{n0}$ と，不静定力 $X_1 \sim X_n$ によって生じる支点の位置でのたわみ $\delta_1 \sim \delta_{\mathrm{n}}$ では，支点上ではたわみが 0 なので，それぞれ次式が成り立たねばならない．

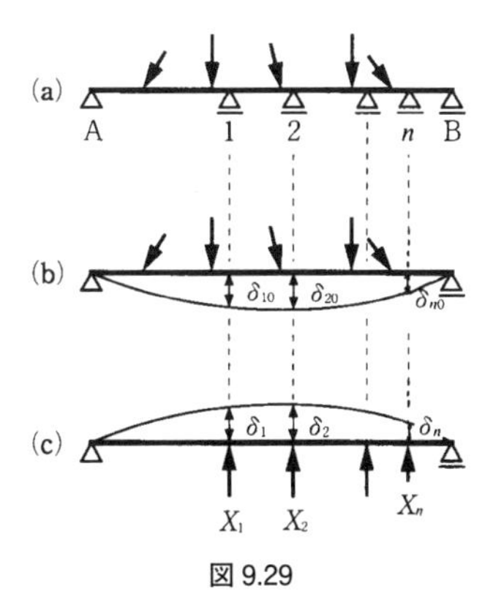

図 9.29

$$\left.\begin{aligned} \delta_{10} + \delta_1 &= 0 \\ \delta_{20} + \delta_2 &= 0 \\ &\wr \\ \delta_{n0} + \delta_n &= 0 \end{aligned}\right\} \tag{9.45}$$

不静定力 $X_1 \sim X_n$ によって生じているそれぞれの支点の位置でのたわみ $\delta_1 \sim \delta_n$ は，重ね合せの定理から

$$\left.\begin{array}{l}\delta_1 = \delta_{11}X_1 + \delta_{12}X_2 + \delta_{13}X_3 + \cdots\cdots + \delta_{1n}X_n \\ \delta_2 = \delta_{21}X_1 + \delta_{22}X_2 + \delta_{23}X_3 + \cdots\cdots + \delta_{2n}X_n \\ \qquad\qquad\wr \\ \delta_n = \delta_{n1}X_1 + \delta_{n2}X_2 + \delta_{n3}X_3 + \cdots\cdots + \delta_{nn}X_n\end{array}\right\} \tag{9.46}$$

δ_1 は，重ね合せの定理から不静定力 X_1 を原因とするたわみ $\delta_{11}X_1$（なぜなら，δ_{11} は静定基本系での $X_1=1$ のときの点 1 でのたわみである），不静定力 X_2 を原因とするたわみ $\delta_{12}X_1$（なぜなら，δ_{12} は静定基本系での $X_2=1$ のときの点 1 でのたわみである），というように，不静定力 X_n を原因とするたわみ $\delta_{1n}X_n$ のこれらによって構成されていることから，以下同様に式（9.46）は成り立つ．$\delta_1 \sim \delta_n$ は式（9.45）から

$$\boxed{\left.\begin{array}{l}\delta_{11}X_1 + \delta_{12}X_2 + \delta_{13}X_3 + \cdots\cdots + \delta_{1n}X_n = -\delta_{10} \\ \delta_{21}X_1 + \delta_{22}X_2 + \delta_{23}X_3 + \cdots\cdots + \delta_{2n}X_n = -\delta_{20} \\ \qquad\qquad\wr \\ \delta_{n1}X_1 + \delta_{n2}X_2 + \delta_{n3}X_3 + \cdots\cdots + \delta_{nn}X_n = -\delta_{n0}\end{array}\right\}} \tag{9.47}$$

式（9.47）を弾性方程式（elastic equation）と呼ぶ．**n** 次不静定は **n** 個の方程式となる．

ここで，δ_{ij} について詳しく述べておきたい．δ_{ij} は静定基本系に不静定力 $X_j=1$ のみが作用しているときの i 点でのたわみを表わす．すなわち，δ はたわみを表わし，δ_{ij} の前添字 i は i 番目の不静定力 X_i が作用している場所を表わし，後添字 j は j 番目の不静定力 $X_j=1$ を作用させていることを表わしている．ただし，$j=0$ は実際の荷重が作用していることを表わす．

図 9.30 に示すような構造が同じく載荷状態のみ違う（a）と（b）について考えると $X_i=X_j=1$ であるから，相反作用の定理（マックスウェルの定理：Maxwell's theorem）から

$$\delta_{ij}=\delta_{ji} \tag{9.48}$$

また δ_{ij} は，静定基本系に不静定力 $X_j=1$ のみが作用しているときの i 点でのたわみを表わすので，仮想仕事の原理からたわみを求めたい i 点に $X_i=1$ を載荷して下記の式で求められる．

$$\boxed{\begin{aligned}\delta_{ij}&=\delta_{ji}=\int\frac{M_iM_j}{EI}dx,\\ \delta_{ii}&=\int\frac{M_i^2}{EI}dx\end{aligned}}\qquad(9.49)$$

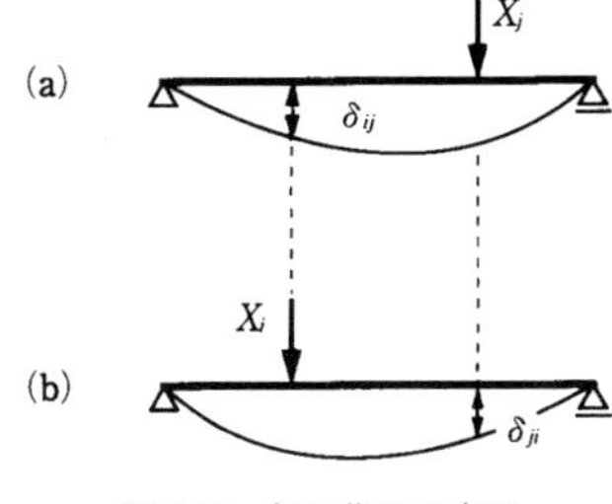

図9.30　相反作用の定理

M_i は静定基本系の i 点に $X_i=1$ を載荷したときの曲げモーメント，M_j は静定基本系の j 点に $X_j=1$ を載荷したときの曲げモーメントとする．ただし，$j=0$ の場合は

$$\underline{\delta_{i0}=\int\frac{M_iM_0}{EI}dx}\qquad(9.50)$$

M_0 は静定基本系の実際の荷重による曲げモーメントとする．

式（9.49）と式（9.50）の積分は表9.1を使うと便利である．

一般的な支点変位，温度変化，軸力およびせん断力を考慮した弾性方程式（9.47）は，式（9.21）や式（9.27）から下記のようになる[1),3)]．

$$\left.\begin{aligned}\delta_{11}X_1+\delta_{12}X_2+\delta_{13}X_3+\cdots\cdots+\delta_{1n}X_n&=K_1\\ \delta_{21}X_1+\delta_{22}X_2+\delta_{23}X_3+\cdots\cdots+\delta_{2n}X_n&=K_2\\ \\ \delta_{n1}X_1+\delta_{n2}X_2+\delta_{n3}X_3+\cdots\cdots+\delta_{nn}X_n&=K_3\end{aligned}\right\}\qquad(9.51)$$

ただし，$K_i=\delta_{ir}-(\delta_{i0}+\delta_{it})$

トラスでは

$$\left.\begin{aligned}\delta_{ij}&=\delta_{ji}=\Sigma\frac{N_iN_j}{EA}s, &\delta_{i0}&=\Sigma\frac{N_iN_0}{EA}s\\ \delta_{ir}&=\Sigma\left(R_i\cdot r\right), &\delta_{it}&=\Sigma N_i\alpha t_g s\end{aligned}\right\}\qquad(9.52)$$

梁では

$$\left.\begin{aligned}\delta_{ij}&=\delta_{ji}=\int\frac{M_iM_j}{EI}dx+\int\frac{N_iN_j}{EA}dx+k\int\frac{S_iS_j}{GA}dx\\ \delta_{i0}&=\int\frac{M_iM_0}{EI}dx+\int\frac{N_iN_0}{EA}dx+k\int\frac{S_iS_0}{GA}dx\\ \delta_{ir}&=\Sigma\left(R_i\cdot r\right),\qquad \delta_{it}=\int N_i\alpha t_g dx+\int M_i\alpha\frac{\Delta t}{h}dx\end{aligned}\right\}\qquad(9.53)$$

式（9.53）の記号は式（9.27）を参照されたい．

連続梁のような曲げモーメントのみを考慮する弾性方程式の解法は，①～④の順序で行えばよい．

① n 次不静定の場合は機械的に弾性方程式（9.47）をつくる．

② 考えた静定基本系に実際の荷重が作用するときの曲げモーメント M_0，そして不静定力 $X_1=1$ が作用するときの曲げモーメント M_1，不静定力 $X_2=1$ が作用するときの曲げモーメント M_2，そして M_n まで求める．

③ 係数 δ_{ij} と δ_{io} を，②で求められた M_0，$M_1 \sim M_n$ を式（9.49），式（9.50）に代入して求める．もしここでそれぞれの曲げモーメント図が描ければ，表 9.1 の積分公式表で計算が容易にすむことを確認しておきたい．

④ 弾性方程式①の式に③で求められた係数 δ_{ij} と δ_{io} を代入して，連立方程式として $X_1 \sim X_n$ を求める．

計算例 9 図 9.31 に示すような，連続梁の B 点の反力 R_B を弾性方程式を使って求めなさい．

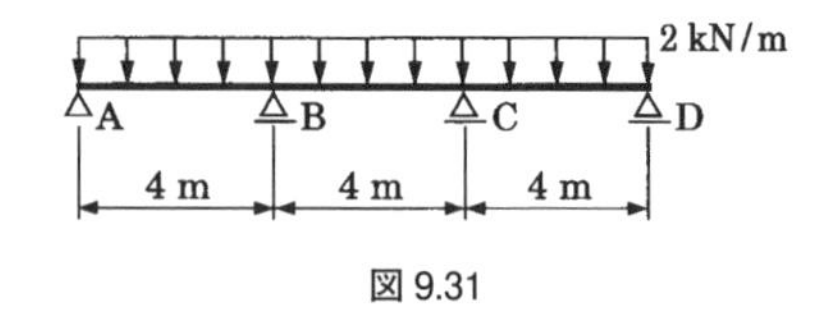

図 9.31

解 図 9.32 の（a）に示すように単純梁 AB を静定基本系にとり，B 点の反力 R_B を不静定力 X_1，C 点の反力 R_C を不静定力 X_2 とした．2 次不静定なので，弾性方程式は機械的に式（9.47）から

$$\left.\begin{aligned} \delta_{11}X_1 + \delta_{12}X_2 &= -\delta_{10} \\ \delta_{21}X_1 + \delta_{22}X_2 &= -\delta_{20} \end{aligned}\right\} \qquad (1)$$

ここで R_B と R_C は構造・荷重対称なので等しい．したがって $X_1 = X_2$ となり式(1)は

$$\delta_{11}X_1 + \delta_{12}X_1 = -\delta_{10} \qquad (2)$$

式（2）の係数 δ_{ij} と δ_{i0} を計算するため $M_0 \sim M_2$ までを求めておく．

M_0 は，実際の荷重による静定基本系の曲げモーメントであるから，(b) に示すように x をとると

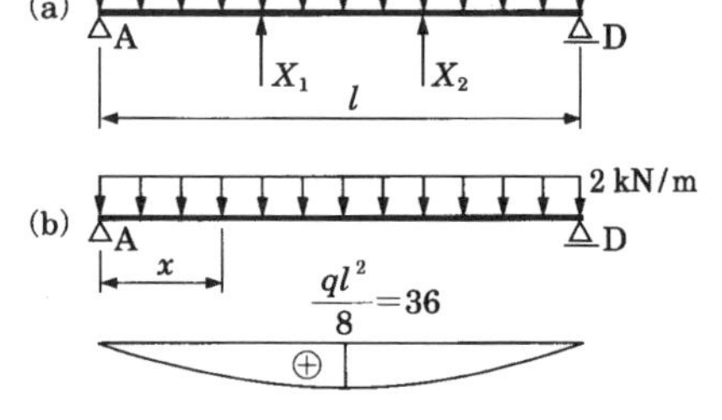

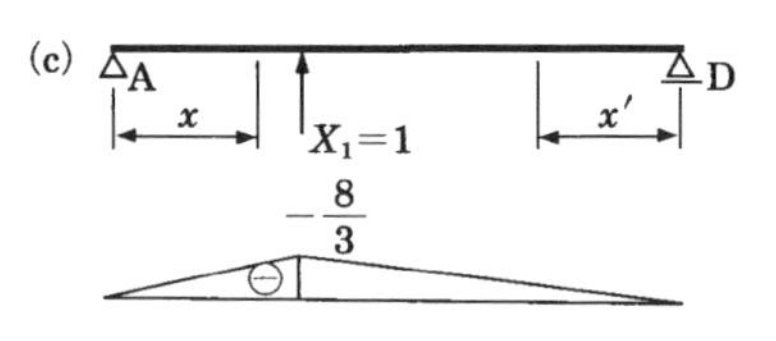

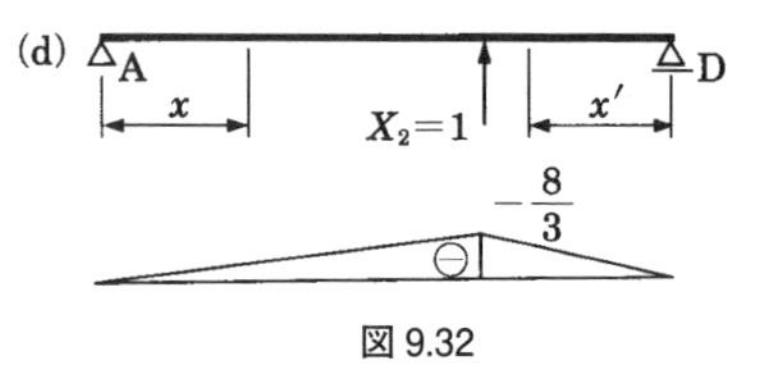

図 9.32

$$M_0=\frac{q\ell}{2}x-\frac{qx^2}{2}=12x-x^2 \qquad (0\leq x\leq 12) \tag{3}$$

M_1 は $X_1=1$ による静定基本系の曲げモーメントであるから，（c）に示すように x，x' をとると

$$M_1=-\frac{2}{3}x \qquad (0\leq x\leq 4) \tag{4}$$

$$M_1=-\frac{2}{3}x+\left(x-4\right)=\frac{x}{3}-4 \qquad (4\leq x\leq 12) \tag{5}$$

$$M_1=-\frac{1}{3}x' \qquad (0\leq x'\leq 8) \tag{6}$$

M_2 は $X_2=1$ による静定基本系の曲げモーメントであるから，（d）に示すように x，x' をとると

$$M_2=-\frac{1}{3}x \qquad (0\leq x\leq 8) \tag{7}$$

$$M_2=-\frac{2}{3}x' \qquad (0\leq x'\leq 4) \tag{8}$$

$$M_1=-\frac{2}{3}x'+\left(x'-4\right)=\frac{x'}{3}-4 \qquad (4\leq x'\leq 12) \tag{9}$$

ここで注意しなければならないのは，$\delta_{ij}=\int\frac{M_iM_j}{EI}dx$ の計算の際に M_1 が x で表されているなら M_j も x で表された曲げモーメントの式を使って代入し積分しなければならないことである．したがって（$4\leq x\leq 8$）の範囲での $\delta_{12}=\int\frac{M_1M_2}{EI}dx$ の計算では，x で統一して計算するならば式（5）と式（7）で計算しなければならない．もし x' で統一するならば（$4\leq x'\leq 8$）の範囲では，式（6）と式（9）で計算しなければならない．

式（2）の係数 δ_{ij} を計算する．

まず δ_{11} は式（9.49）に M_1 を代入して

$$\delta_{11}=\int\frac{{M_1}^2}{EI}dx=\frac{1}{EI}\int_0^4\left(-\frac{2}{3}x\right)^2dx+\frac{1}{EI}\int_0^8\left(-\frac{1}{3}x'\right)^2dx'=\frac{256}{9EI} \tag{10}$$

数値積分を行わないで表9.1を使うと，${M_1}^2$ は図9.32の（c）から表中で④④の形なので，$\eta_4=-\frac{8}{3}$ から ${\eta_4}^2\frac{\ell}{3}=\left(-\frac{8}{3}\right)^2\times\frac{12}{3}=\frac{256}{9}$ となり同じ結果が得られる．

次に δ_{10} は数値積分で計算すると，式（9.50）に M_1，M_0 を代入して

$$\delta_{10} = \int \frac{M_1 M_0}{EI}$$
$$= \frac{1}{EI}\int_0^4 \left(-\frac{2}{3}x\right)\left(12x - x^2\right)dx + \frac{1}{EI}\int_0^8 \left(-\frac{1}{3}x'\right)\left(12x' - x'^2\right)dx'$$
$$= -\frac{2\,816}{6EI} \tag{11}$$

数値積分を行わないで表 9.1 を使うと，M_1M_0 は図 9.32 の（b）（c）から表中で④⑥の形で計算すればよい．

次に δ_{12} は数値積分で計算すると，式（9.49）に M_1，M_2 を代入して

$$\delta_{12} = \int \frac{M_1 M_2}{EI}$$
$$= \frac{1}{EI}\int_0^4 \left(-\frac{2}{3}x\right)\left(-\frac{1}{3}x\right)dx + \frac{1}{EI}\int_4^8 \left(\frac{1}{3}x - 4\right)\left(-\frac{1}{3}x\right)dx$$
$$+ \frac{1}{EI}\int_0^4 \left(-\frac{1}{3}x'\right)\left(-\frac{2}{3}x'\right)dx' = \frac{224}{9EI} \tag{12}$$

数値積分を行わないで表 9.1 を使うと，M_1M_2 は図 9.32 の（c）（d）から表中で（＊）の形で計算すればよい．

式（11）〜（12）を式（2）に代入すると

$$\frac{256}{9EI}X_1 + \frac{224}{9EI}X_1 = \frac{2\,816}{6EI} \tag{13}$$

式（13）の弾性方程式を X_1 について解くと

$X_1 = R_B = 8.8\ \mathrm{kN}$

計算例 10　図 9.33 に示す格子桁の M 点のたわみを求めなさい．

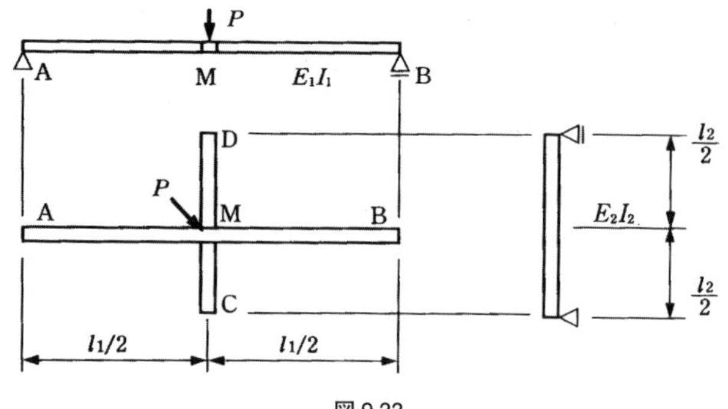

図 9.33

解　図9.34に示すように2つの単純梁ABとCDに分解し，梁ABを荷重Pが移動すると考えると，梁ABを接合部E点で梁CDが下から支えていると考える．その接合部Mに不静定力Xを考える．図9.35に示すように，梁ABは，CDから突き上げられる力をX_1とする．図9.36に示すように，梁CDは，作用・反作用の定理から梁ABから押される力としてX_1を考えればよい．また荷重Pの作用するときの曲げモーメント図は，図9.37となる．

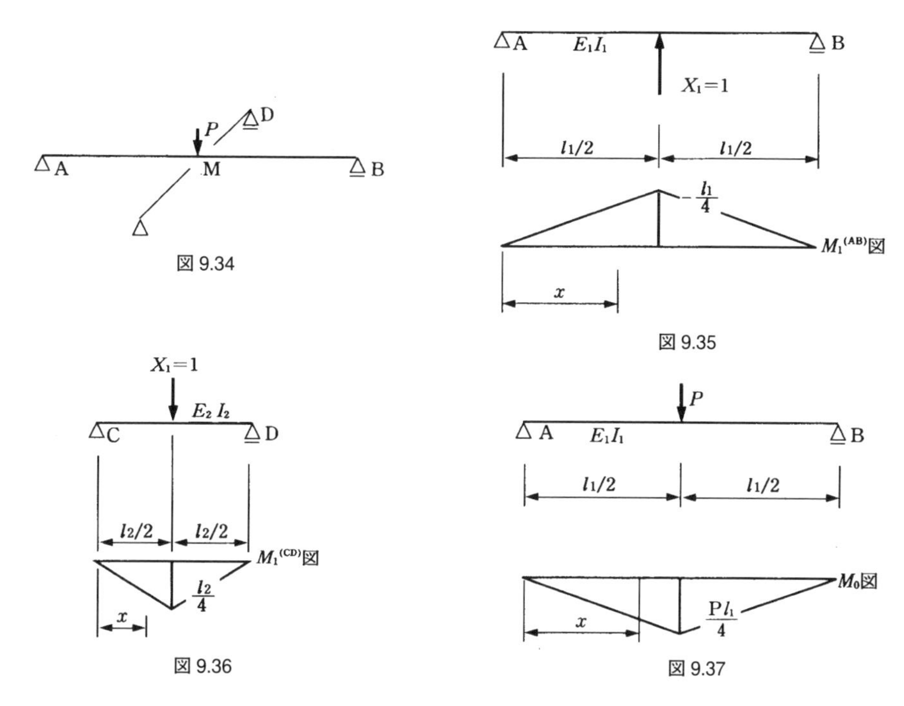

図9.34

図9.35

図9.36

図9.37

前述したように，PがAB梁上を移動すると考えると，まずは荷重を$P=1$として，移動してM点に来たと考えれば，δ_{10}が，梁ABのM点のたわみ影響線と同様に考えることができる．したがって弾性方程式は，

$$\delta_{11}X_1+P\delta_{10}=0 \qquad (1)$$

δ_{11}とδ_{10}を求めるため，まずM_0とM_1を求めておく．

図9.35において

$$M_1^{(AB)}=-\frac{1}{2}x \qquad \left(0\leqq x\leqq \frac{l_1}{2}\right) \qquad (2)$$

図 9.36 において

$$M_1^{(CD)} = \frac{1}{2}x \qquad (0 \leqq x \leqq \frac{l_2}{2}) \tag{3}$$

図 9.37 において $P=1$ として

$$M_0 = \frac{P}{2}x = \frac{1}{2}x \qquad (0 \leqq x \leqq \frac{l_1}{2}) \tag{4}$$

まず式（1）の係数 δ_{11} を計算する．式（2）から

$$\delta_{11}^{(AB)} = \int \frac{M_1^{\ 2}}{EI} dx = \frac{2}{E_1 I_1} \int_0^{l_1/2} \left\{ M_1^{(AB)} \right\}^2 dx = \frac{l_1^{\ 3}}{48 E_1 I_1} \tag{5}$$

式（3）から

$$\delta_{11}^{(CD)} = \int \frac{M_1^{\ 2}}{EI} dx = \frac{2}{E_2 I_2} \int_0^{l_2/2} \left\{ M_1^{(CD)} \right\}^2 dx = \frac{l_2^{\ 3}}{48 E_2 I_2} \tag{6}$$

したがって式（5）と（6）から

$$\delta_{11} = \delta_{11}^{(AB)} + \delta_{11}^{(CD)} = \frac{l_1^{\ 3}}{48 E_1 I_1} + \frac{l_2^{\ 3}}{48 E_2 I_2} \tag{7}$$

次に式（1）係数 δ_{10} を計算する．式（2）と（4）から（計算の際に M_1 は，P が梁 AB 上にあるので式（3）でなくて（2）を使うことに注意されたい．）

$$\delta_{10} = \int \frac{M_1 M_0}{EI} dx = \frac{2}{E_1 I_1} \int_0^{l_1/2} \left(-\frac{1}{2}x \right) \left(\frac{1}{2}x \right) dx = -\frac{l_1^{\ 3}}{48 E_1 I_1} \tag{8}$$

弾性方程式（1）に式（7），（8）を代入して X_1 を求めると

$$X_1 = P \frac{\dfrac{l_1^{\ 3}}{48 E_1 I_1}}{\dfrac{l_1^{\ 3}}{48 E_1 I_1} + \dfrac{l_2^{\ 3}}{48 E_2 I_2}} = P \frac{l_1^{\ 3} E_2 I_2}{l_1^{\ 3} E_2 I_2 + l_2^{\ 3} E_1 I_1} \tag{9}$$

桁 AB の分担する力　$P - X_1 = P \dfrac{l_2^{\ 3} E_1 I_1}{l_1^{\ 3} E_2 I_2 + l_2^{\ 3} E_1 I_1}$ (10)

桁 CD の分担する力　$P = P \dfrac{l_1^{\ 3} E_2 I_2}{l_1^{\ 3} E_2 I_2 + l_2^{\ 3} E_1 I_1}$ (11)

f：M 点のたわみ，f_0：荷重 P による静定基本系の単純梁 AB の M 点でのたわみ，f_1：不静定力 $X_1=1$ による静定基本系の単純梁 AB の M 点でのたわみとすると，単純梁中央部の集中荷重によるたわみは上述より $Pl^3/48EI$ であるから

$$\begin{aligned} f &= f_0 + f_1 X_1 \\ &= P \frac{P l_1^{\ 3}}{48 E_1 I_1} - \frac{l_1^{\ 3}}{48 E_1 I_1} P \frac{l_1^{\ 3} E_2 I_2}{l_1^{\ 3} E_2 I_2 + l_2^{\ 3} E_1 I_1} = \frac{P l_1^{\ 3} l_2^{\ 3}}{48 \left(l_1^{\ 3} E_2 I_2 + l_2^{\ 3} E_1 I_1 \right)} \end{aligned} \tag{12}$$

［考察］

荷重 P を桁 AB では P_1，桁 CD で P_2 負担すると考えると，

$$\left.\begin{aligned}&\text{桁 AB の中央点のたわみは } y_1 = \frac{P_1 l_1^3}{48E_1I_1}\\&\text{桁 CD の中央点のたわみは } y_2 = \frac{P_2 l_2^3}{48E_2I_2}\end{aligned}\right\} y_1 = y_2 \text{ かつ } P_1 + P_2 = P \text{ より}$$

$$P_1 = P\frac{l_2^3E_1I_1}{l_1^3E_2I_2 + l_2^3E_1I_1},\quad P_2 = P\frac{l_1^3E_2I_2}{l_1^3E_2I_2 + l_2^3E_1I_1}$$

$$y = y_1 = y_2 = \frac{Pl_1^3l_2^3}{48\left(l_1^3E_2I_2 + l_2^3E_1I_1\right)}$$

となり，式（12）と一致している．

■参考文献

1）吉田　博：構造力学演習［不静定編］，森北出版，1980.
2）宮原良夫・高端宏直：構造力学（2），コロナ社，1973.
3）畑中元弘・高端宏直：応用力学（II），彰国社，1970.
4）土木学会：土木用語大辞典，技報堂出版，p.178，1999.
5）崎元達郎：構造力学［下］，森北出版，1993.
6）平嶋政治・宮原　玄：不静定構造物の解法，森北出版，1993.
7）宮本　裕他：構造工学の基礎と応用（第 4 版），技報堂出版，2016.
8）小松定夫：構造解析学演習 II，丸善，1984.
9）酒井忠明：構造力学，技報堂出版，1970.

タカカウ橋（カナダ・ヨーホー国立公園）
カナダ最大級のタカカウ滝（推定落差 378m）へ向かう遊歩道を歩くと渡るプラットトラス橋で，タカカウとはクリー族の言葉で「すばらしい」という意味である．上弦材の上に木材を添架しており，公園管理者のやさしい気遣いが感じられる歩道橋である．
（写真提供：佐藤恒明）

第10章　たわみ角法

10.1　トラスとラーメン

部材が組み合されて構成された構造を骨組構造という．この骨組構造には図10.1に示すような2種類の構造がある．これらは，部材と部材が結合される節点の種類と荷重のかかり方が異なっていて，次のように分類される．簡単に表10.1にまとめる．

①　トラス構造（truss）

節点が人間の肘のようにくるくるまわれるようになっており，荷重は節点に直接かかる構造（これを滑節という）で，部材力として軸力だけが発生し，せん断力と曲げモーメントが発生しない構造．

②　ラーメン構造（rigid frame，Rahmenはドイツ語）

節点ががっちり固定され，荷重が節点以外に節点と節点の間にも載荷する構造で，部材力としては軸力のほか，せん断力と曲げモーメントが発生する構造．

本章で述べるたわみ角法はラーメン構造の解析手法として用いられるもので，

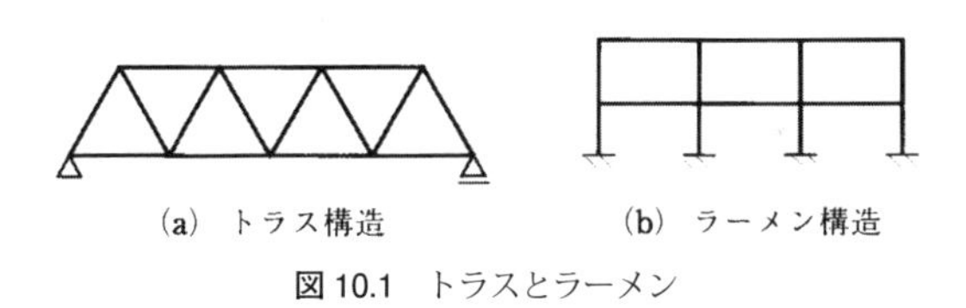

図10.1　トラスとラーメン

表10.1　トラスとラーメン

構造の種類	節点の構造	荷重の位置	発生しうる部材力
トラス	滑節	節点	軸力
ラーメン	剛節	節点と節点間	軸力，せん断力，曲げモーメント

第 12 章で述べる剛性マトリックス法が計算機向けであるのに対し，この方法を使うと簡単なラーメンの場合には手計算で解ける便利さがある．しかしたわみ角法では，ラーメンにおける軸力はせん断力や曲げモーメントに比べ影響は少ないと考えて，軸力の影響を無視して計算している（部材は長さ方向に伸縮しない）．

10.2 たわみ角法によるラーメンの解法

（1） 概　説

たわみ角法（slope-deflection method）は，部材の両端の部材力をたわみ角 θ（実際にはたわみ角モーメント φ）と部材回転角 R（実際には部材角モーメント Ψ）で表現し，いくつかの条件から θ と R を求め，この θ と R から部材力を求める方法である．このため，たわみ角や回転角などの変形量を最初に求めることから，たわみ角法は変形法のひとつといえる．

計算の流れは次のようになる．

① 両端の部材力をたわみ角 θ と部材回転角 R で表現する．これをたわみ角式という．

② 節点でのモーメントの釣合い式（節点方程式），各層の水平方向力の釣合い式（層方程式），および部材の回転による変形の条件式（角方程式）を作成する．

③ 上記の連立方程式を解いて，未知数である θ と R を求める．

④ この θ と R を①でつくった式に代入し，両端の部材力を求める．

⑤ この結果を使って，部材間の部材力や反力を計算する．

（2） 材端モーメントとたわみ角法で使用する記号

ここでは，たわみ角法で使われる記号について説明する．図 10.2 はラーメンを構成する 1 部材の両端を切断した図である．たわみ角法では部材力のうち軸力を無視しているため，軸力は図に書き込んでいない．両端のせん断力と曲げモー

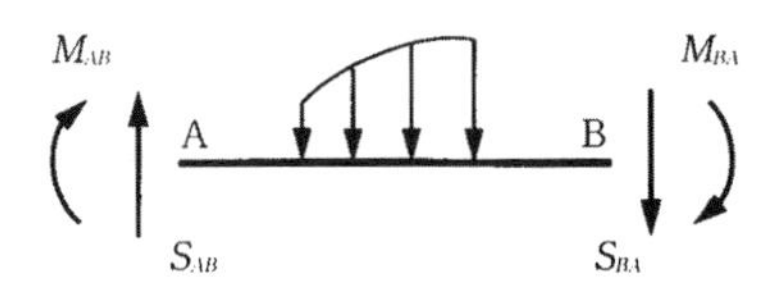

図 10.2　材端モーメントと材端せん断力

メントの記号のつけ方と正の向きを図のようにとる．右側の曲げモーメントの正の向きが，これまで学んだ正の向きと逆であることに注意されたい．それぞれの記号は

M_{AB}：AB部材のA端の材端モーメント

M_{BA}：AB部材のB端の材端モーメント（正の向きに注意）

S_{AB}：AB部材のA端の材端せん断力

S_{BA}：AB部材のB端の材端せん断力

である．

（3） たわみ角式

さて，図10.3のような部材の両端のたわみ角θを考えてみよう．それぞれのたわみ角は図のように，「θ＝A端の材端モーメントによるたわみ角＋B端の材端モーメントによるたわみ角＋AB間の荷重によるたわみ角＋両端の変形yによる部材の傾き（これを部材回転角Rという）」と考えられる．

これを式で表わすと

$$\theta_A = \frac{M_{AB}l}{3EI} - \frac{M_{BA}l}{6EI} + \tau_{A0} + R \tag{10.1}$$

$$\theta_B = -\frac{M_{AB}l}{6EI} + \frac{M_{BA}l}{3EI} + \tau_{B0} + R \tag{10.2}$$

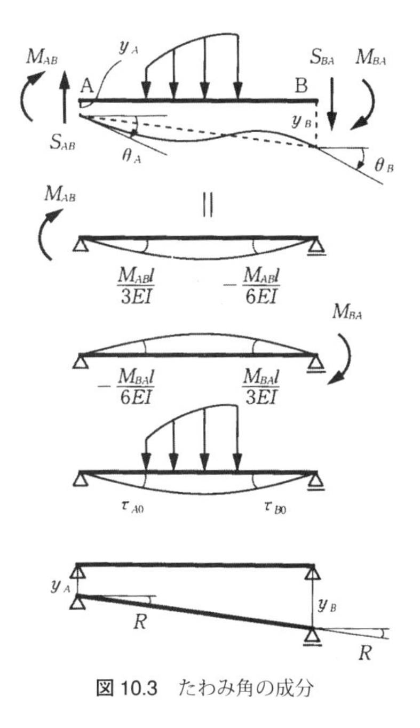

図10.3　たわみ角の成分

ここで，τ_{A0}，τ_{B0}はそれぞれAB間を単純梁とみたときの与えられた荷重によるAおよびBのたわみ角である．また，E，I，l，およびRはそれぞれAB部材の弾性係数，断面二次モーメント，部材長および部材回転角で，本来はE_{AB}，I_{AB}，l_{AB}およびR_{AB}と書くべきところを，簡単にE，I，lおよびRとしている．この

式（10.1）と式（10.2）を，材端モーメント M_{AB} および M_{BA} を未知数と考えて，2 つの連立方程式を解くと

$$M_{AB} = \frac{2EI}{l}(2\theta_A + \theta_B - 3R - 2\tau_{A0} - \tau_{B0}) \tag{10.3}$$

$$M_{BA} = \frac{2EI}{l}(\theta_A + 2\theta_B - 3R - \tau_{A0} - 2\tau_{B0}) \tag{10.4}$$

となる．このうち，AB 間に加わる荷重に関する部分を

$$C_{AB} = -\frac{2EI}{l}(2\tau_{A0} + \tau_{B0}) \tag{10.5}$$

$$C_{BA} = -\frac{2EI}{l}(\tau_{A0} + 2\tau_{B0}) \tag{10.6}$$

とおく．これらの C_{AB}，C_{BA} は荷重によって決められるものであるので，荷重項と呼ばれる．この荷重項を使うと

$$M_{AB} = \frac{2EI}{l}(2\theta_A + \theta_B - 3R) + C_{AB} \tag{10.7}$$

$$M_{BA} = \frac{2EI}{l}(\theta_A + 2\theta_B - 3R) + C_{BA} \tag{10.8}$$

と表わされる．このようにすると，材端モーメントが両端のたわみ角（θ_A，θ_B）と部材回転角（R）で表わすことができる．この式（10.7），式（10.8）をたわみ角式という．

次に，荷重項を考えてみよう．

図 10.4 に示す両端固定梁を考えると，両端が固定端であるから $\theta_A=0$，$\theta_B=0$ となる．また，部材が傾いていないことから，部材回転角 $R=0$ となる．これらのことをたわみ角式に代入すると

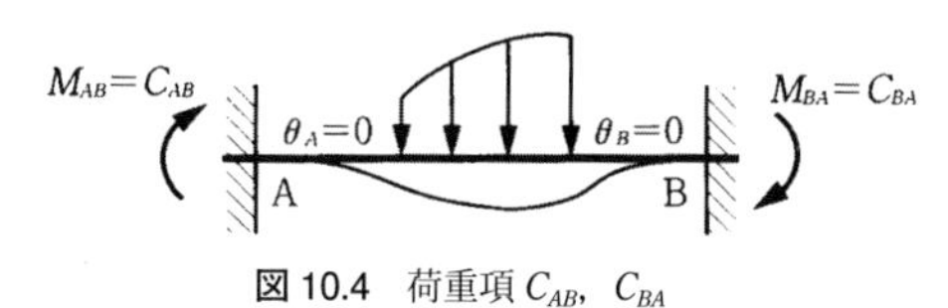

図 10.4　荷重項 C_{AB}，C_{BA}

$$M_{AB}=C_{AB}$$

$$M_{BA}=C_{BA}$$

となる．つまり，C_{AB} は AB 部材を両端固定梁としたとき与えられた荷重による A の端モーメント，C_{BA} は AB 部材を両端固定梁としたとき与えられた荷重による B の端モーメント，であることがわかる．

主な荷重の荷重項を表 10.2 に示す．

表 10.2　たわみ角法の荷重項

	荷重図	C_{AB}	C_{BA}	H_{AB}	H_{BA}
1	A, B, P, $\frac{l}{2}$, $\frac{l}{2}$	$-\frac{Pl}{8}$	$\frac{Pl}{8}$	$-\frac{3Pl}{16}$	$\frac{3Pl}{16}$
2	A, B, P, a, b, l	$-\frac{Pab^2}{l^2}$	$\frac{Pa^2b}{l^2}$	$-\frac{Pab(l+b)}{2l^2}$	$\frac{Pab(l+a)}{2l^2}$
3	A, B, w, l	$-\frac{wl^2}{12}$	$\frac{wl^2}{12}$	$-\frac{wl^2}{8}$	$\frac{wl^2}{8}$
4	A, B, w, l	$-\frac{wl^2}{30}$	$\frac{wl^2}{20}$	$-\frac{7wl^2}{120}$	$\frac{wl^2}{15}$
5	A, B, w_1, w_2, l	$-\frac{(3w_1+2w_2)l^2}{60}$	$\frac{(2w_1+3w_2)l^2}{60}$	$-\frac{(8w_1+7w_2)l^2}{120}$	$\frac{(7w_1+8w_2)l^2}{120}$

（4） 片方の節点が滑節のときのたわみ角式

初めに，B 節点が滑節のときを考えよう．滑節の節点での曲げモーメントは 0 であるから，$M_{BA}=0$．これを式（10.8）に代入すると，θ_B は

$$\theta_B=-\frac{C_{BA}l}{4EI}-\frac{\theta_A}{2}+\frac{3}{2}R$$

となるから，これを式（10.7）に代入すると，材端モーメントは

$$M_{AB}=\frac{3EI}{l}(\theta_A-R)+C_{AB}-\frac{1}{2}C_{BA} \tag{10.9}$$

となる．次に，A 節点が滑節のときを考えると，前と同様に $M_{AB}=0$ を式（10.7）に代入すると，θ_A は

$$\theta_A=-\frac{C_{AB}l}{4EI}-\frac{\theta_B}{2}+\frac{3}{2}R$$

となるから，これを式（10.8）に代入すると，材端モーメントは

$$M_{BA} = \frac{3EI}{l}(\theta_B - R) - \frac{1}{2}C_{AB} + C_{BA} \tag{10.10}$$

となる.

さて，式（10.9）と式（10.10）の与えられた荷重に関する部分を

$$H_{AB} = C_{AB} - \frac{1}{2}C_{BA} \tag{10.11}$$

$$H_{BA} = -\frac{1}{2}C_{AB} + C_{BA} \tag{10.12}$$

とおくと，片方の節点が滑節のときのたわみ角式は次のように表わされる.

B 点が滑節のとき

$$M_{AB} = \frac{3EI}{l}(\theta_A - R) + H_{AB} \tag{10.13}$$

$$M_{BA} = 0 \tag{10.14}$$

A 点が滑節のとき

$$M_{AB} = 0 \tag{10.15}$$

$$M_{BA} = \frac{3EI}{l}(\theta_B - R) + H_{BA} \tag{10.16}$$

さて，この式で使われている H_{AB}，H_{BA} について考えてみよう.

図 10.5 のような与えられた荷重を載せた A 点が固定，B 点が滑節の梁を考えると，$\theta_A=0$ であり，部材が回転しなければ $R=0$ である．これらを式（10.13）に代入すると，$M_{AB}=H_{AB}$ となって，このような梁の A 端の材端モーメントが H_{AB} であることがわかる．H_{BA} は，これとは逆に A 点が滑節で，B 点が固定の梁を考えたときの B 点の材端モーメントである．いくつかの荷重を受けるときの荷重項 H_{AB}，H_{BA} を表 10.2 に示す.

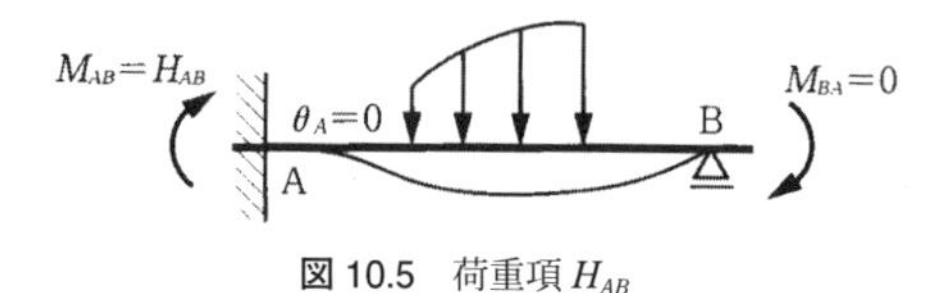

図 10.5　荷重項 H_{AB}

(5) 角モーメントを使ったたわみ角式

実際の計算では，これまでに述べたたわみ角式よりもう少し簡単な角モーメントを使ったたわみ式を使う．ここでは，角モーメントを使ったたわみ角式について述べる．

a. 剛度と剛比

部材の断面二次モーメント I を部材長 l で割ったものを剛度 $K(=I/l)$ という．また，この剛度と基準の剛度（K_0）との比を剛比 $k(=K/K_0)$ と呼んでいる．

b. 角モーメント

基準の剛度 K_0 を使って，次の2つの量を導入する．

$$\varphi = 2EK_0\theta \tag{10.17}$$

$$\psi = -6EK_0R \tag{10.18}$$

これを使うと

$$\theta_A = \frac{\varphi_A}{2EK_0}, \qquad \theta_B = \frac{\varphi_B}{2EK_0}, \qquad R_{AB} = -\frac{\psi_{AB}}{6EK_0}$$

となるので，これらを式（10.7）に代入すると

$$M_{AB} = \frac{2EI}{l}\left\{2\frac{\varphi_A}{2EK_0} + \frac{\varphi_B}{2EK_0} - 3\left(-\frac{\psi_{AB}}{6EK_0}\right)\right\} + C_{AB}$$

$I/l=K_{AB}$ であるから

$$M_{AB} = \frac{K_{AB}}{K_0}\left(2\varphi_A + \varphi_B + \psi_{AB}\right) + C_{AB}$$

K_{AB}/K_0 は剛比 k_{AB} であるから，端モーメントは次のように表現される．

$$M_{AB} = k_{AB}(2\varphi_A + \varphi_B + \psi_{AB}) + C_{AB} \tag{10.19}$$

同様に，M_{BA} は

$$M_{BA} = k_{AB}(\varphi_A + 2\varphi_B + \psi_{AB}) + C_{BA} \tag{10.20}$$

またA点が剛節でB点が滑節の場合は

$$M_{AB} = \frac{k_{AB}}{2}(3\varphi_A + \psi_{AB}) + H_{AB},\ M_{BA} = 0 \tag{10.21}$$

であり，A点が滑節でB点が剛節の場合は

$$M_{AB} = 0,\ M_{BA} = \frac{k_{AB}}{2}(3\varphi_B + \psi_{AB}) + H_{BA} \tag{10.22}$$

となる．

ここで，導入したφ，ψはモーメントの次元をもっているため，それぞれたわみ角モーメント，部材角モーメントと呼ばれる．

(6) 材端せん断力

図10.6はAB部材の鉛直方向の力の釣合いを考えるため，AB間に与えられた荷重に対する釣合いと2つの材端モーメントに対する釣合いの3つの成分に分解したものである．この図の3つの成分を加えて，2つの材端せん断力は

$$S_{AB} = -\frac{M_{AB} + M_{BA}}{l_{AB}} + S_{A0} \tag{10.23}$$

$$S_{BA} = -\frac{M_{AB} + M_{BA}}{l_{AB}} + S_{B0} \tag{10.24}$$

と表現される．ここで，S_{A0}，S_{B0}はAB部材を単純梁とみなしたときの与えられた荷重によるA点，B点のせん断力である．これらに式(10.7)および式(10.8)を代入すると，次のようにも表現できる．

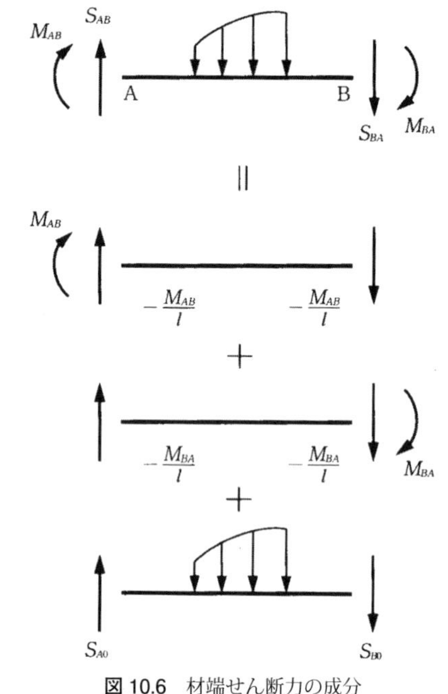

図10.6 材端せん断力の成分

$$S_{AB} = -\frac{EI}{l^2}(6\theta_A + 6\theta_B - 12R) + S_{A0} \tag{10.25}$$

$$S_{BA} = -\frac{EI}{l^2}(6\theta_A + 6\theta_B - 12R) + S_{B0} \tag{10.26}$$

(7) 方程式

ここでは，たわみ角法で使われる節点方程式，層方程式および角方程式の3つの方程式について述べる．

a. 節点方程式

ラーメンの節点では，節点に結合されている部材ごとに材端モーメントがある．

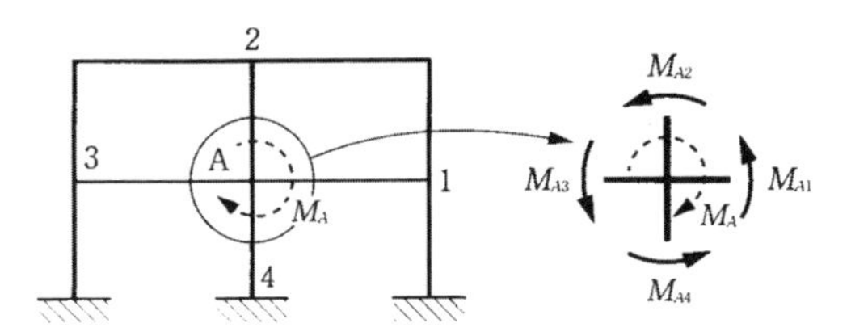

図 10.7　節点でのモーメントの釣合い

図 10.7 は 4 部材の結合された A 点の 4 つの材端モーメントを示している．A 点の近くで切断した部分のモーメントの釣合いを考えると

$$M_{A1}+M_{A2}+M_{A3}+M_{A4}=0$$

となる．もし，A 点に外力として図中の破線のようなモーメント荷重 M_A が作用している場合は

$$M_{A1}+M_{A2}+M_{A3}+M_{A4}=M_A$$

となる．これを一般に

$$\sum_{i=1}^{n} M_{Ai}=M_A \tag{10.27}$$

と書き，節点方程式という．ここで，n は節点 A に結合されている部材の数である．節点にモーメント荷重が作用していないときは $M_A=0$ である．

b. 層方程式

図 10.8 のように水平力を受けるラーメンの水平力の力の釣合いを考えてみよう．AA′ で切り取られた（b）の水平方向の力の釣合いから

$$P_1-(S_{14}+S_{25}+S_{36})=0$$

となる．また，（c）からは

$$P_1+P_2-(S_{47}+S_{58}+S_{69})=0$$

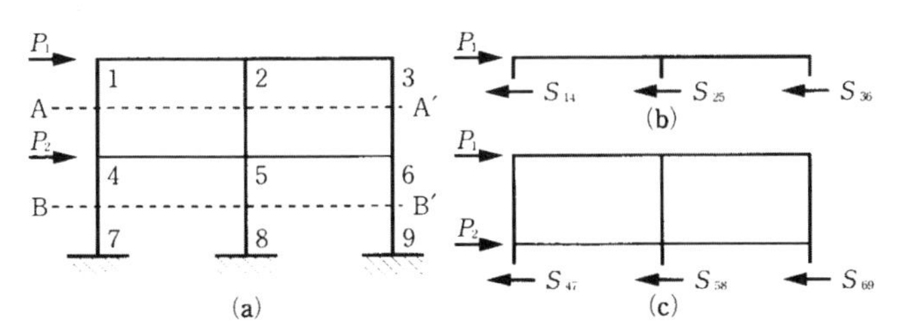

図 10.8　各層の力の釣合い

が得られる．これらを一般的に

$$P-\sum_{i=1}^{n}S_i=0 \tag{10.28}$$

と書いて層方程式という．

c．角方程式

ラーメンは荷重によって変形しても，図 10.9 のように部材と地盤で構成される多角形は閉合していなければならない．そこで，地盤を含めた各部材の部材長を l_1，l_2，……とし，それぞれの部材の右向き水平軸からの部材角を a_1，a_2，……とすると，水平距離および鉛直距離の合計は 0 となるから

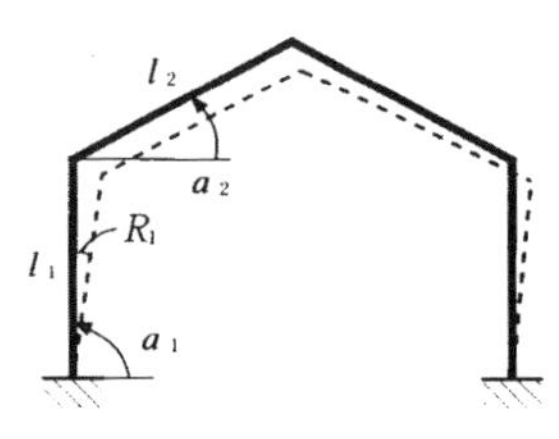

図 10.9　部材回転角の関係

$$\sum_i l_i\cos a_i=0,\qquad \sum_i l_i\sin a_i=0 \tag{10.29}$$

また，変形後でもこの多角形は閉合していなければならないから，各部材の部材回転角を R_1，R_2，……とすれば

$$\sum_i l_i\cos(a_i-R_i)=0,\qquad \sum_i l_i\sin(a_i-R_i)=0 \tag{10.30}$$

これらの式の左辺を検討すると

$$\sum_i l_i\cos(a_i-R_i)=\sum_i l_i(\cos a_i\cos R_i+\sin a_i\sin R_i)$$

$$\sum_i l_i\sin(a_i-R_i)=\sum_i l_i(\sin a_i\cos R_i-\cos a_i\sin R_i)$$

となり，部材回転角 R_i が非常に小さいことに注意すると

$$\cos R_i\fallingdotseq R_i,\qquad \sin R_i\fallingdotseq 0$$

である．このため

$$\sum_i l_i\cos(a_i-R_i)=\sum_i R_i l_i\cos a_i$$

$$\sum_i l_i\sin(a_i-R_i)=\sum_i R_i l_i\sin a_i$$

となる．つまり，式（10.30）は

$$\sum_i R_i l_i\cos a_i=0,\qquad \sum_i R_i l_i\sin a_i=0$$

となる．ここで，$\cos a_i$，$\sin a_i$ はそれぞれ部材の水平，鉛直射影であるから，それぞれ x_i，y_i とおくと，式（10.30）は

$$\sum_i R_i x_i=0,\qquad \sum_i R_i y_i=0 \tag{10.31}$$

となり，部材角モーメントψを使うと

$$\sum_i \psi_i x_i = 0, \qquad \sum_i \psi_i y_i = 0 \tag{10.32}$$

となる．これを角方程式という．

10.3 解法の手順

ラーメンをたわみ角法を使って解くには，基本的に次のように行う．

① 節点へ番号または記号をつける．

② 各部材の剛度，剛比を求める．

③ 部材角モーメントψを整理する．基本的には角方程式（10.32）を使って各ψの関係を調べるのだが，たわみ角法では温度変化のある場合を除き部材の伸び縮みはないことや対称性を考えると整理しやすい．

④ たわみ角モーメントφを整理する．固定端であれば$\varphi=0$，AとBが対称であれば$\varphi_A=-\varphi_B$，$\psi_A=\psi_B$であるなど，あらかじめ整理しておく．

⑤ たわみ角式（10.19）～(10.22）を作成し，③と④の結果を使って整理する．

⑥ 節点方程式（10.27），層方程式（10.28）を使ってφとψの方程式をつくる．

⑦ 角方程式，節点方程式および層方程式を解き，φ，ψを求める．

⑧ 材端モーメントを式（10.19）～式（10.22）のたわみ角式を使って計算し，材端せん断力を式（10.23）と式（10.24）から計算する．

⑨ 反力は材端モーメント，材端せん断力との関係，あるいは任意の点で切断された構造の釣合い条件から求める．

⑩ 部材中間部のせん断力，曲げモーメントは図10.10のような図から力の釣合いで計算する．

⑪ これまでの結果を使って，せん断力図，曲げモーメント図を描く．

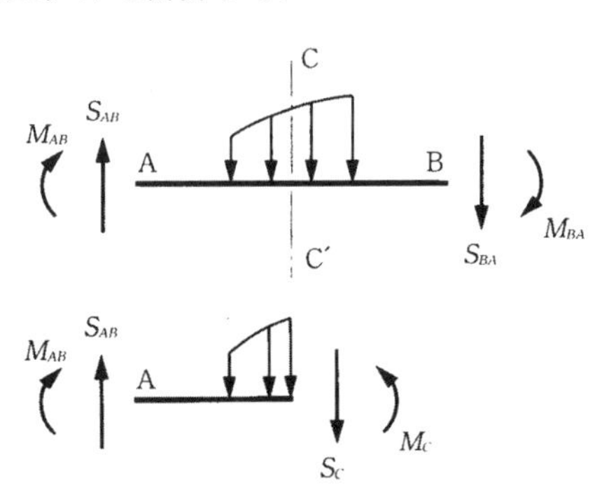

図10.10　部材中間部のせん断力，曲げモーメント

計算例 1　図 10.11 に示す集中荷重を受ける門形ラーメンをたわみ角法で解くことを考えよう．

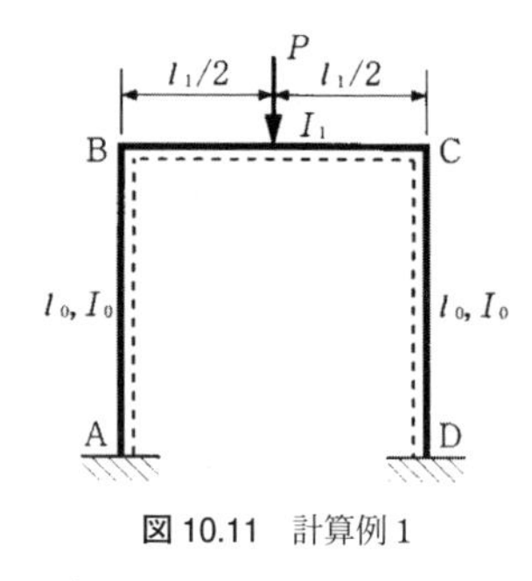

図 10.11　計算例 1

解　最初に，曲げモーメントとせん断力の正を決めておく必要がある．水平な梁の場合には，下側に凸にたわむときを曲げモーメントの正，梁の長方形要素の右側が下がる変形をせん断力の正としてこれまで学んできた．しかし，この決め方ではラーメンの垂直部材の部材力の正の決め方が明確でない．そこで，ここでは図に破線を描き，破線側に凸にたわむことを曲げモーメントの正，また破線側を下にして部材を水平にしたとき部材の長方形要素の右側が下がる変形（⧅）をせん断力の正とする．

もしこのような破線がないときは，自分で解くときに決めればよい．

① 節点に記号をつける．

② 各部材の剛度，剛比を求める．

$$K_{AB}=\frac{I_0}{l_0},\qquad K_{BC}=\frac{I_1}{l_1},\qquad K_{DC}=\frac{I_0}{l_0}$$

鉛直部材の剛度を基準の剛度（$K_{AB}=K_0$）とすると

$$k_{AB}=\frac{K_{AB}}{K_0}=1$$

$$k_{AB}=\frac{K_{BC}}{K_0}$$

これを k とする．

③ 回転角モーメント ψ を整理する．

角モーメント ψ は部材ごとの部材回転角 R に一定値を掛けたものである．この問題では ψ_{AB}，ψ_{BC}，ψ_{DC} である．さて，荷重と構造が対称であることから，BC 部材は傾かないから簡単に $\psi_{BC}=0$．また，BC 部材の伸び縮みがないことから AB 部材，CD 部材のいずれも傾くことはない．つまり，$\psi_{AB}=\psi_{CD}=0$ であることがわかる．

念のため角方程式（10.32）を使って，それぞれの ψ の関係を調べる．角方程式にあてはめると

$$x_{AB}=0,\ x_{BC}=l_1,\ x_{CD}=0,\ x_{DA}=-l_1$$

$$y_{AB}=l_0,\ y_{BC}=0,\ y_{CD}=-l_0,\ y_{DA}=0$$

であるから

$$l_1\Psi_{BC}+(-l_1)\times 0=0$$

$$l_0\Psi_{AB}+(-l_0)\Psi_{CD}=0$$

この結果，$\Psi_{BC}=0$，$\Psi_{AB}=\Psi_{CD}$ となる．

④　たわみ角モーメント φ を整理する．

図10.12を参考にすると，A点とD点は固定端であるから，たわみ角 $\theta=0$ である．このため，θ に一定値を掛けたたわみ角モーメント $\varphi=0$ となる．つまり

$$\varphi_A=\varphi_D=0$$

である．さらに，対称性から，$\theta_B=-\theta_C$．つまり

$$\varphi_B=-\varphi_C$$

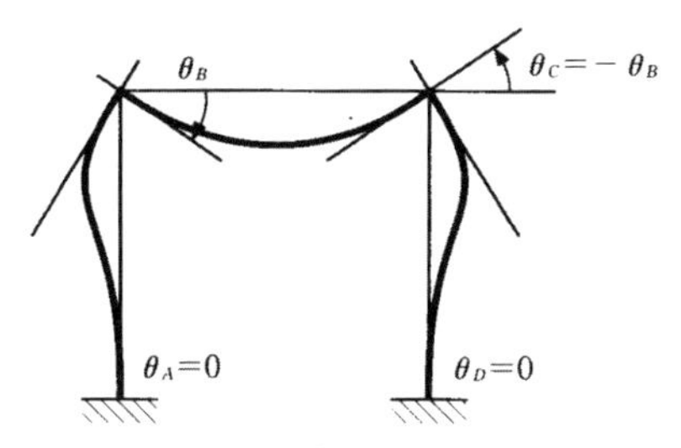

図10.12　変形とたわみ角

⑤　たわみ角式を式（10.19），（10.20）を使って作成すると

$$M_{AB}=k_{AB}(2\varphi_A+\varphi_B+\Psi_{AB})+C_{AB},\ M_{BA}=k_{AB}(\varphi_A+2\varphi_B+\Psi_{AB})+C_{BA}$$

$$M_{BC}=k_{BC}(2\varphi_B+\varphi_C+\Psi_{BC})+C_{BC},\ M_{CB}=k_{BC}(\varphi_B+2\varphi_C+\Psi_{BC})+C_{CB}$$

$$M_{CD}=k_{CD}(2\varphi_C+\varphi_D+\Psi_{CD})+C_{CD},\ M_{DC}=k_{CD}(\varphi_C+2\varphi_D+\Psi_{CD})+C_{DC}$$

②，③およびAB部材，CD部材に荷重がないことを考えると，材端モーメントは次のように整理される．

$$M_{AB}=k_{AB}(2\varphi_A+\varphi_B+\Psi_{AB})+C_{AB}=1(2\times 0+\varphi_B+0)+0=\varphi_B$$

$$M_{BA}=k_{AB}(\varphi_A+2\varphi_B+\Psi_{AB})+C_{BA}=1(0+2\varphi_B+0)+0=2\varphi_B$$

$$M_{BC}=k_{BC}(2\varphi_B+\varphi_C+\Psi_{BC})+C_{BC}=k\{2\varphi_B+(-\varphi_B)+0\}+C_{BC}$$

$$=k\varphi_B+C_{BC}$$

このほかの材端モーメントは，対称性から，$M_{CB}=-M_{BC}$，$M_{CD}=-M_{BA}$，$M_{DC}=-M_{AB}$ となっている．

⑥　節点方程式（10.27）および層方程式（10.28）を使って φ と Ψ の方程式をつくる．⑤のたわみ角式をみると，未知数は φ_B だけであるから，1つの方程式が用意されればよい．

この問題では，B 点あるいは C 点で節点方程式をつくり，φ_B を求めることができる．B 点での節点方程式をつくると図 10.13 から，

$$M_{BA}+M_{BC}=0$$

となる．これに⑤で整理したたわみ角式を入れると

$$2\varphi_B+k\varphi_B+C_{BC}=0$$

となる．

⑦　つくった方程式を解くと

$$\varphi_B=-\frac{C_{BC}}{k+2}$$

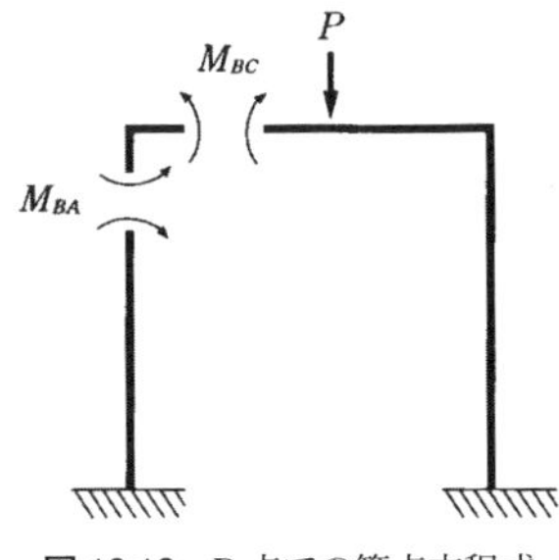

図 10.13　B 点での節点方程式

荷重項 C_{BC} は，表 10.2 から

$$C_{BC}=-\frac{Pl_1}{8}$$

$$\varphi_B=\frac{Pl_1}{8(k+2)}$$

⑧　材端モーメントを⑤で示したたわみ角式を使って計算する．

$$M_{AB}=\varphi_B=\frac{Pl_1}{8(k+2)},\qquad M_{BA}=2\varphi_B=\frac{Pl_1}{4(k+2)}$$

また，$M_{BC}=k\varphi_B+C_{BC}$ であるから

$$M_{BC}=\frac{kPl_1}{8(k+2)}-\frac{Pl_1}{8}=-\frac{Pl_1}{4(k+2)}$$

これは，B 点での節点方程式 $M_{BA}+M_{BC}=0$ より

$$M_{BC}=-M_{BA}$$

であることを利用して検算できる．

また，材端せん断力を式（10.23）と式（10.24）から計算すると

$$S_{AB}=-\frac{M_{AB}+M_{BA}}{l_{AB}}+S_{A0}$$

$$=-\frac{\dfrac{Pl_1}{8(k+2)}+\dfrac{Pl_1}{4(k+2)}}{l_0}$$

$$=-\frac{3Pl_1}{8(k+2)l_0}$$

$$S_{BA}=-\frac{M_{AB}+M_{BA}}{l_{AB}}+S_{B0}=-\frac{3Pl_1}{8(k+2)l_0}$$

⑨　反力は材端モーメント，材端せん断力との関係，あるいは任意の点で切断された構造の釣合い条件から求める．

図10.14の支点Aでの部材力と反力の釣合いから

$$M_A = M_{AB} = \frac{Pl_1}{8(k+2)}$$

$$H_A = -S_{AB} = \frac{3Pl_1}{8(k+2)l_0}$$

となり，また図10.15の切断された左側の構造の鉛直方向の力の釣合いから

$$V_A = \frac{P}{2}$$

となる．

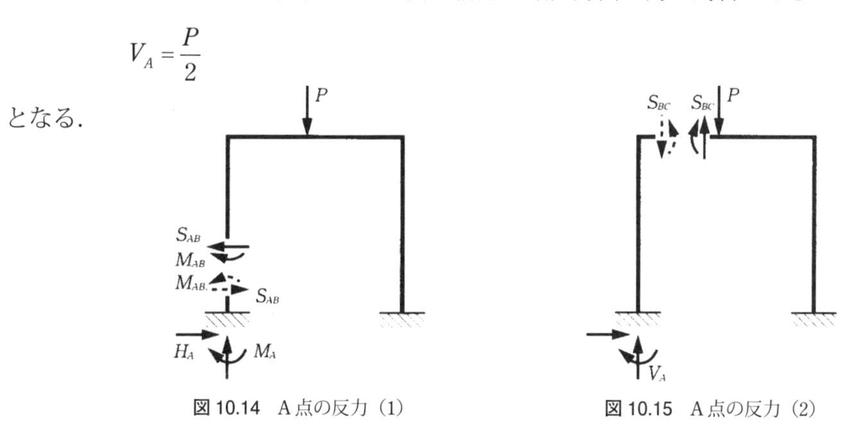

図10.14　A点の反力（1）　図10.15　A点の反力（2）

⑩　部材中間部のせん断力，曲げモーメントは図10.16のような図で検討すればよい．

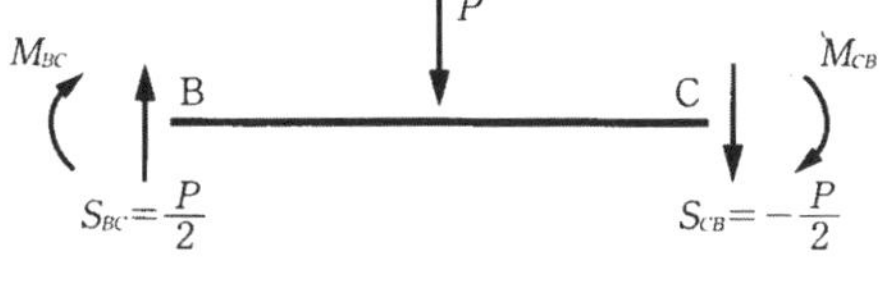

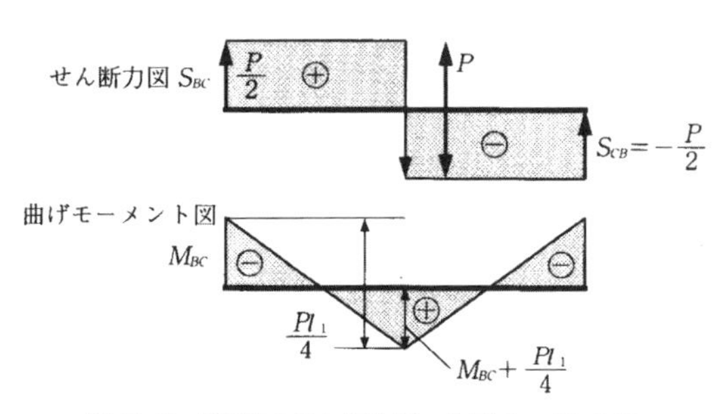

図10.16　BC間のせん断力図，曲げモーメント図

⑪　せん断力図——ここでは正のせん断力を図 10.11 の破線と反対側に描くものとする．まず，材端せん断力を入れる．AB，CD 区間は荷重がないこと，BC 区間は集中荷重が加わっていることに注意して描くと図 10.17 となる．

曲げモーメント図——破線側に正の曲げモーメントを書くこととする．材端の曲げモーメントを入れる．部材の右側では材端モーメントの正の向きが曲げモーメントの正の向きと反対であることに注意しなければならない．部材中間の曲げモーメントは，図 10.16 で示したように材端モーメントに左側の材端からそこまでの区間のせん断力の面積を加えればよい．曲げモーメント図を図 10.18 に示す．

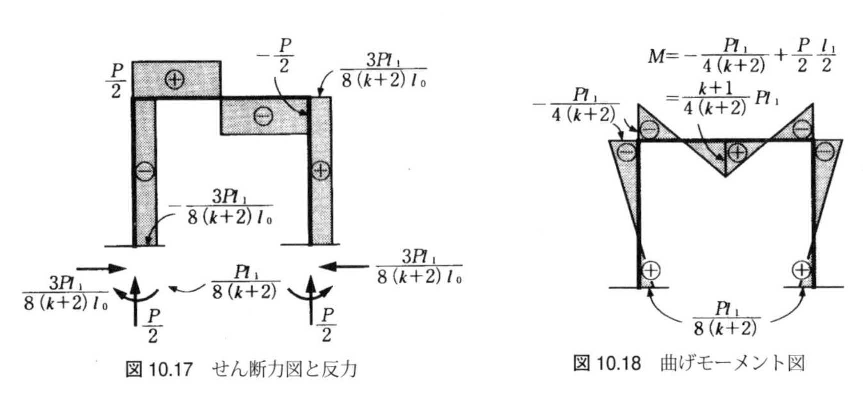

図 10.17　せん断力図と反力　　　図 10.18　曲げモーメント図

計算例 2　図 10.19 の水平荷重を受けるラーメンを考えよう．

解　前の例とは異なって部材 AB と部材 CD に部材回転角が発生することに注意しよう．

①，②記号，剛比は与えられている．

③　角方程式から

$$h\Psi_{AB}-h\Psi_{CD}=0$$

$$l\Psi_{BC}=0$$

$$\therefore \Psi_{AB}=\Psi_{CD}, \qquad \Psi_{BC}=0$$

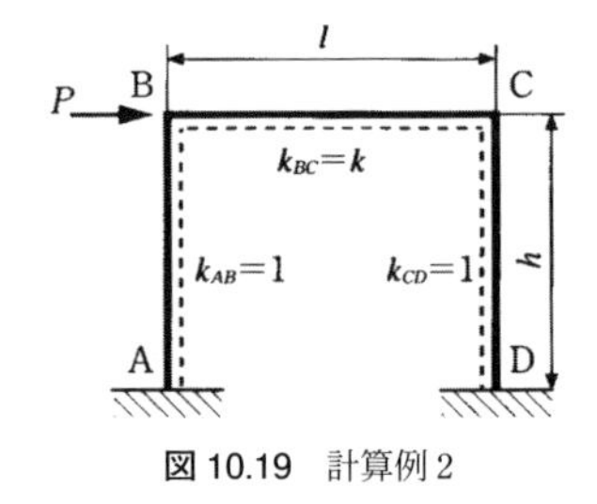

図 10.19　計算例 2

④　A，D 点は固定端であるから

$$\varphi_A=\varphi_D=0$$

⑤　たわみ角式をつくって，③と④のことを考慮すると次のように整理される．

$M_{AB}=\varphi_B+\Psi_{AB}$,　　$M_{BA}=2\varphi_B+\Psi_{AB}$

$M_{BC}=k(2\varphi_B+\varphi_C)$,　　$M_{CB}=k(\varphi_B+2\varphi_C)$

$M_{CD}=2\varphi_C+\Psi_{AB}$,　　$M_{DC}=\varphi_C+\Psi_{AB}$

⑥　未知数はφ_B, φ_C, Ψ_{AB}の3つであるから，3つの方程式が必要である．B点での節点方程式から，$M_{BA}+M_{BC}=0$となるので

$$(2k+2)\varphi_B+k\varphi_C+\Psi_{AB}=0 \tag{1}$$

C点での節点方程式から，$M_{CB}+M_{CD}=0$となるので

$$k\varphi_B+(2k+2)\varphi_C+\Psi_{AB}=0 \tag{2}$$

層方程式をつくると

$$P-S_{BA}-S_{CD}=0$$

せん断力S_{BA}, S_{CD}はそれぞれ，式（10.23）と式（10.24）を使って

$$S_{BA}=-\frac{3\varphi_B+2\psi_{AB}}{h}$$

$$S_{CD}=-\frac{3\varphi_C+2\psi_{AB}}{h}$$

と表現されるので，層方程式は次のようになる．

$$3\varphi_B+3\varphi_C+4\Psi_{AB}=-Ph \tag{3}$$

⑦　式（1）－式（2）から

$$\varphi_B=\varphi_C$$

がわかるので，これを使うと式（1）および式（3）は

$$(3k+2)\varphi_B+\Psi_{AB}=0$$

$$6\varphi_B+4\Psi_{AB}=-Ph$$

この2つの連立方程式を解くと，次のようにφ_BとΨ_{AB}が求められる．

$$\varphi_B=\frac{1}{2(6k+1)}Ph$$

$$\psi_{AB}=-\frac{3k+2}{2(6k+1)}Ph$$

⑧　⑤のたわみ角式に代入すると

$$M_{AB}=-\frac{(3k+1)}{2(6k+1)}Ph,\qquad M_{BA}=-\frac{3k}{2(6k+1)}Ph$$

$$M_{BC}=M_{CB}=\frac{3k}{2(6k+1)}Ph$$

⑨，⑩，⑪　計算例 1 と同様に計算すると，反力，せん断力および曲げモーメント図は図 10.20，10.21 となる．剛比 k が 1 の場合の曲げモーメント図を図 10.22 に示す．

このラーメンの変形のイメージを図 10.23 に示す．

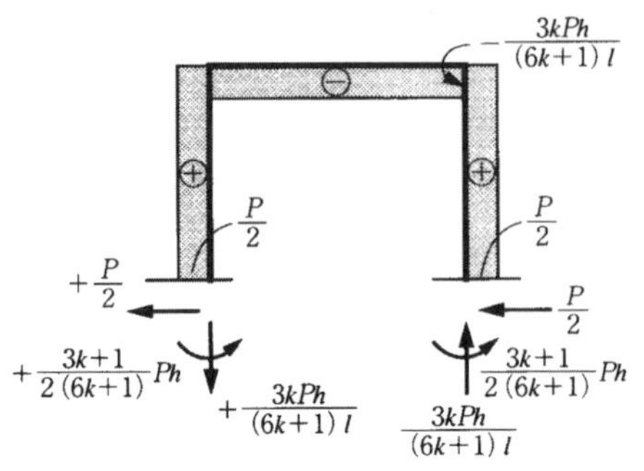

図 10.20　せん断力図と反力

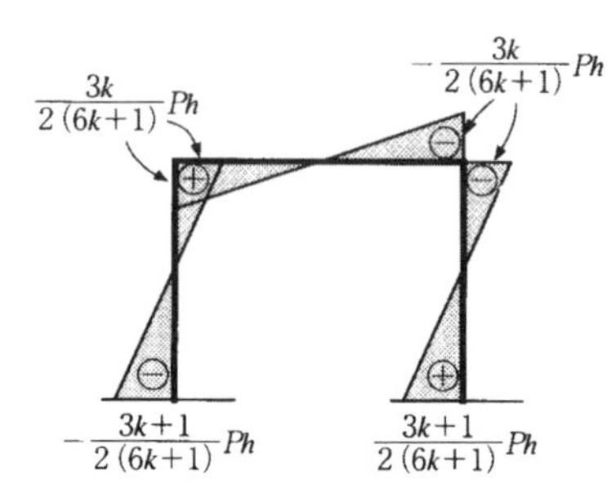

図 10.21　曲げモーメント図

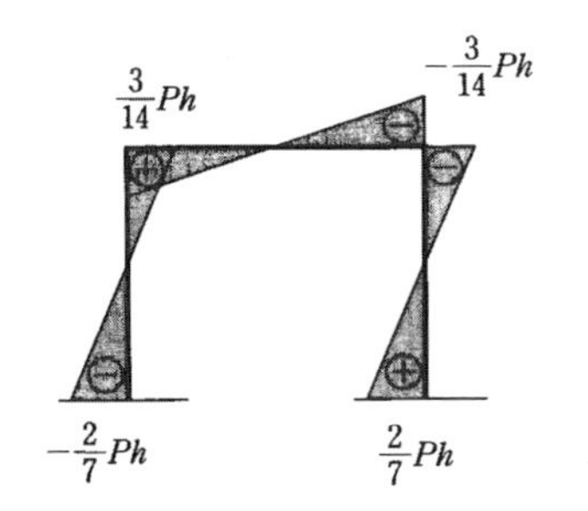

図 10.22　$k=1$ のときの曲げモーメント図

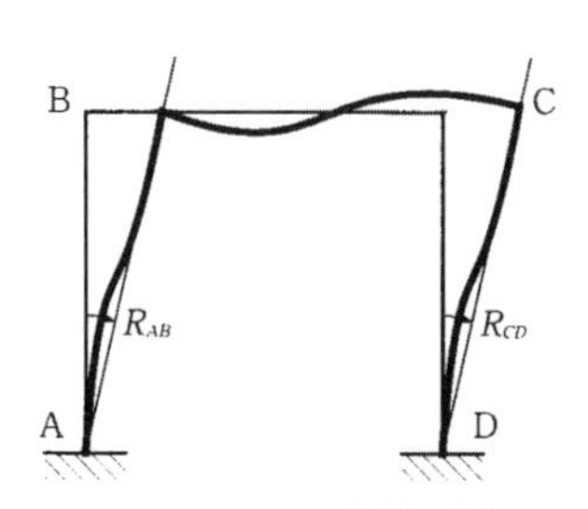

図 10.23　変形と部材回転角

計算例 3　温度変化を受ける例題

図 10.24 に示すラーメンが一様に温度 t だけ上昇したときの材端の曲げモーメントを求めよう．部材の温度線膨張係数は α とする．

解　たわみ角法では部材に発生する軸力を考慮していないため，この温度変化によって鉛直部材 AB と CD は αth だけ，水平部材 BC は αtl だけ伸びると考えることとする．

①，②　記号，剛比は与えられている．

③　角方程式（10.31）を使うと

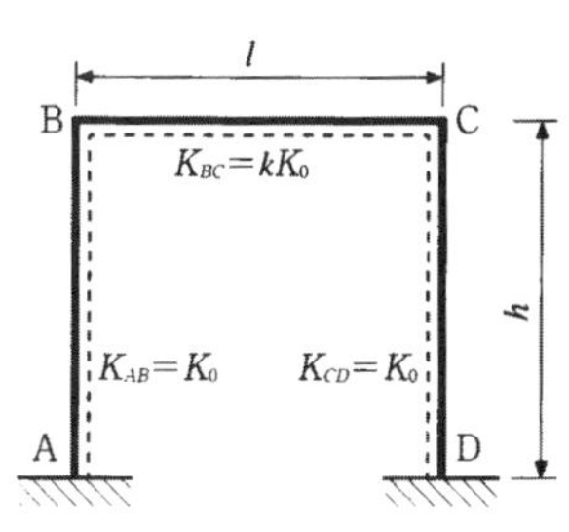

図 10.24　計算例3

$$hR_{AB}+(l+\alpha tl)-hR_{CD}-l=0$$
$$lR_{BC}=0$$

整理すると

$$R_{AB}-R_{CD}=-\frac{\alpha tl}{h}$$
$$R_{BC}=0$$

対称性を考慮すると，$R_{AB}=-R_{CD}$ であるから

$$R_{AB}=-R_{CD}=-\frac{\alpha tl}{2h}$$

式（10.18）の角モーメントの定義から

$$\psi_{AB}=-\psi_{CD}=-6EK_0\left(-\frac{\alpha tl}{2h}\right)=\frac{3EK_0\alpha tl}{h}$$
$$\psi_{BC}=0$$

④　たわみ角モーメントについて調べると，A，D 点が固定端であるから，$\varphi_A=\varphi_D=0$．また，対称性から $\varphi_B=-\varphi_C$ である．

⑤　未知数が φ_B だけであることを考慮して，必要なたわみ角式を式（10.19），（10.20）を使って作成すると

$$M_{AB}=\varphi_B+\psi_{AB}$$
$$M_{BA}=2\varphi_B+\psi_{AB}$$
$$M_{BC}=k(2\varphi_B+\varphi_C+\psi_{BC})=k\varphi_B$$

⑥，⑦　節点Bで節点方程式をつくると

$$2\varphi_B+\psi_{AB}+k\varphi_B=0$$
$$\varphi_B=-\frac{\psi_{AB}}{2+k}=-\frac{3EK_0\alpha tl}{(2+k)h}$$

⑧　⑤のたわみ角式に代入し，対称性を考慮すれば各材端曲げモーメントは次のように求められる．

$$M_{AB}=-M_{DC}=-\frac{3EK_0\alpha tl}{(2+k)h}+\frac{3EK_0\alpha tl}{h}=\frac{3(1+k)EK_0\alpha tl}{(2+k)h}$$
$$-M_{BC}=M_{BA}=M_{CB}=-M_{CD}=\frac{3kEK_0\alpha tl}{(2+k)h}$$

部材の右端の曲げモーメントの符号を変えて，図10.25のような曲げモーメント図が得られる．

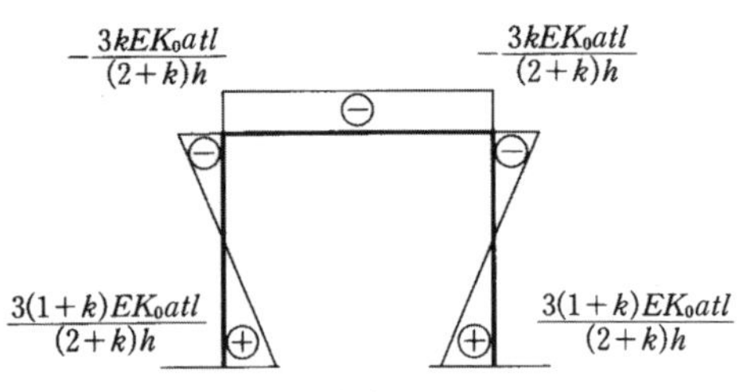

図 10.25　曲げモーメント図

宝風橋（たからかぜ）（秋田県仙北市田沢湖生保内）

V 字型の橋脚をもつラーメン橋「宝風橋」の名前の宝風とは，めぐみの風からきている．夏に，東北地方の三陸沿岸に冷たく湿った「やませ」と呼ばれる東風が吹くと，冷害をもたらす．しかし，「やませ」が奥羽山脈を超えると，フェーン現象により，乾燥した高温の風になりめぐみの風となる．2003 年は東北地方は凶作の年で，特に岩手県は深刻な冷害であったが，秋田県だけが平年作であった．

第 11 章　三連モーメントの定理

三連モーメント（three-moment equation）の定理は，1857 年にフランスのクラペイロン(Clapeyron)によって提唱された定理である．この定理は応力法に属するものであり，連続梁やラーメン構造物の解析に応用されている．第 10 章で述べた変形法であるたわみ角法においては，節点たわみ角や部材回転角を未知数とする連立方程式をたて，これらの未知量を求めた後，部材断面力および支点反力を求めるという計算過程をたどった．もし連立方程式の未知数を変形量でなく断面力にとるならば，直接断面力が求まるので，計算過程をいくらかでも短縮することができるかもしれない．三連モーメントの定理は，この疑問に答える計算法であり，特に連続梁の解法に適している．本章では，三連モーメントの定理を誘導し，それによる連続梁の解法を主に解説する．

11.1　三連モーメントの定理の誘導

三連モーメントの定理を誘導する前に，図 11.1 に示すような両支点に，沈下量と曲げモーメントが与えられた単純梁の両支点のたわみ角の式を誘導しておく．

中間に荷重が作用していない場合を考えると，梁の微分方程式は

$$EI\frac{d^4y}{dx^4}=0 \tag{11.1}$$

となる．上式に積分を繰り返すと

$$EIy=\frac{C_1}{6}x^3+\frac{C_2}{2}x^2+C_3x+C_4 \tag{11.2}$$

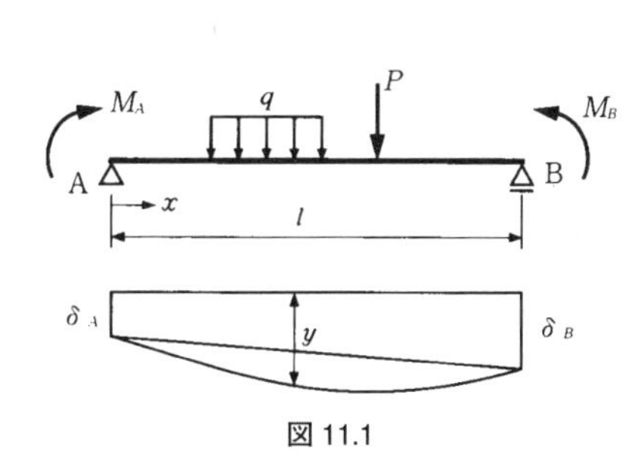

図 11.1

境界条件は

$$x=0 \text{ で} \quad y=\delta_A, \quad EI\frac{d^2y}{dx^2}=-M_A$$

$$x=l \text{ で} \quad y=\delta_B, \quad EI\frac{d^2y}{dx^2}=-M_B$$

条件式より，積分定数 C_1，C_2，C_3，C_4 は次のように求まる．

$$C_1=\frac{M_A-M_B}{l}, \qquad C_2=-M_A$$

$$C_3=\frac{(2M_A+M_B)l}{6}+EI\frac{\delta_B-\delta_A}{l}, \qquad C_4=EI\delta_A$$

したがって，たわみの式は上式を式 (11.2) に代入することにより

$$y=\frac{M_A l^2}{6EI}\left\{\left(\frac{x}{l}\right)^3-3\left(\frac{x}{l}\right)^2+2\frac{x}{l}\right\}-\frac{M_B l^2}{6EI}\left\{\left(\frac{x}{l}\right)^3-\frac{x}{l}\right\}+\delta_A\left(1-\frac{x}{l}\right)+\delta_B\frac{x}{l} \tag{11.3}$$

たわみ角は

$$\theta=\frac{dy}{dx}=\frac{M_A l}{6EI}\left\{3\left(\frac{x}{l}\right)^2-6\frac{x}{l}+2\right\}-\frac{M_B l}{6EI}\left\{3\left(\frac{x}{l}\right)^2-1\right\}+\frac{\delta_B-\delta_A}{l} \tag{11.4}$$

支点 A，B におけるたわみ角 θ_{AB}，θ_{BA} は

$$\left.\begin{aligned}\theta_{AB}&=\frac{l}{6EI}(2M_A+M_B)+\frac{\delta_B-\delta_A}{l}\\ \theta_{BA}&=-\frac{l}{6EI}(M_A+2M_B)+\frac{\delta_B-\delta_A}{l}\end{aligned}\right\} \tag{11.5}$$

中間荷重がある場合には，上式は次のように拡張される．

$$\left.\begin{aligned}\theta_{AB}&=\frac{l}{6EI}(2M_A+M_B)+\tau_{A0}+R\\ \theta_{BA}&=-\frac{l}{6EI}(M_A+2M_B)+\tau_{B0}+R\end{aligned}\right\} \tag{11.6}$$

ここで，$R=(\delta_B-\delta_A)/l$ は部材の剛体回転部分を示すので部材回転角ともいう．τ_{A0}, τ_{B0} は, AB 間の荷重による単純梁としての A, B 端のたわみ角を表わす．モールの定理により，τ_{A0}，τ_{B0} は次のように表わされる．

$$\left.\begin{aligned}\tau_{A0} &= \frac{1}{EIl}\int_0^l M_{x0}(l-x)dx = \frac{A}{EI} \\ \tau_{B0} &= -\frac{1}{EIl}\int_0^l M_{x0}xdx = -\frac{B}{EI}\end{aligned}\right\} \tag{11.7}$$

ただし，M_{x0} は単純梁の AB 間の荷重によって生ずる A 端から x の距離の曲げモーメントである．したがって上式中の A，B は，曲げモーメント M_{x0} を荷重としたときの A，B 端の支点反力を表わしている．

式 (11.7) を使って式 (11.6) を整理すると

$$\left.\begin{aligned}\theta_{AB} &= \frac{1}{EI}\left\{\frac{l}{6}(2M_A + M_B) + A\right\} + R \\ \theta_{BA} &= -\frac{1}{EI}\left\{\frac{l}{6}(M_A + 2M_B) + B\right\} + R\end{aligned}\right\} \tag{11.8}$$

次に，上式を使って三連モーメントの定理を誘導する．

図 11.2(a)に示す多スパン連続梁の任意支点 i の左右の 2 スパン l_i，l_{i-1} について考える．この連続梁の支点$(i-1)$，i，$(i+1)$に生ずる曲げモーメントを，それぞれ，M_{i-1}，M_i，M_{i+1} とする．図(b)に示すように 2 つの梁の力学的状態は，スパン l_i と l_{i+1} の単純梁に中間荷重と両端にモーメント荷重 M_{i-1}，M_i，M_{i+1} を作用させた場合と同じ状態である．

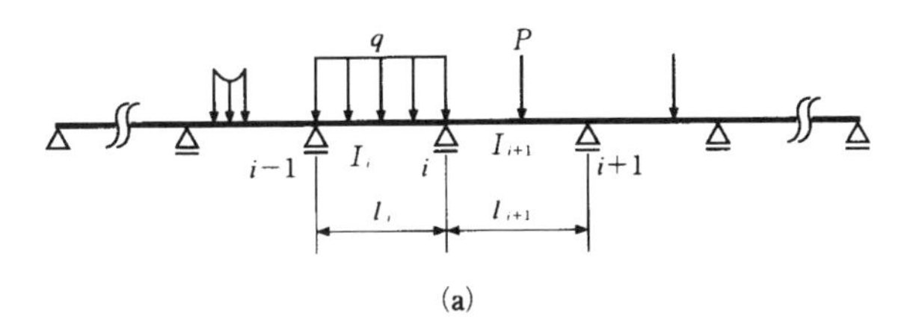

(a)

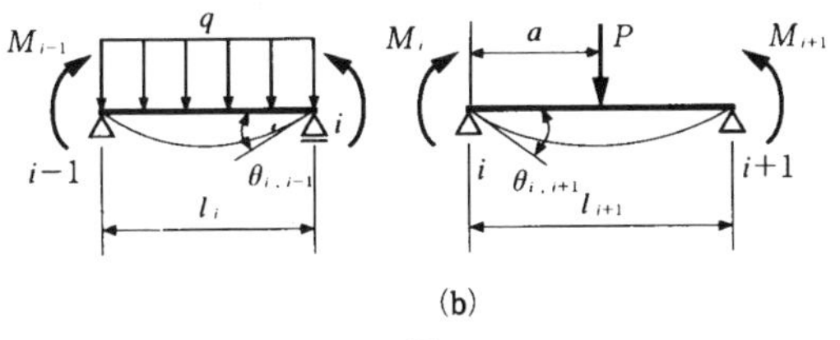

(b)

図 11.2

したがって，スパン l_i および l_{i+1} の支点 i におけるたわみ角は式 (11.8) より

$$\left.\begin{aligned}\theta_{i,i-1} &= -\frac{1}{EI_i}\left\{\frac{l_i}{6}\left(M_{i-1}+2M_i\right)+B_i\right\}+R_i \\ \theta_{i,i+1} &= \frac{1}{EI_{i+1}}\left\{\frac{l_{i+1}}{6}\left(2M_i+M_{i+1}\right)+A_{i+1}\right\}+R_{i+1}\end{aligned}\right\} \tag{11.9}$$

ここで，I_i，I_{i+1} は，スパン l_i，l_{i+1} の梁の断面二次モーメントを表わし，B_i，A_{i+1} はスパン l_i の右端およびスパン l_{i+1} の左端の荷重項を表わす．R_i，R_{i+1} は支点沈下がある場合のスパン l_i，l_{i+1} の部材回転角で時計まわり方向を正とする．すなわち R_i，R_{i+1} を各支点の沈下量 δ_{i-1}，δ_i，δ_{i+1} で表わすと次式のようになる．

$$R_i = \frac{\delta_i-\delta_{i-1}}{l_i}, \qquad R_{i+1} = \frac{\delta_{i+1}-\delta_i}{l_{i+1}}$$

もとの連続梁の支点 i 上におけるたわみ曲線の接線は，左右のスパンで同じである．すなわち，スパン l_i と l_{i+1} の 2 つの単純梁が支点 i で連続するためには，支点 i の左右のたわみ角 $\theta_{i,\,i-1}$ と $\theta_{i,\,i+1}$ は等しくなければならない．

$$\theta_{i,\,i-1}=\theta_{i,\,i+1} \tag{11.10}$$

式 (11.9) を式 (11.10) に代入して整理すると

$$\begin{aligned}&\frac{l_i}{I_i}M_{i-1}+2\left(\frac{l_i}{I_i}+\frac{l_{i+1}}{I_{i+1}}\right)M_i+\frac{l_{i+1}}{I_{i+1}}M_{i+1} \\ &\quad = -6\left(\frac{B_i}{I_i}+\frac{A_{i+1}}{I_{i+1}}\right)+6E\left(R_i-R_{i+1}\right)\end{aligned} \tag{11.11}$$

上式は相隣り合う 3 つの支点($i-1$，i，$i+1$)の各曲げモーメントの間に成立すべき関係を表わす式であり，これを三連モーメント式あるいはクラペイロンの三連モーメントの定理という．この式における A，B は荷重条件より求められるもので，三連モーメントの定理における荷重項と呼ぶ．代表的な荷重による A_i，B_i の値を表 11.1 にまとめておく．また，式 (11.11) で用いる I_i，l_i，A_i，B_i，R_i についている添字 i は，部材 i を表わしており，M_i についている添字 i は支点 i を表わしているので，注意が必要である．

なお，全スパンにわたって I が一定で，等スパン l の場合は，式 (11.11) は次のように簡単になる．

$$M_{i-1}+4M_i+M_{i+1} = -\frac{6}{l}\left(B_i+A_{i+1}\right)+\frac{6EI}{l}\left(R_i-R_{i+1}\right) \tag{11.12}$$

表 11.1　三連モーメント式の荷重項

No.	荷 重 状 態	A_i	B_i
1	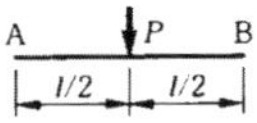 A　P　B $l/2$　$l/2$	$\dfrac{Pl^2}{16}$	$\dfrac{Pl^2}{16}$
2	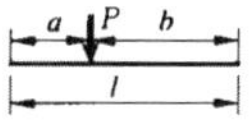 a　P　b l	$\dfrac{P}{6\,l}ab(l+b)$	$\dfrac{P}{6\,l}ab(l+a)$
3	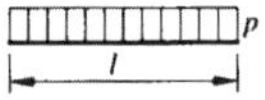 p l	$\dfrac{1}{24}pl^3$	$\dfrac{1}{24}pl^3$
4	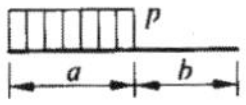 p a　b	$\dfrac{p}{24\,l}(l^2-b^2)^2$	$\dfrac{p}{24\,l}a^2(2\,l^2-a^2)$
5	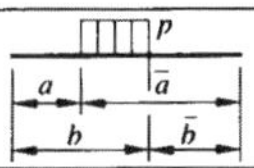 p a　$\bar{a}$ b　$\bar{b}$	$\dfrac{p}{24\,l}(\bar{a}^2-\bar{b}^2)(2\,l^2-\bar{a}^2-\bar{b}^2)$	$\dfrac{p}{24\,l}(b^2-a^2)(2\,l^2-a^2-b^2)$
6	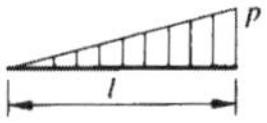 p l	$\dfrac{7\,pl^3}{360}$	$\dfrac{8\,pl^3}{360}$
7	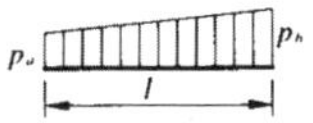 p_a　p_b l	$\dfrac{l^3}{360}(8\,p_a+7\,p_b)$	$\dfrac{l^3}{360}(7\,p_a+8\,p_b)$
8	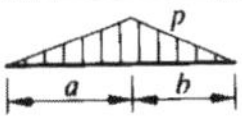 p a　b	$\dfrac{p}{360}(l+b)(7\,l^2-3\,b^2)$	$\dfrac{p}{360}(l+a)(7\,l^2-3\,a^2)$
9	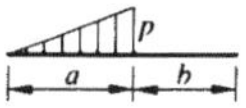 p a　b	$\dfrac{pa^2}{360\,l}(7\,l^2+21\,lb+12\,b^2)$	$\dfrac{pa^2}{90\,l}(5\,l^2-3\,a^2)$
10	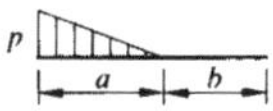 p a　b	$\dfrac{pa^2}{360\,l}(8\,l^2+9\,lb+3\,b^2)$	$\dfrac{pa^2}{360\,l}(10\,l^2-3\,a^2)$
11	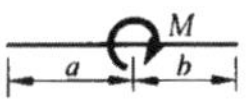 M a　b	$-\dfrac{M}{6\,l}(l^2-3\,b^2)$	$\dfrac{M}{6\,l}(l^2-3\,a^2)$
12	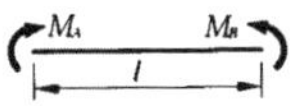 M_A　M_B l	$\dfrac{l}{6}(2\,M_A+M_B)$	$\dfrac{l}{6}(M_A+2\,M_B)$
13	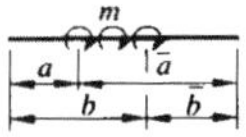 m a　$\bar{a}$ b　$\bar{b}$	$\dfrac{m}{6\,l}[\bar{b}(l^2-\bar{b}^2)-\bar{a}(l^2-\bar{a}^2)]$	$\dfrac{m}{6\,l}[b(l^2-b^2)-a(l^2-a^2)]$
14	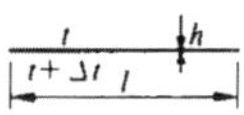 t　h $t+\Delta t$　l	$\dfrac{\alpha\Delta tl}{2\,h}EI$（$\alpha$：線膨張係数）	$\dfrac{\alpha\Delta tl}{2\,h}EI$（$\alpha$：線膨張係数）

さて，三連モーメント式は連続梁だけでなく，ラーメン構造の解法(特に単スパン1層ラーメン)に際しても適用できる．すなわち，図11.3に示すような剛節部材の節点($i-1$，i，$i+1$)に対しても，三連モーメントの定理が成立する．ただし，ラーメンの解法に三連モーメントの定理を適用する場合には，たわみ角法と同様，角方程式や層方程式を併用して解かなければならない．また，三連モーメントの定理は剛節節点に集まる部材が2つの場合にしか適用できない．3個以上の部材が剛結されている場合には，四連モーメントの定理[1)]を用いなければならない．

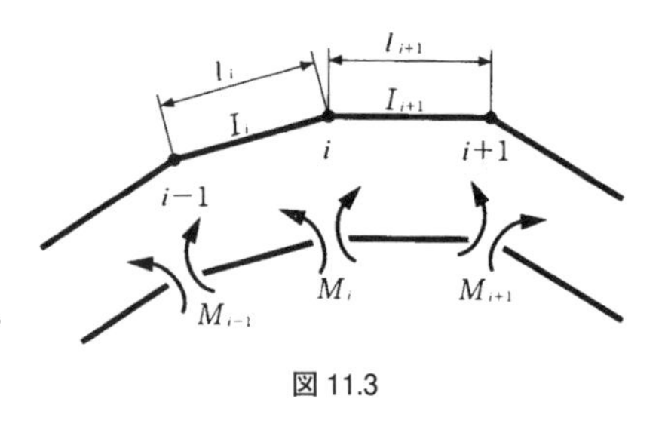

図 11.3

11.2　支点反力と断面力

連続梁の支点上における曲げモーメントが求められると，これを用いて支点反力と断面力を計算することができる．

図11.2(a)に示すような多スパン連続梁の支点反力は，各スパンを単純梁と考え，各単純梁の支点反力より求めることができる．すなわち支点iの反力V_iを求めるためには図11.4に示すように支点iの左右のスパンを考え，それぞれのスパンの支点反力を求める必要がある．図11.4に示すようなスパンl_iの単純梁の両端の支点反力$V_{i-1,右}$と$V_{i左}$は次のようになる．

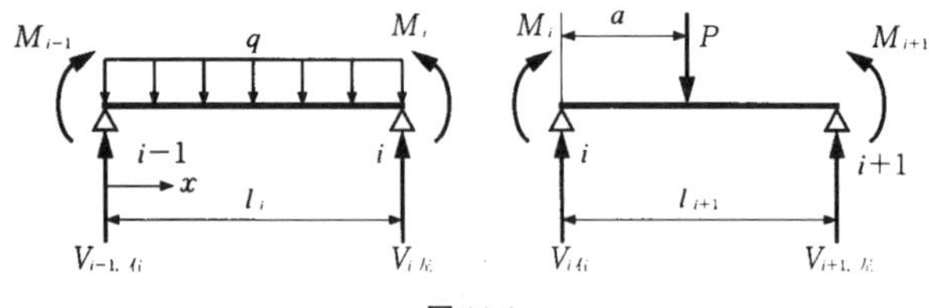

図 11.4

$$\left.\begin{aligned} V_{i-1,右} &= V^0_{i-1,右} + \frac{M_i - M_{i-1}}{l_i} \\ V_{i左} &= V^0_{i左} - \frac{M_i - M_{i-1}}{l_i} \end{aligned}\right\}$$

ここに，$V^0_{i-1,右}$，$V^0_{i左}$は，スパンl_iの単純梁の中間荷重による支点$(i-1)$，iの支点反力である(図11.4の場合には，$V^0_{i-1,右}= V^0_{i左}=ql_i/2$)．同様に，スパン$l_{i+1}$の単純梁の両端の支点反力$V_{i右}$と$V_{i+1,左}$は次のようになる．

$$\left.\begin{aligned} V_{i右} &= V^0_{i右} + \frac{M_{i+1} - M_i}{l_{i+1}} \\ V_{i+1,左} &= V^0_{i+1,左} - \frac{M_{i+1} - M_i}{l_{i+1}} \end{aligned}\right\}$$

ここに，$V^0_{i右}$，$V^0_{i+1,左}$は，スパンl_{i+1}の単純梁の中間荷重による支点i，$(i+1)$の支点反力である(図11.4の場合には，$V^0_{i右}=P(l_{i+1}-a)/l_{i+1}$，$V^0_{i+1,右}=Pa/l_{i+1}$)．

連続梁の中間支点iの反力V_iは，図11.4に示す2つの単純梁の支点iにおける反力$V_{i左}$と$V_{i右}$の和より求まる．すなわち支点上に荷重P_i(下向き)が作用している場合も含めて

$$\begin{aligned} V_i &= V_{i左} + V_{i右} + P_i \\ &= P_i + V^0_{i左} + V^0_{i右} + \frac{M_{i+1} - M_i}{l_{i+1}} - \frac{M_i - M_{i-1}}{l_i} \end{aligned} \tag{11.13}$$

となる．もし，支点がないところでは$V_i=0$となり，次式が求まる．

$$P_i + V^0_{i左} + V^0_{i右} = \frac{M_i - M_{i-1}}{l_i} - \frac{M_{i+1} - M_i}{l_{i+1}} \tag{11.14}$$

次に，図11.4の連続梁のスパンl_iにおいて，支点$i-1$より距離xの断面に作用するせん断力$S(x)$と曲げモーメント$M(x)$は，次式のようになる．

$$\left.\begin{aligned} S(x) &= S_0(x) + \frac{M_i - M_{i-1}}{l_i} \\ M(x) &= M_0(x) + M_{i-1}\left(1 - \frac{x}{l_i}\right) + M_i \frac{x}{l_i} \end{aligned}\right\} \tag{11.15}$$

ここで，$S_0(x)$，$M_0(x)$はスパンl_iの単純梁の中間荷重によるせん断力とモーメントを表わす(図11.4の場合には，$S_0(x)=q\{(l_i/2)-x\}$，$M_0(x)=qx(l_i-x)/2$)．

11.3 固定支点の処理

図 11.5 に示すように，連続梁の端支点が固定の場合も三連モーメントの定理が適用できる．この場合，固定支点 0 の左に，図(b)に示すように，$I=\infty$の梁が連なっているものと仮定して三連モーメント式を適用すると

$$\frac{l_0}{I_0}M_{-1}+2\left(\frac{l_0}{I_0}+\frac{l_1}{I_1}\right)M_0+\frac{l_2}{I_2}M_1$$
$$=-6\left(\frac{B_0}{I_0}+\frac{A_1}{I_1}\right)+6E\left(R_0-R_1\right)$$

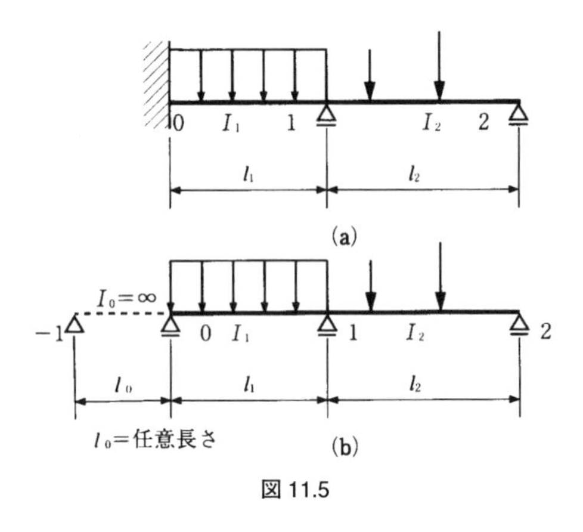

図 11.5

したがって，この仮想スパン l_0 では $l_0/I_0=l_0/\infty=0$，$B_0/I_0=0$ となるので，支点沈下がないとすると，上式は次のようになる．

$$2\frac{l_1}{I_1}M_0+\frac{l_2}{I_2}M_1=-6\frac{A_1}{I_1}$$

連続梁の右端に固定支点がある場合も，まったく同じように考えればよい．

計算例 1 図 11.6 に示す 2 スパン連続梁の各支点の曲げモーメントと反力を求めよ．ただし，I は全スパン一定とし支点の沈下はないものとする．

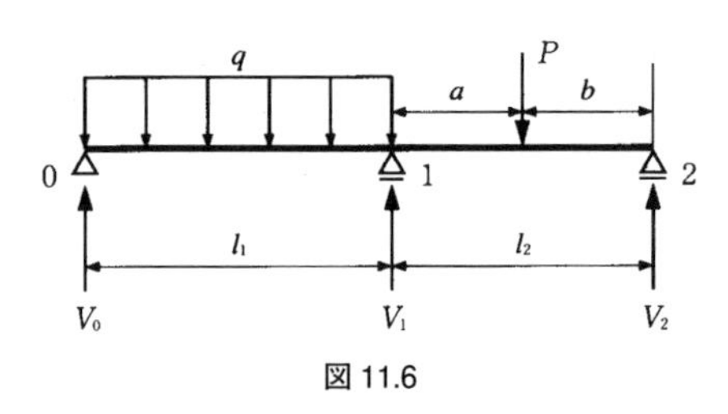

図 11.6

解 支点 0, 1, 2 の間に三連モーメント式を適用すると

$$\frac{l_1}{I}M_0+2\left(\frac{l_1}{I}+\frac{l_2}{I}\right)M_1+\frac{l_2}{I}M_2=-6\left(\frac{B_1}{I}+\frac{A_2}{I}\right)+6E\left(R_1-R_2\right) \quad (1)$$

ここで，両支点 0，2 はヒンジ支点とローラー支持であるから

$$M_0=M_2=0$$

荷重項は表 11.1 の No.2，3 より

$$B_1=\frac{ql_1^3}{24},\qquad A_2=\frac{Pab}{6l_2}\left(l_2+b\right)$$

支点沈下はないので $R_1=R_2=0$ となり，式(1)は次のようになる．

$$\frac{2}{I}\left(l_1+l_2\right)M_1=-6\left(\frac{B_1}{I}+\frac{A_2}{I}\right)$$

$$\therefore M_1=-\frac{3\left(B_1+A_2\right)}{l_1+l_2}=-\frac{3}{l_1+l_2}\left\{\frac{ql_1^3}{24}+\frac{Pab}{6l_2}\left(l_2+b\right)\right\}$$

次に，図 11.7 に示すように各スパンを支点 1 に M_1 が作用する単純梁と考えて支点反力を求める．

図 11.7 の(a)より支点反力 V_0，$V_{1左}$は，支点 1，0 でのそれぞれのモーメントの釣合いをとることにより

$$V_0l_1-ql_1\cdot\frac{l_1}{2}-M_1=0\qquad\therefore V_0=\frac{ql_1}{2}+\frac{M_1}{l_1}$$

$$V_{1左}l_1-ql_1\cdot\frac{l_1}{2}+M_1=0\qquad V_{1左}=\frac{ql_1}{2}-\frac{M_1}{l_1}$$

同様にして，図 11.7 の(b)より支点反力 $V_{1右}$，V_2 は

$$V_{1右}l_2-Pb+M_1=0\qquad V_{1右}=\frac{Pb}{l_2}-\frac{M_1}{l_2}$$

$$V_2l_2-Pa-M_1=0\qquad\therefore V_2=\frac{Pa}{l_2}+\frac{M_1}{l_2}$$

中間支点反力 V_1 は $V_{1左}$ と $V_{1右}$を加えることにより

$$V_1=V_{1左}+V_{1右}=\frac{ql_1}{2}+\frac{Pb}{l_2}-\frac{M_1}{l_1}-\frac{M_1}{l_2}$$

最終的に曲げモーメントは図 11.8 のようになる．

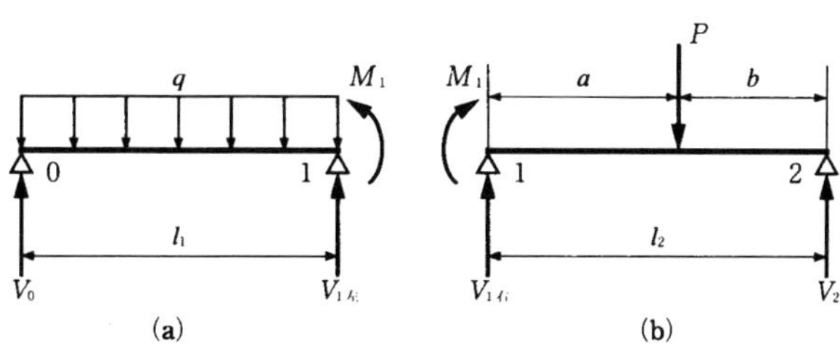

図 11.7

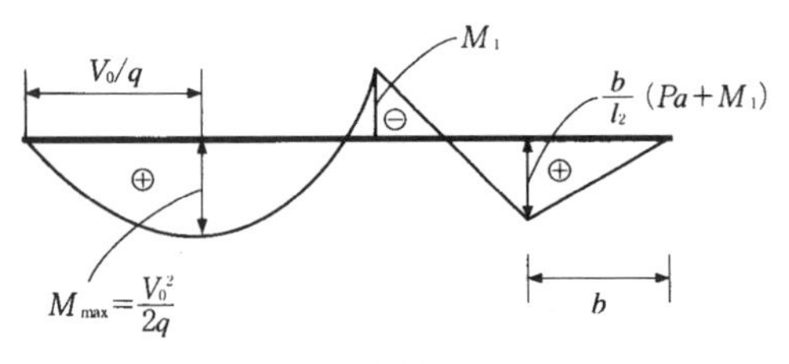

図 11.8

計算例 2 図 11.9 に示す等 3 スパン連続梁に等分布荷重が満載した場合について，曲げモーメント図とせん断力図を求めよ．ただし，I は中央スパンで変化し，支点は沈下しないものとする．

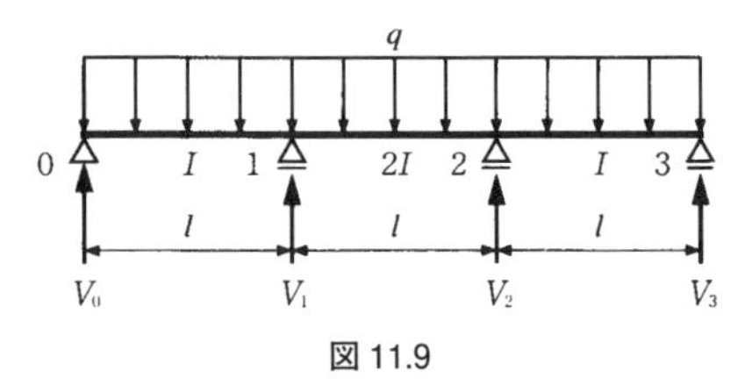

図 11.9

解 支点 0，1，2 および支点 1，2，3 に対してそれぞれ三連モーメント式を適用すると

$$\frac{l}{I}M_0+2\left(\frac{l}{I}+\frac{l}{2I}\right)M_1+\frac{l}{2I}M_2=-6\left(\frac{B_1}{I}+\frac{A_2}{2I}\right)+6E\left(R_1-R_2\right) \tag{1}$$

$$\frac{l}{2I}M_1+2\left(\frac{l}{2I}+\frac{l}{I}\right)M_2+\frac{l}{I}M_3=-6\left(\frac{B_2}{2I}+\frac{A_3}{I}\right)+6E\left(R_2-R_3\right) \tag{2}$$

両支点 0，3 はそれぞれヒンジ支持とローラー支持であるから

$$M_0=M_3=0$$

支点の沈下はないから $R_1=R_2=R_3=0$ となり，式（1），（2）は次式のようになる．

$$6M_1+M_2=-\frac{6}{l}\left(2B_1+A_2\right) \tag{3}$$

$$M_1+6M_2=-\frac{6}{l}\left(B_2+2A_3\right) \tag{4}$$

荷重項は，表 11.1 の 3 より

$$B_1=B_2=A_2=A_3=\frac{ql^3}{24}$$

また，構造と荷重の対称性から $M_1 = M_2$ となるので，式(4)は必要でなくなる．

式(3)から

$$7M_1 = -\frac{6}{l}\left(\frac{ql^3}{12} + \frac{ql^3}{24}\right) = -\frac{3}{4}ql^2$$

$$\therefore M_1 = -\frac{3}{28}ql^2$$

次に，図 11.10 に示すように各スパンを支点 1 と支点 2 にそれぞれ M_1 が作用する単純梁と考えることにより支点反力を求める．

図 11.10 の(a)より支点反力 V_0，$V_{1左}$は，支点 1，0 でのそれぞれのモーメントの釣合いから

$$V_0 l - ql \cdot \frac{l}{2} - M_1 = 0, \qquad V_0 = \frac{ql}{2} + \frac{M_1}{l} = \frac{11}{28}ql$$

$$-V_{1左} l + ql \cdot \frac{l}{2} - M_1 = 0, \qquad V_{1左} = \frac{ql}{2} - \frac{M_1}{l}$$

図 11.10 の(b)より，支点反力 $V_{1右}$は支点 2 におけるモーメントの釣合いから

$$V_{1右} l - ql \cdot \frac{l}{2} + M_1 - M_1 = 0, \qquad V_{1右} = \frac{ql}{2}$$

支点反力 V_1 は $V_{1左}$と $V_{1右}$を加えることにより

$$V_1 = V_{1左} + V_{1右} = ql - \frac{M_1}{l} = \frac{31}{28}ql$$

対称性より

$$V_2 = \frac{31}{28}ql, \qquad V_3 = \frac{11}{28}ql$$

次に，第 1 スパンにおける曲げモーメント M とせん断力 S は

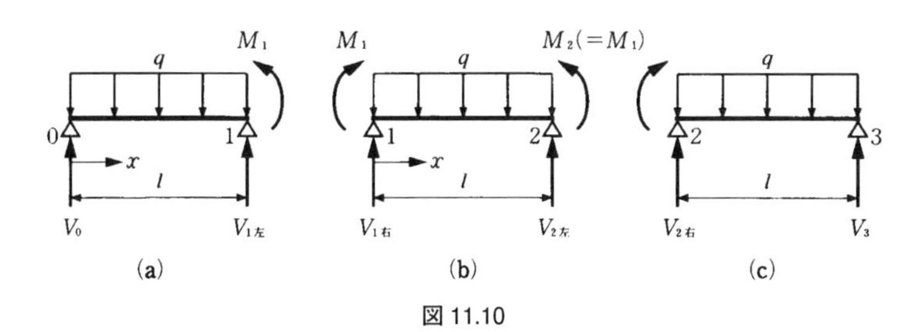

図 11.10

$$M = V_0 x - \frac{q}{2}x^2 = \frac{11}{28}qlx - \frac{q}{2}x^2$$

$$S = V_0 - qx = \frac{11}{28}ql - qx$$

となり，この区間の M の最大値 $M_{1\max}$ とその生ずる位置 x_1 は

$$S = 0 = \frac{11}{28}ql - qx_1 \qquad \therefore x_1 = \frac{11}{28}l$$

$$M_{1\max} = \frac{11}{28}ql\left(\frac{11}{28}l\right) - \frac{q}{2}\left(\frac{11}{28}l\right)^2 = \frac{121}{1\,568}ql^2$$

また，第 2 スパンの曲げモーメント M とせん断力 S は

$$M = V_{1右}x - \frac{q}{2}x^2 + M_1 = \frac{ql}{2}x - \frac{q}{2}x^2 - \frac{3}{28}ql^2$$

$$S = V_{1右} - qx = \frac{ql}{2} - qx$$

となり，この区間の M の最大値 $M_{2\max}$ とその生ずる位置 x_2 は

$$S = 0 = \frac{ql}{2} - qx_2 \qquad \therefore x_2 = \frac{l}{2}$$

$$M_{2\max} = \frac{ql}{2}\left(\frac{l}{2}\right) - \frac{q}{2}\left(\frac{l}{2}\right)^2 - \frac{3}{28}ql^2 = \frac{1}{56}ql^2$$

となる．これより，曲げモーメント図およびせん断力図は図 11.11 のようになる．

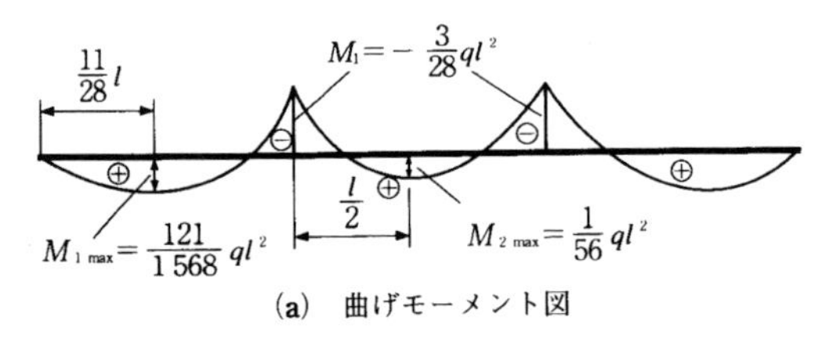

(a)　曲げモーメント図

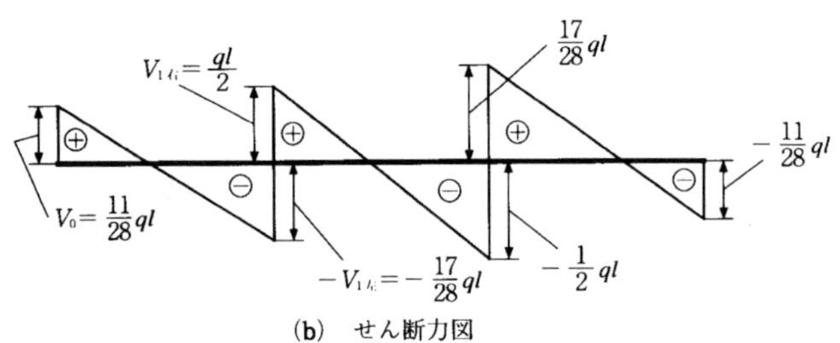

(b)　せん断力図

図 11.11

計算例3　図11.12に示す等3スパン連続梁の中央スパンに集中荷重が作用する場合について，各支点の曲げモーメントと反力を求めよ．ただし，Iは全スパン一定とし，支点の沈下はないものとする．

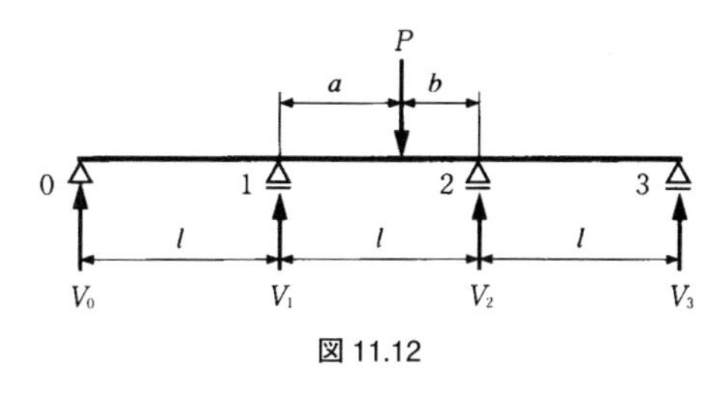

図11.12

解　支点0，1，2および支点1，2，3に対してそれぞれ三連モーメント式を適用すると

$$\frac{l}{I}M_0+2\left(\frac{l}{I}+\frac{l}{I}\right)M_1+\frac{l}{I}M_2=-6\left(\frac{B_1}{I}+\frac{A_2}{I}\right)+6E\left(R_1-R_2\right) \tag{1}$$

$$\frac{l}{I}M_1+2\left(\frac{l}{I}+\frac{l}{I}\right)M_2+\frac{l}{I}M_3=-6\left(\frac{B_2}{I}+\frac{A_3}{I}\right)+6E\left(R_2-R_3\right) \tag{2}$$

両支点0，3はそれぞれヒンジ支持とローラー支持であるから

$$M_0=M_3=0$$

支点の沈下がないので$R_1=R_2=R_3=0$となる．荷重項は表11.1の2より

$$A_2=\frac{Pab}{6l}\left(l+b\right),\qquad B_2=\frac{Pab}{6l}\left(l+a\right)$$

第1スパンと第3スパンには荷重が作用していないので

$$B_1=A_3=0$$

したがって，式（1）と式（2）は次のように整理される．

$$4M_1+M_2=-\frac{Pab}{l^2}\left(l+b\right) \tag{3}$$

$$M_1+4M_2=-\frac{Pab}{l^2}\left(l+a\right) \tag{4}$$

式(3)，(4）を解くと

$$M_1=-\frac{Pab}{15l^2}\left(2l+5b\right)$$

$$M_2=-\frac{Pab}{15l^2}\left(2l+5a\right)$$

次に，図11.13に示すように各スパンを支点1にM_1，支点2にM_2が作用する単純梁と考えて支点反力を求める．

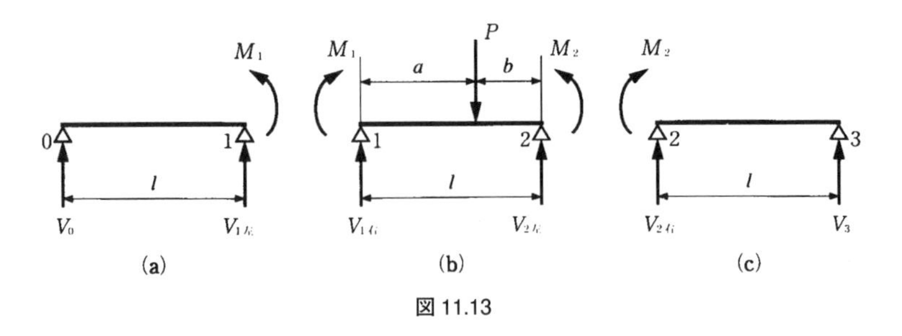

図 11.13

図 11.13 の(a)より支点反力 V_0 と $V_{1左}$は

$$V_0 l - M_1 = 0 \qquad \therefore V_0 = \frac{M_1}{l} = -\frac{Pab}{15l^3}(2l+5b)$$

$$V_{1左} l + M_1 = 0 \qquad V_{1左} = -\frac{M_1}{l}$$

図 11.13 の(b)より支点反力 $V_{1右}$と $V_{2左}$は

$$V_{1右} l - Pb + M_1 - M_2 = 0, \qquad V_{1右} = \frac{Pb}{l} + \frac{M_2 - M_1}{l}$$

$$V_{2左} l - Pa - M_1 + M_2 = 0, \qquad V_{2左} = \frac{Pa}{l} + \frac{M_1 - M_2}{l}$$

支点反力 V_1 は

$$V_1 = V_{1左} + V_{1右} = \frac{Pb}{l} + \frac{M_2 - 2M_1}{l} = \frac{Pb}{l} + \frac{Pab(12l - 15a)}{15l^3}$$

図 11.13 の(c)より支点反力 $V_{2右}$と V_3 は

$$V_{2右} l + M_2 = 0, \qquad V_{2右} = -\frac{M_2}{l}$$

$$V_3 l - M_2 = 0, \qquad \therefore V_3 = \frac{M_2}{l} = -\frac{Pab}{15l^3}(2l+5a)$$

$$\therefore V_2 = V_{2左} + V_{2右} = \frac{Pa}{l} + \frac{M_1 - 2M_2}{l} = \frac{Pa}{l} + \frac{Pab(12l - 15b)}{15l^3}$$

最終的に曲げモーメントは図 11.14 のようになる.

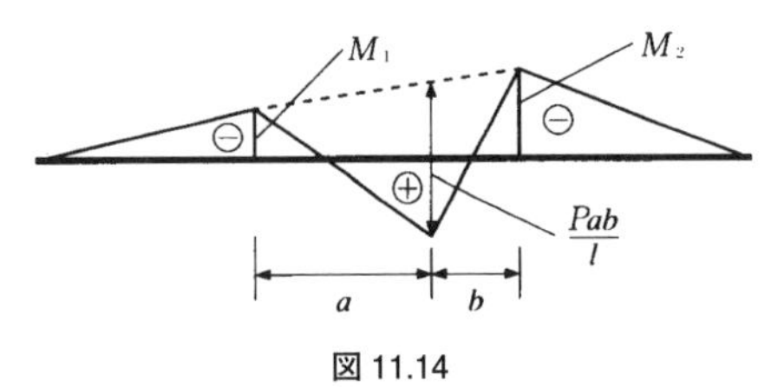

図 11.14

計算例 4　図 11.15 に示す等 4 スパン連続梁の左端支点に外力モーメント M_o が作用する場合について，曲げモーメント図とせん断力図を求めよ．ただし，I は全スパン一定とし，支点沈下はないものとする．

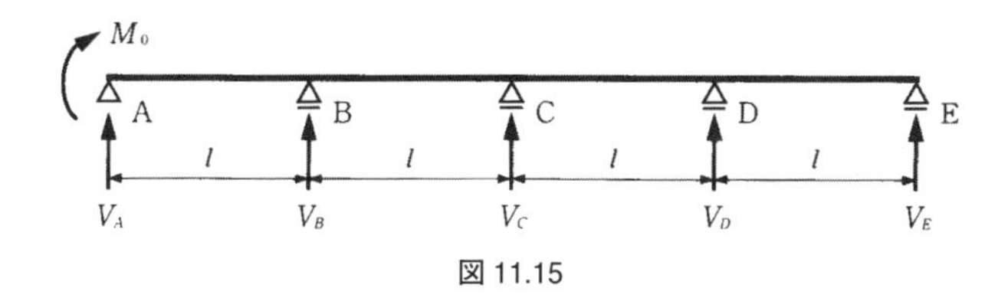

図 11.15

解　この問題では，支点の添字は 0，1，2，……でなく A，B，C，……を用いているので，三連モーメント式を適用する際に注意する．

支点 A，B，C の間に三連モーメント式を適用すると

$$\frac{l}{I}M_A+2\left(\frac{l}{I}+\frac{l}{I}\right)M_B+\frac{l}{I}M_C=-6\left(\frac{B_{AB}}{I}+\frac{A_{BC}}{I}\right) \tag{1}$$

式(1)において M_o を荷重と考え，A 点の支点モーメントを 0 と仮定して三連モーメント式を適用してもよいし，荷重を 0 と考え M_o を A 支点の曲げモーメントに換算して三連モーメント式を適用してもよい．前者のように考えると，荷重項は表 11.1 の 11 より

$$B_{AB}=\frac{M_o l}{6}\ ,\qquad A_{BC}=0$$

であるから，式(1)は

$$2\left(\frac{l}{I}+\frac{l}{I}\right)M_B+\frac{l}{I}M_C=-6\left(\frac{M_o l}{6I}\right)=-\frac{l}{I}M_o \tag{2}$$

後者のように考えると，$M_A=M_o$，$B_{AB}=A_{BC}=0$ であるから式(1)は

$$\frac{l}{I}M_o+2\left(\frac{l}{I}+\frac{l}{I}\right)M_B+\frac{l}{I}M_C=0$$

となり，式(2)と一致する．なお，中間支点に外力モーメントが作用する場合はその支点の両端の曲げモーメントの値が同じにならないので，三連モーメントの定理を適用することはできない．

次に支点 B，C，D に対して三連モーメント式を適用すると

$$\frac{l}{I}M_B+2\left(\frac{l}{I}+\frac{l}{I}\right)M_C+\frac{l}{I}M_D=-6\left(\frac{B_{BC}}{I}+\frac{A_{CD}}{I}\right) \tag{3}$$

支点C，D，Eに対して三連モーメント式を適用すると

$$\frac{l}{I}M_C + 2\left(\frac{l}{I} + \frac{l}{I}\right)M_D + \frac{l}{I}M_E = -6\left(\frac{B_{CD}}{I} + \frac{A_{DE}}{I}\right) \tag{4}$$

ここで，$M_E=0$(ローラー支持)，$B_{BC}=B_{CD}=A_{CD}=A_{DE}=0$ より，式(2)，(3)，(4)は次のように整理される.

$$\left.\begin{aligned} 4M_B + M_C &= -M_o \\ M_B + 4M_C + M_D &= 0 \\ M_C + 4M_D &= 0 \end{aligned}\right\}$$

上式を解くと

$$M_B = -\frac{15}{56}M_o, \qquad M_C = \frac{1}{14}M_o, \qquad M_D = -\frac{1}{56}M_o$$

反力は図11.16の(a)より

$$V_A = \frac{1}{l}\left(M_B - M_o\right) = -\frac{71}{56}\frac{M_o}{l}$$

$$V_{B左} = \frac{1}{l}\left(M_o - M_B\right) = \frac{71}{56}\frac{M_o}{l}$$

図11.16の(b)より

$$V_{B右} = \frac{1}{l}\left(M_C - M_B\right) = \frac{19}{56}\frac{M_o}{l}$$

$$\therefore V_B = V_{B左} + V_{B右} = \frac{45}{28}\frac{M_o}{l}$$

$$V_{C左} = \frac{1}{l}\left(M_B - M_C\right) = -\frac{19}{56}\frac{M_o}{l}$$

図11.16の(c)より

$$V_{C右} = \frac{1}{l}\left(M_D - M_C\right) = -\frac{5}{56}\frac{M_o}{l}$$

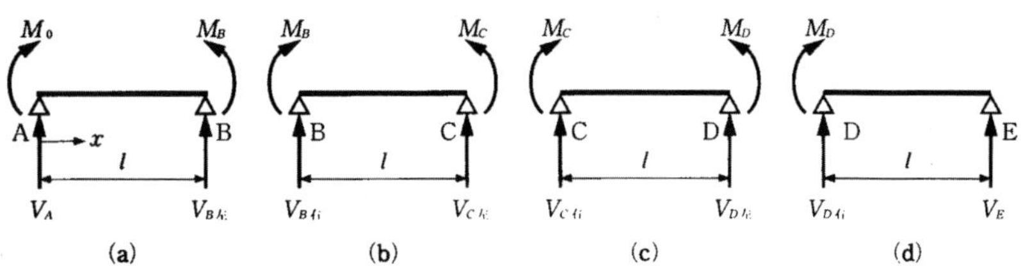

図11.16

$$\therefore V_C = V_{C左} + V_{C右} = -\frac{3}{7}\frac{M_o}{l}$$

$$V_{D左} = \frac{1}{l}\left(M_C - M_D\right) = \frac{5}{56}\frac{M_o}{l}$$

図 11.16 の(d)より

$$V_{D右} = -\frac{M_D}{l} = \frac{1}{56}\frac{M_o}{l}$$

$$\therefore V_D = V_{D左} + V_{D右} = \frac{3}{28}\frac{M_o}{l}$$

$$V_E = \frac{M_D}{l} = -\frac{1}{56}\frac{M_o}{l}$$

第 1 スパンの曲げモーメント M とせん断力 S は次式のようになる．

$$M = V_A x + M_o = M_o - \frac{71}{56}M_o\frac{x}{l}, \qquad S = V_A = -\frac{71}{56}\frac{M}{l}$$

第 2 スパンについては

$$M = V_{B右}x + M_B = -\frac{15}{56}M_o + \frac{19}{56}M_o\frac{x}{l}, \qquad S = V_{B右} = \frac{19}{56}\frac{M_o}{l}$$

第 3 スパンについては

$$M = V_{C右}x + M_C = \frac{1}{14}M_o - \frac{5}{56}M_o\frac{x}{l}, \qquad S = V_{C右} = -\frac{5}{56}\frac{M_o}{l}$$

第 4 スパンについては

$$M = V_{D右}x + M_D = -\frac{1}{56}M_o + \frac{1}{56}M_o\frac{x}{l}, \qquad S = V_{D右} = \frac{1}{56}\frac{M_o}{l}$$

これより，曲げモーメントとせん断力図は図 11.17 のようになる．

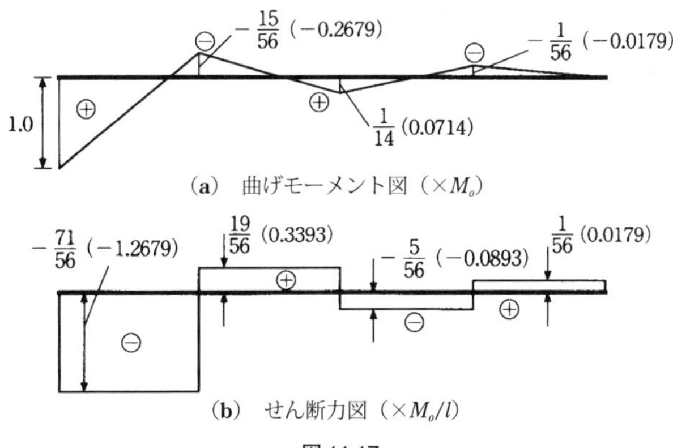

(a)　曲げモーメント図（$\times M_o$）

(b)　せん断力図（$\times M_o/l$）

図 11.17

計算例 5　図 11.18 に示す両端固定梁の両支点の曲げモーメントと反力を求めよ．ただし，I は一定とし支点は沈下しないものとする．

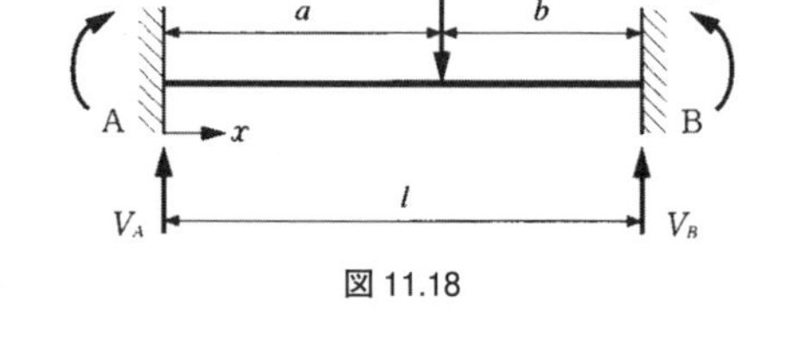

図 11.18

解　図 11.19 に示すように，固定支点 A，B の外側にそれぞれ仮想の支点 C，D を加え，固定支点を $I=\infty$ の仮想梁に置換する．支点 C，A，B と支点 A，B，C に対して三連モーメント式を適用すると

$$\frac{l_0}{I_0}M_C+2\left(\frac{l_0}{I_0}+\frac{l}{I}\right)M_A+\frac{l}{I}M_B=-6\left(\frac{B_{CA}}{I_0}+\frac{A_{AB}}{I}\right)+6E\left(R_{CA}-R_{AB}\right) \tag{1}$$

$$\frac{l}{I}M_A+2\left(\frac{l}{I}+\frac{l_1}{I_1}\right)M_B+\frac{l_1}{I_1}M_D=-6\left(\frac{B_{AB}}{I}+\frac{A_{BD}}{I_1}\right)+6E\left(R_{AB}-R_{BD}\right) \tag{2}$$

ここで

$$\frac{l_0}{I_0}=\frac{l_0}{\infty}=0, \qquad \frac{l_1}{I_1}=\frac{l_1}{\infty}=0, \qquad R_{CA}=R_{AB}=R_{BD}=0 \qquad (\text{支点沈下なし})$$

荷重項は表 11.1 の 2 より

$$A_{AB}=\frac{Pab}{6l}\left(l+b\right), \qquad B_{AB}=\frac{Pab}{6l}\left(l+a\right), \qquad B_{CA}=A_{BD}=0$$

したがって，式(1)，(2)は次のように整理される．

$$\left.\begin{aligned}2M_A+M_B&=-\frac{Pab}{l^2}\left(l+b\right)\\ M_A+2M_B&=-\frac{Pab}{l^2}\left(l+a\right)\end{aligned}\right\}$$

上式を解くと

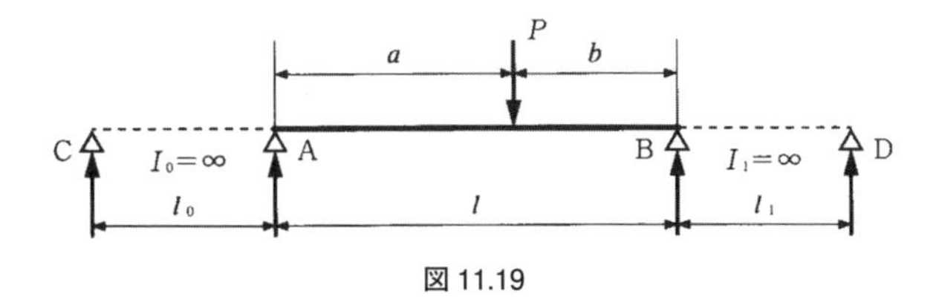

図 11.19

$$M_A = -\frac{Pab^2}{l^2}, \qquad M_B = -\frac{Pa^2b}{l^2}$$

支点反力は，図 11.18 より

$$V_A l - Pb + M_A - M_B = 0$$

$$V_A = \frac{Pb}{l} + \frac{M_B - M_A}{l}$$

$$= P\frac{b^2}{l^3}(2a + l)$$

$$V_B = P - V_A = P\frac{a^2}{l^3}(2b + l)$$

最終的に曲げモーメント図は図 11.20 のようになる．

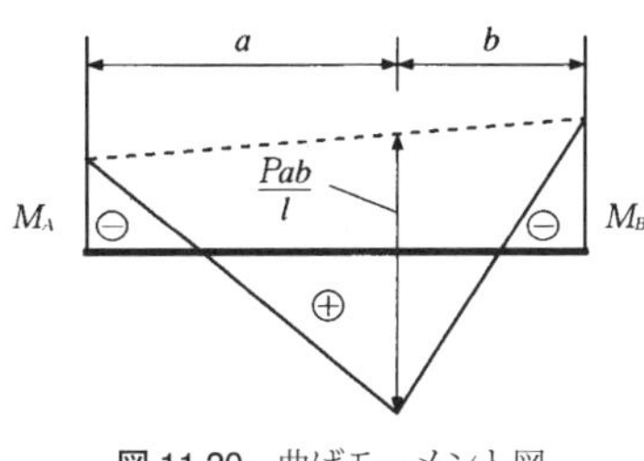

図 11.20　曲げモーメント図

計算例 6　図 11.21 に示す 2 スパン連続梁の中央支点が δ_1 だけ沈下した場合について，中間支点の曲げモーメントと反力を求めよ．ただし，I は全スパン一定である．

解　支点 0，1，2 に三連モーメント式を適用すると

$$\frac{l_1}{I}M_0 + 2\left(\frac{l_1}{I} + \frac{l_2}{I}\right)M_1 + \frac{l_2}{I}M_2 = -6\left(\frac{B_1}{I} + \frac{A_2}{I}\right) + 6E(R_1 - R_2) \tag{1}$$

ここで，0-1 部材，1-2 部材の部材回転角 R_1，R_2 は，図 11.22 より

$$R_1 = \frac{\delta_1 - \delta_0}{l_1} = \frac{\delta_1}{l_1}, \qquad R_2 = \frac{\delta_2 - \delta_1}{l_2} = -\frac{\delta_1}{l_2}$$

荷重項は表 11.1 の 2 より

$$B_1 = \frac{Pab}{6l_1}(l_1 + a), \qquad A_2 = 0$$

ここで，$M_0 = 0$（ヒンジ支持），$M_2 = 0$（ローラー支持）となるので，式(1)は次式のように整理される．

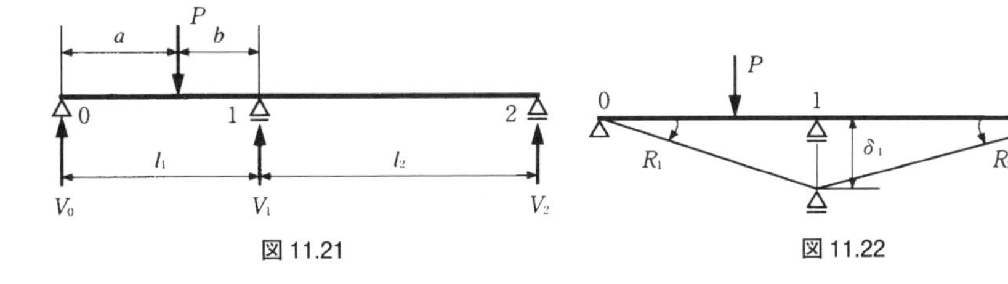

図 11.21　　図 11.22

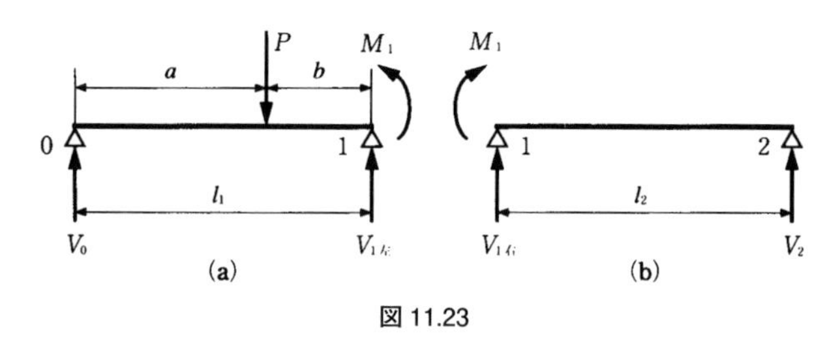

図 11.23

$$2\left(\frac{l_1}{I}+\frac{l_2}{I}\right)M_1=-\frac{Pab}{Il_1}(l_1+a)+6E\left(\frac{\delta_1}{l_1}+\frac{\delta_1}{l_2}\right)$$

$$\therefore M_1=-\frac{Pab(l_1+a)}{2l_1(l_1+l_2)}+\frac{3EI\delta_1}{l_1l_2} \qquad (2)$$

支点反力は図 11.23 の(a)より

$$V_0l_1-Pb-M_1=0, \qquad V_0=\frac{Pb}{l_1}+\frac{M_1}{l_1}$$

$$V_{1左}l_1-Pa+M_1=0, \qquad V_{1左}=\frac{Pa}{l_1}-\frac{M_1}{l_1}$$

図 11.23 の(b)より

$$V_{1右}l_2+M_1=0, \qquad V_{1右}=-\frac{M_1}{l_2}$$

$$\therefore V_1=V_{1左}+V_{1右}=\frac{Pa}{l_1}-\frac{M_1}{l_1}-\frac{M_1}{l_2}$$

$$V_2l_2-M_1=0, \qquad \therefore V_2=\frac{M_1}{l_2}$$

最終的に曲げモーメントは図 11.24 のようになる.

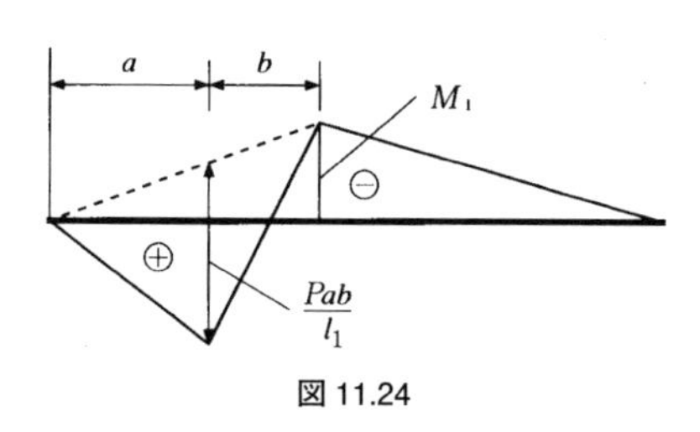

図 11.24

$M_1=0$ となる沈下量が存在し，その値は式(2)より

$$\delta_1=\frac{Pabl_2(l_1+a)}{6EI(l_1+l_2)}$$

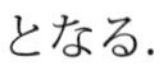
となる.

■参考文献

1) 酒井忠明：構造力学，技報堂出版，p.189，1970.

第12章　剛性マトリックス法

12.1　ばねの剛性方程式

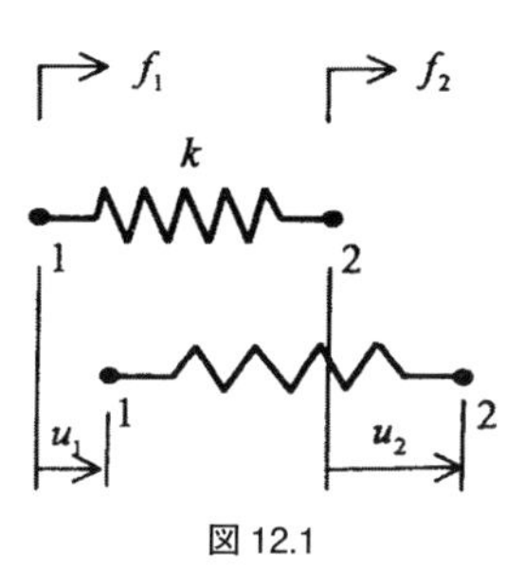

図 12.1

図12.1のように，節点1でf_1，節点2でf_2の力を受けるばね（ばね定数k）が，節点1でu_1，節点2でu_2の変位を生じて静止していたとすると，ばねは元の状態から（u_2-u_1）だけ伸びたことになり，ばねに生じた軸力（内力）はk（u_2-u_1）の引張力となる．

このとき，ばねを切断して力の釣合いを考えると，

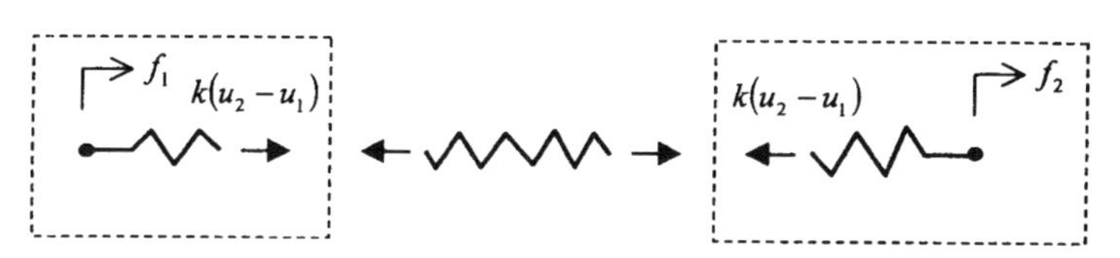

節点1の近傍では　$\Sigma H = f_1 + k(u_2 - u_1) = 0, \quad \therefore f_1 = k(u_1 - u_2)$

節点2の近傍では　$\Sigma H = f_2 - k(u_2 - u_1) = 0, \quad \therefore f_2 = k(u_2 - u_1)$

となり，これらの式をマトリックス形で表すと，

$$\begin{Bmatrix} f_1 \\ f_2 \end{Bmatrix} = \begin{bmatrix} k & -k \\ -k & k \end{bmatrix} \begin{Bmatrix} u_1 \\ u_2 \end{Bmatrix}$$

となる．この式は，ばね両端の外力と節点での変位（移動量）の関係を示しており，「剛性方程式」(stiffness equation) と呼ばれ，マトリックス構造解析の基礎となる式である．

計算例 1　図 12.2 のように節点 1 の変位を拘束されたばねを剛性方程式により解け．

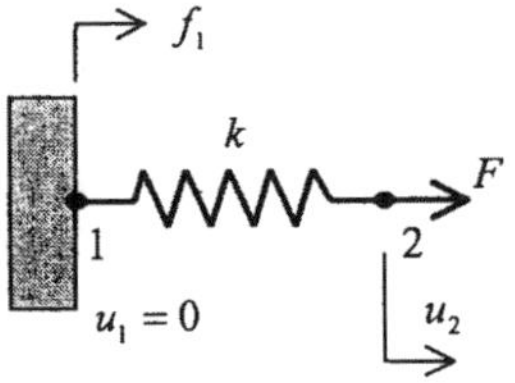

図 12.2

解　一般に構造物はどこかが固定されていなければ静止できないので，必ず境界条件（Boundary Condition:B.C.）が必要である．ここでは，変位の境界条件は $u_1=0$，荷重の境界条件は $f_2=F$ と与えられ，

$$
\begin{matrix}(\text{未知})\\(\text{既知})\end{matrix}\begin{Bmatrix}f_1\\F\end{Bmatrix}=\begin{bmatrix}k & -k\\-k & k\end{bmatrix}\begin{Bmatrix}0\\u_2\end{Bmatrix}\begin{matrix}(\text{既知})\\(\text{未知})\end{matrix}
$$

となる．第二式を展開して

$$F=ku_2,\quad \therefore u_2=F/k$$

となるが，これを第一式に代入して，未知反力 f_1 は

$$f_1=-ku_2=-F$$

と得られる．つまり，壁の反力は $-F$ で外力の向きと反対に生じるという当然の結果に一致する．

12.2　2 本以上のばねの剛性方程式

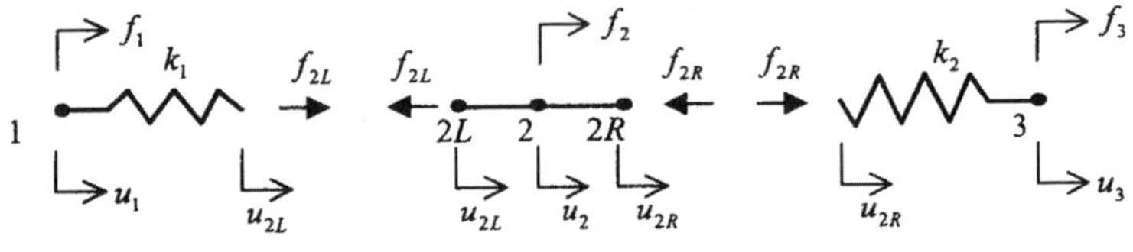

図 12.3

直列の 2 本ばねを考えると，中間節点 2 の外力 f_2 は k_1 と k_2 に分配されるはずである．いま，節点 2 のすぐ左と右の二ヶ所を切断して，節点 2 L，2 R（2 と 2 L，2 R はごく近い）と呼び，ばね 1 への分配力を f_{2L}，ばね 2 へは f_{2R} と記すと，節点 2 での力の釣合いは

$$\sum H=f_2-f_{2L}-f_{2R}=0,\quad \therefore f_2=f_{2L}+f_{2R}$$

と表せる．また，各々のばねの剛性方程式は

$$\text{ばね 1 の剛性方程式：}\begin{Bmatrix} f_1 \\ f_{2L} \end{Bmatrix} = \begin{bmatrix} k_1 & -k_1 \\ -k_1 & k_1 \end{bmatrix} \begin{Bmatrix} u_1 \\ u_{2L} \end{Bmatrix}$$

$$\text{ばね 2 の剛性方程式：}\begin{Bmatrix} f_{2R} \\ f_3 \end{Bmatrix} = \begin{bmatrix} k_2 & -k_2 \\ -k_2 & k_2 \end{bmatrix} \begin{Bmatrix} u_{2R} \\ u_3 \end{Bmatrix}$$

と表せるが，$u_2 = u_{2L} = u_{2R}$ より

$$\begin{aligned} f_2 &= f_{2L} + f_{2R} = (-k_1 u_1 + k_1 u_{2L}) + (k_2 u_{2R} - k_2 u_3) \\ &= -k_1 u_1 + (k_1 + k_2) u_2 - k_2 u_3 \end{aligned}$$

となるため，上式にばね 1 の剛性方程式第 1 式とばね 2 の剛性方程式第 2 式を合わせて，

$$\begin{Bmatrix} f_1 \\ f_2 \\ f_3 \end{Bmatrix} = \begin{bmatrix} k_1 & -k_1 & 0 \\ -k_1 & k_1 + k_2 & -k_2 \\ 0 & -k_2 & k_2 \end{bmatrix} \begin{Bmatrix} u_1 \\ u_2 \\ u_3 \end{Bmatrix}$$

となる．この剛性マトリックスは

$$\begin{Bmatrix} f_1 \\ f_2 \\ f_3 \end{Bmatrix} = \begin{bmatrix} k_1 & -k_1 & 0 \\ -k_1 & k_1 + k_2 & -k_2 \\ 0 & -k_2 & k_2 \end{bmatrix} \begin{Bmatrix} u_1 \\ u_2 \\ u_3 \end{Bmatrix}$$

のように，ばね 1 の剛性マトリックスとばね 2 の剛性マトリックスの重ね合わせとして表現されている．

計算例 2　図 12.4 のように，節点 2 と 3 に集中荷重を受けるばねを剛性方程式により解け．

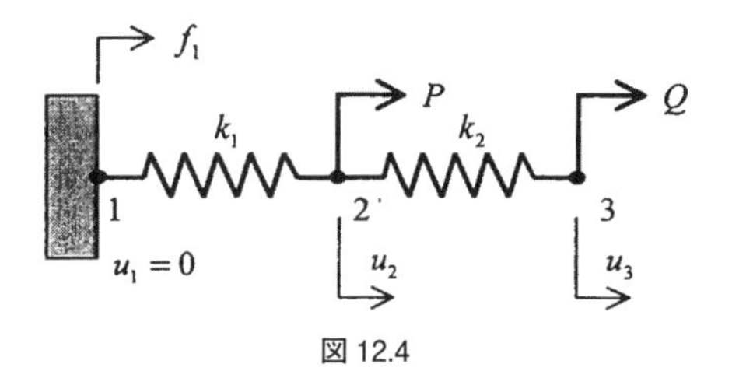

図 12.4

解　変位の境界条件は $u_1 = 0$，荷重の境界条件は $f_2 = P$，$f_3 = Q$ と表される．このとき，剛性方程式は以下のように示される．

$$
\begin{matrix}(\text{未知})\\(\text{既知})\\(\text{既知})\end{matrix}
\begin{Bmatrix} f_1 \\ P \\ Q \end{Bmatrix} = \begin{bmatrix} k_1 & -k_1 & 0 \\ -k_1 & k_1+k_2 & -k_2 \\ 0 & -k_2 & k_2 \end{bmatrix} \begin{Bmatrix} 0 \\ u_2 \\ u_3 \end{Bmatrix}
\begin{matrix}(\text{既知})\\(\text{未知})\\(\text{未知})\end{matrix}
$$

この剛性方程式を解くには，まず第 2，3 式を展開して

$$
\begin{Bmatrix} P \\ Q \end{Bmatrix} = \begin{bmatrix} k_1+k_2 & -k_2 \\ -k_2 & k_2 \end{bmatrix} \begin{Bmatrix} u_2 \\ u_3 \end{Bmatrix}
$$

の連立一次方程式を解く．

$$
\begin{Bmatrix} u_2 \\ u_3 \end{Bmatrix} = \begin{bmatrix} k_1+k_2 & -k_2 \\ -k_2 & k_2 \end{bmatrix}^{-1} \begin{Bmatrix} P \\ Q \end{Bmatrix} = \frac{1}{k_2(k_1+k_2)-k_2^2} \begin{bmatrix} k_2 & k_2 \\ k_2 & k_1+k_2 \end{bmatrix} \begin{Bmatrix} P \\ Q \end{Bmatrix}
$$

$$
= \begin{Bmatrix} \dfrac{1}{k_1}(P+Q) \\ \dfrac{1}{k_1}(P+Q)+\dfrac{Q}{k_2} \end{Bmatrix}
$$

さらに，この変位より壁の反力を求めると，

$$
f_1 = -k_1 u_2 = -(P+Q)
$$

と得られ，妥当な結果となることが確認された．

ばねが 3 本以上の場合の剛性方程式も同様にして簡単に求められ，

$$
\begin{Bmatrix} f_1 \\ f_2 \\ f_3 \\ f_4 \\ \vdots \\ f_n \end{Bmatrix} = \begin{bmatrix} k_1 & -k_1 & 0 & 0 & \cdots & \cdots \\ -k_1 & k_1+k_2 & -k_2 & 0 & \cdots & \cdots \\ 0 & -k_2 & k_2+k_3 & -k_3 & \cdots & \cdots \\ 0 & 0 & -k_3 & k_3+k_4 & -k_4 & \cdots \\ \vdots & \vdots & \vdots & -k_4 & \ddots & \cdots \\ 0 & \vdots & \vdots & \vdots & \vdots & k_n \end{bmatrix} \begin{Bmatrix} u_1 \\ u_2 \\ u_3 \\ u_4 \\ \vdots \\ u_n \end{Bmatrix}
$$

のように，やはり各ばねの剛性マトリックスの重ね合わせとして表現される．

計算例3　図12.5に示す直線トラスについて，次の問いに答えよ．

B.C.は，$u_1=0$，$f_2=2P_0$，$f_3=P_0$，$f_4=3P_0$（ある荷重P_0を基準として）とする．

要素の幾何学的条件は，ある基準値をl_0，E_0，A_0として，それからの比率で表わして

$$element(1):l_{(1)}=2l_0,\ E_{(1)}=E_0,\ A_{(1)}=5A_0$$
$$element(2):l_{(2)}=l_0,\ E_{(2)}=E_0,\ A_{(2)}=2A_0$$
$$element(3):l_{(3)}=l_0,\ E_{(3)}=E_0,\ A_{(3)}=A_0$$

とする．

(1)　各節点の変位と反力を求めよ．

(2)　各要素のひずみ，応力，軸力を求めよ．

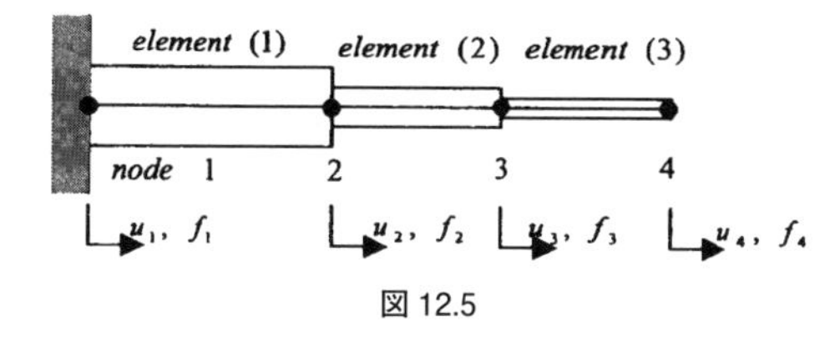

図12.5

解

(1)　$k_e=\dfrac{E_eA_e}{l_e}$ より

$$k_1=\frac{E_1A_1}{l_1}=\frac{E_0\cdot 5A_0}{2l_0}=2.5\left(\frac{E_0A_0}{l_0}\right),\ k_2=\frac{E_2A_2}{l_2}=\frac{E_0\cdot 2A_0}{l_0}=2\left(\frac{E_0A_0}{l_0}\right),$$
$$k_3=\frac{E_3A_3}{l_3}=\frac{E_0\cdot A_0}{l_0}=1\left(\frac{E_0A_0}{l_0}\right),$$

また，$k_1+k_2=4.5\left(\dfrac{E_0A_0}{l_0}\right)$，$k_2+k_3=3\left(\dfrac{E_0A_0}{l_0}\right)$となる．

以上より，剛性方程式は

$$\begin{Bmatrix} f_1 \\ 2P_0 \\ P_0 \\ 3P_0 \end{Bmatrix}=\begin{bmatrix} k_1 & -k_1 & 0 & 0 \\ -k_1 & k_1+k_2 & -k_2 & 0 \\ 0 & -k_2 & k_2+k_3 & -k_3 \\ 0 & 0 & -k_3 & k_3 \end{bmatrix}\begin{Bmatrix} u_1 \\ u_2 \\ u_3 \\ u_4 \end{Bmatrix}$$

$$= \left(\frac{E_0 A_0}{l_0}\right)\begin{bmatrix} 2.5 & -2.5 & 0 & 0 \\ -2.5 & 4.5 & -2 & 0 \\ 0 & -2 & 3 & -1 \\ 0 & 0 & -1 & 1 \end{bmatrix}\begin{Bmatrix} 0 \\ u_2 \\ u_3 \\ u_4 \end{Bmatrix}$$

と表され，

第 1 行目の式より　$f_1 = -2.5\left(\frac{E_0 A_0}{l_0}\right)u_2$

第 2 ～ 4 行目の式より　$\begin{Bmatrix} 2P_0 \\ P_0 \\ 3P_0 \end{Bmatrix} = \left(\frac{E_0 A_0}{l_0}\right)\begin{bmatrix} 4.5 & -2 & 0 \\ -2 & 3 & -1 \\ 0 & -1 & 1 \end{bmatrix}\begin{Bmatrix} u_2 \\ u_3 \\ u_4 \end{Bmatrix}$

となる．

よって，4 本の方程式のうち，1 本は u_1 に関する *B.C.* より消えて，結局 3 本の式でよいことになる．つまり，剛性行列は 3×3 となり，これを剛性行列の縮約（contradiction）と呼ぶ．

上の連立 1 次方程式を解くと，

$$u_2 = \frac{12}{5}\left(\frac{P_0 l_0}{E_0 A_0}\right),\ u_3 = \frac{22}{5}\left(\frac{P_0 l_0}{E_0 A_0}\right),\ u_4 = \frac{37}{5}\left(\frac{P_0 l_0}{E_0 A_0}\right)$$

となり，未知節点変位 u_2～u_4 が求まる．この結果を図に描くと，図 12.6 となる．

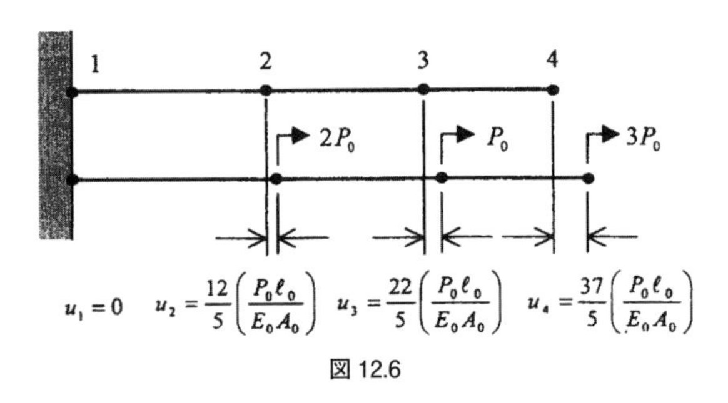

図 12.6

よって，節点 1 での反力 f_1 は，剛性方程式の第 1 行目から

$$f_1 = -2.5\left(\frac{E_0 A_0}{l_0}\right) u_2 = -6P_0$$ （マイナスだから向きは左向き）

と求められる.

(2)　各節点で変位 u_i が分かれば，これまでの構造力学の知識より，各要素のひずみ $\varepsilon_{(e)}$，応力 $\sigma_{(e)}$，軸力 $N_{(e)}$ などが全て分かる.

$$\varepsilon_{(e)} = (u_j - u_i)/l_e, \quad \sigma_{(e)} = E_e \varepsilon_e, \quad N_{(e)} = A_e \sigma_e$$

$$element(1)：u_2 = \frac{12}{5}\left(\frac{P_0 l_0}{E_0 A_0}\right), \ u_1 = 0$$

$$\varepsilon_{(1)} = \frac{u_2 - u_1}{l_1} = \frac{\frac{12}{5}\left(\frac{P_0 l_0}{E_0 A_0}\right)}{2l_0} = \frac{6}{5}\left(\frac{P_0}{E_0 A_0}\right), \ \sigma_{(1)} = E_{(1)}\varepsilon_{(1)} = \frac{6}{5}\left(\frac{P_0}{A_0}\right)$$

$$N_{(1)} = \sigma_{(1)} A_{(1)} = \sigma_{(1)} \cdot 5A_0 = 6P_0$$

$$element(2)：u_3 = \frac{22}{5}\left(\frac{P_0 l_0}{E_0 A_0}\right), \ u_2 = \frac{12}{5}\left(\frac{P_0 l_0}{E_0 A_0}\right)$$

$$\varepsilon_{(2)} = \frac{u_3 - u_2}{l_2} = \frac{\frac{10}{5}\left(\frac{P_0 l_0}{E_0 A_0}\right)}{l_0} = 2\left(\frac{P_0}{E_0 A_0}\right), \ \sigma_{(2)} = E_{(2)}\varepsilon_{(2)} = 2\left(\frac{P_0}{A_0}\right)$$

$$N_{(2)} = \sigma_{(2)} A_{(2)} = 2\left(\frac{P_0}{A_0}\right) \cdot 2A_0 = 4P_0$$

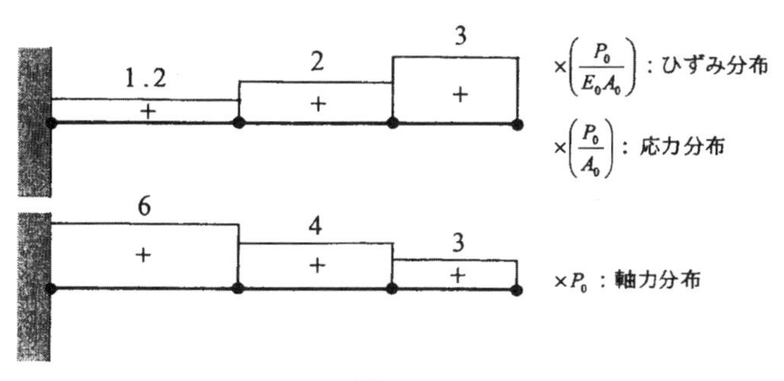

図 12.7

$$element(3): u_4 = \frac{37}{5}\left(\frac{P_0 l_0}{E_0 A_0}\right),\ u_3 = \frac{22}{5}\left(\frac{P_0 l_0}{E_0 A_0}\right)$$

$$\varepsilon_{(3)} = \frac{u_4 - u_3}{l_3} = 3\left(\frac{P_0}{E_0 A_0}\right),\ \sigma_{(3)} = E_{(3)}\varepsilon_{(3)} = 3\left(\frac{P_0}{A_0}\right)$$

$$N_{(3)} = \sigma_{(3)} A_{(3)} = 3P_0$$

以上の断面力をまとめて図に示すと，図 12.7 となる．

12.3 平面トラスの剛性マトリックス法

平面トラス（以下トラスとする）に関する力と変位の関係式を考える．

水平角が α である傾斜する部材（長さ l，断面積 A）の節点 i における軸方向力と変位を N_i と δ_i とし，節点 j における軸方向力と変位を N_j と δ_j とすると，次式が得られる．

$$\left.\begin{aligned}\left(\delta_i - \delta_j\right) &= \frac{N_i l}{EA}\\ \left(\delta_j - \delta_i\right) &= \frac{N_j l}{EA}\end{aligned}\right\}$$

この式の意味は，たとえば第 1 式において，$\delta_j=0$ とすると $\delta_i = \frac{l}{EA}N_i = \frac{N_i}{k}$ で，通常のばねの公式になる．このばね公式に節点 j の変位 δ_j を加えたものが第 1 式であり，δ_i と δ_j は同じ方向に定義しているため，部材長の伸縮量は δ_i と δ_j の相対的差，つまり（δ_i—δ_j）になるからである．

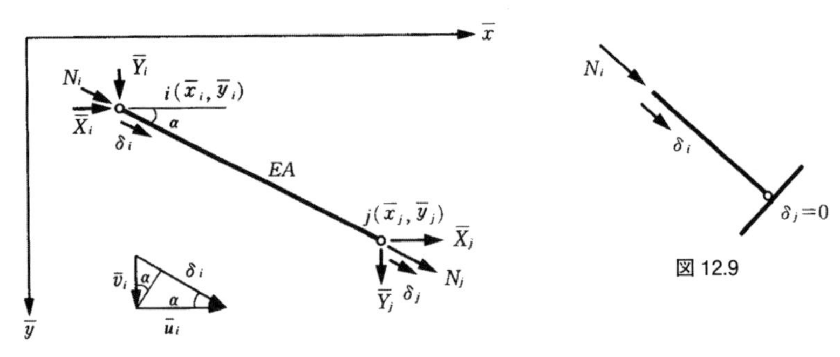

図 12.8

図 12.9

上の2式をN_i，N_jについて解くと

$$\left.\begin{aligned} N_i &= \frac{EA}{l}(\delta_i - \delta_j) \\ N_j &= \frac{EA}{l}(-\delta_i + \delta_j) \end{aligned}\right\} \tag{12.1}$$

マトリックスで表わすと

$$\begin{Bmatrix} N_i \\ N_j \end{Bmatrix} = \frac{EA}{l}\begin{bmatrix} 1 & -1 \\ -1 & 1 \end{bmatrix}\begin{Bmatrix} \delta_i \\ \delta_j \end{Bmatrix} \tag{12.2}$$

となる．

また，節点iの水平変位と垂直変位を$\bar{u}_i$と$\bar{v}_i$，節点jの水平変位と垂直変位を$\bar{u}_j$と$\bar{v}_j$とすると，図12.8から

$$\left.\begin{aligned} \delta_i &= \bar{u}_i \cos\alpha + \bar{v}_i \sin\alpha = \bar{u}_i\lambda + \bar{v}_i\mu \\ \delta_j &= \bar{u}_j \cos\alpha + \bar{v}_j \sin\alpha = \bar{u}_j\lambda + \bar{v}_j\mu \end{aligned}\right\} \tag{12.3}$$

ここで，$\mu = \sin\alpha$，$\lambda = \cos\alpha$となるので

$$\begin{aligned} \delta_i - \delta_j &= \left(\bar{u}_i\lambda + \bar{v}_i\mu\right) - \left(\bar{u}_j\lambda + \bar{v}_j\mu\right) \\ &= \left(\bar{u}_i - \bar{u}_j\right)\lambda + \left(\bar{v}_i - \bar{v}_j\right)\mu \end{aligned}$$

これを式（12.1）に代入すると次式が得られる．

$$\left.\begin{aligned} N_i &= \frac{EA}{l}\left\{\left(\bar{u}_i - \bar{u}_j\right)\lambda + \left(\bar{v}_i - \bar{v}_j\right)\mu\right\} \\ N_j &= \frac{EA}{l}\left\{-\left(\bar{u}_i - \bar{u}_j\right)\lambda - \left(\bar{v}_i - \bar{v}_j\right)\mu\right\} \end{aligned}\right\} \tag{12.4}$$

Nの水平および垂直の分力をそれぞれ$\bar{X}$および$\bar{Y}$とすれば

$$\begin{aligned} \bar{X}_i &= N_i \cos\alpha = N_i\lambda \\ \bar{X}_j &= N_j \cos\alpha = N_j\lambda \\ \bar{Y}_i &= N_i \sin\alpha = N_i\mu \\ \bar{Y}_j &= N_j \sin\alpha = N_j\mu \end{aligned}$$

であり，式（12.4）をこれらの式に代入すると

$$\begin{aligned} \bar{X}_i &= \frac{EA}{l}\left(\lambda^2\bar{u}_i + \lambda\mu\bar{v}_i - \lambda^2\bar{u}_j - \lambda\mu\bar{v}_j\right) \\ \bar{Y}_i &= \frac{EA}{l}\left(\lambda\mu\bar{u}_i + \mu^2\bar{v}_i - \lambda\mu\bar{u}_j - \mu^2\bar{v}_j\right) \end{aligned}$$

$$\left.\begin{aligned}\bar{X}_j &= \frac{EA}{l}\left(-\lambda^2\bar{u}_i - \lambda\mu\bar{v}_i + \lambda^2\bar{u}_j + \lambda\mu\bar{v}_j\right)\\ \bar{Y}_j &= \frac{EA}{l}\left(-\lambda\mu\bar{u}_i - \mu^2\bar{v}_i + \lambda\mu\bar{u}_j + \mu^2\bar{v}_j\right)\end{aligned}\right\} \tag{12.5}$$

あるいはマトリックスで表わせば

$$\begin{Bmatrix}\bar{X}_i\\ \bar{Y}_i\\ \bar{X}_j\\ \bar{Y}_j\end{Bmatrix} = \frac{EA}{l}\begin{bmatrix}\lambda^2 & \lambda\mu & -\lambda^2 & -\lambda\mu\\ \lambda\mu & \mu^2 & -\lambda\mu & -\mu^2\\ -\lambda^2 & -\lambda\mu & \lambda^2 & \lambda\mu\\ -\lambda\mu & -\mu^2 & \lambda\mu & \mu^2\end{bmatrix}\begin{Bmatrix}\bar{u}_i\\ \bar{v}_i\\ \bar{u}_j\\ \bar{v}_j\end{Bmatrix} \tag{12.6}$$

が得られる．この右辺の 4 行 4 列の係数マトリックスをトラスの剛性マトリックス（stiffness matrix）という．

なお剛性マトリックスの計算にはλ，μの数値が重要であるが，次のように機械的に計算できる．

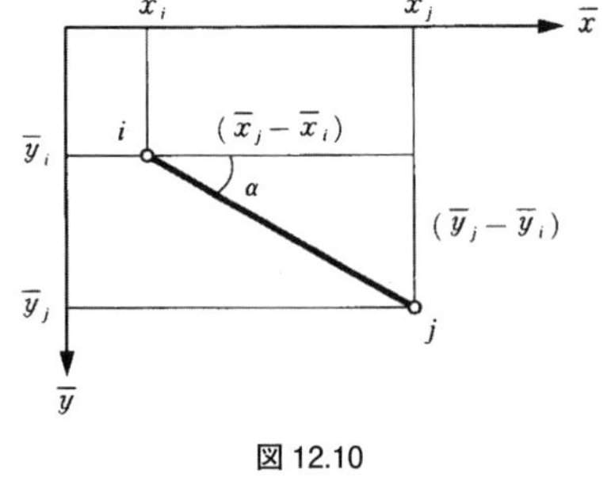

図 12.10

$$\lambda = \cos\alpha = \frac{\bar{x}_j - \bar{x}_i}{l}$$

$$\mu = \sin\alpha = \frac{\bar{y}_j - \bar{y}_i}{l}$$

$$l = \sqrt{(\bar{x}_j - \bar{x}_i)^2 + (\bar{y}_j - \bar{y}_i)^2}$$

ここで，必ずしも$\bar{x}_j - \bar{x}_i > 0$でなくてもよいし，$\bar{y}_j - \bar{y}_i > 0$でなくてもよい．

部材力N_{ij}は引張力を正とすれば

$$N_{ij} = N_j = \frac{EA}{l}\left(\delta_j - \delta_i\right) = \frac{EA}{l}\left\{\left(\bar{u}_j - \bar{u}_i\right)\lambda + \left(\bar{v}_j - \bar{v}_i\right)\mu\right\} \tag{12.7}$$

で得られる．

このわけは，引張力を正とするには部材の右端の力N_jが引張状態の力と一致しているからである．

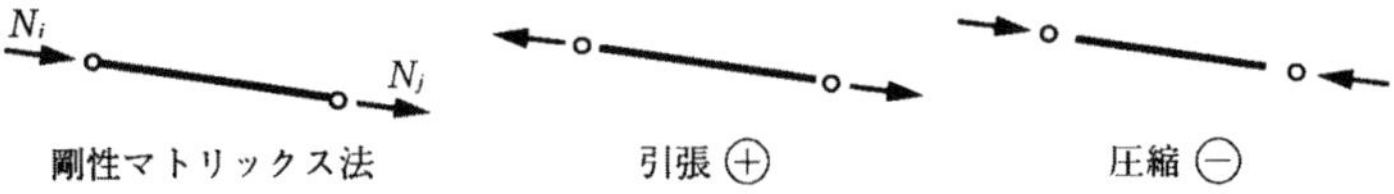

N_i　N_j

剛性マトリックス法　　引張 ⊕　　圧縮 ⊖

図 12.11

計算例 4　節点②のたわみと部材[1]，[2]の部材力を計算せよ．ただし，すべての部材について，EA＝一定とする．

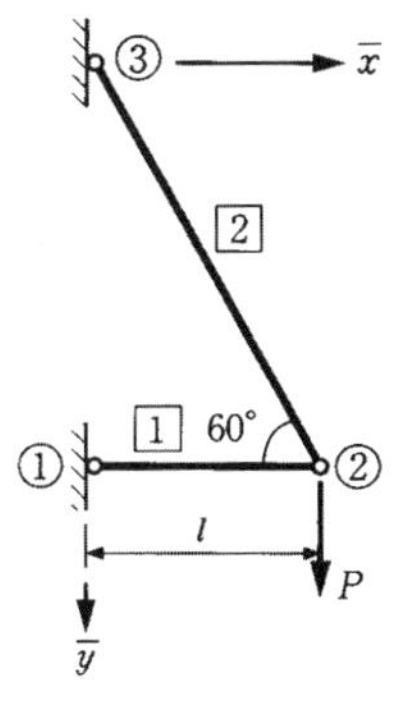

図 12.12

解　表12.1のようにλ，μを計算する．

表 12.1

部材	i	j	$\bar{x}_i$	$\bar{y}_i$	$\bar{x}_j$	$\bar{y}_j$	$\bar{x}_j-\bar{x}_i$	$\bar{y}_j-\bar{y}_i$	l	λ	μ
[1]	①	②	0	$\sqrt{3}l$	l	$\sqrt{3}l$	l	0	l	1	0
[2]	②	③	l	$\sqrt{3}l$	0	0	$-l$	$-\sqrt{3}l$	$2l$	-0.5	$-\sqrt{3}/2$

部材[1]の剛性マトリックスは

$$\begin{Bmatrix}\bar{X}_1\\\bar{Y}_1\\\bar{X}_2\\\bar{Y}_2\end{Bmatrix}=\frac{EA}{l}\begin{bmatrix}1&0&-1&0\\0&0&0&0\\-1&0&1&0\\0&0&0&0\end{bmatrix}\begin{Bmatrix}\bar{u}_1\\\bar{v}_1\\\bar{u}_2\\\bar{v}_2\end{Bmatrix}\tag{1}$$

部材[2]の剛性マトリックスは

$$\begin{Bmatrix}\bar{X}_2\\\bar{Y}_2\\\bar{X}_3\\\bar{Y}_3\end{Bmatrix}=\frac{EA}{2l}\begin{bmatrix}0.25&\sqrt{3}/4&-0.25&-\sqrt{3}/4\\\sqrt{3}/4&0.75&-\sqrt{3}/4&-0.75\\-0.25&-\sqrt{3}/4&0.25&\sqrt{3}/4\\-\sqrt{3}/4&-0.75&\sqrt{3}/4&0.75\end{bmatrix}\begin{Bmatrix}\bar{u}_2\\\bar{v}_2\\\bar{u}_3\\\bar{v}_3\end{Bmatrix}\tag{2}$$

この2つの剛性マトリックスを重ね合せる．

$$\begin{Bmatrix}\Sigma\bar{X}_1\\\Sigma\bar{Y}_1\\\Sigma\bar{X}_2\\\Sigma\bar{Y}_2\\\Sigma\bar{X}_3\\\Sigma\bar{Y}_3\end{Bmatrix}=\frac{EA}{2l}\begin{bmatrix}2&0&-2&0&0&0\\0&0&0&0&0&0\\-2&0&2.25&\sqrt{3}/4&-0.25&-\sqrt{3}/4\\0&0&\sqrt{3}/4&0.75&-\sqrt{3}/4&-0.75\\0&0&-0.25&-\sqrt{3}/4&0.25&\sqrt{3}/4\\0&0&-\sqrt{3}/4&-0.75&\sqrt{3}/4&0.75\end{bmatrix}\begin{Bmatrix}\bar{u}_1\\\bar{v}_1\\\bar{u}_2\\\bar{v}_2\\\bar{u}_3\\\bar{v}_3\end{Bmatrix}\tag{3}$$

この意味は力の釣合いを考えることである．
たとえば図12.13において

$\bar{X}_2^{\boxed{1}}$を部材$\boxed{1}$の右端②の $\bar{x}$ 方向の力

$\bar{X}_2^{\boxed{2}}$を部材$\boxed{2}$の左端②の $\bar{x}$ 方向の力

$\bar{Y}_2^{\boxed{1}}$を部材$\boxed{1}$の右端②の $\bar{y}$ 方向の力

$\bar{Y}_2^{\boxed{2}}$を部材$\boxed{2}$の左端②の $\bar{y}$ 方向の力

とする．

図 12.13

いま節点②付近で力の釣合いを考えると，式 (1)，(2) より

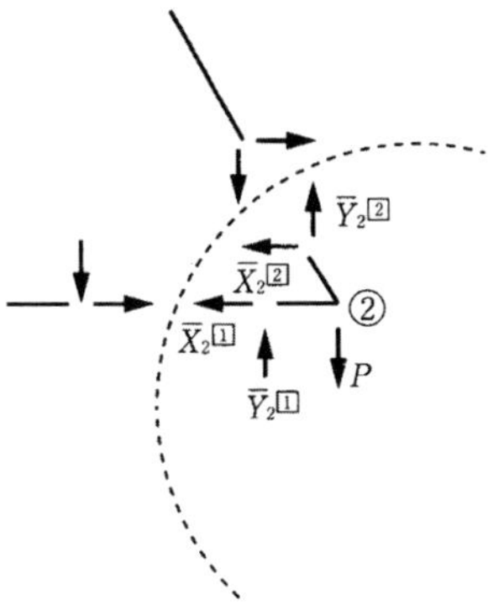

$$\sum \bar{X}_2 = \bar{X}_2^{\boxed{1}} + \bar{X}_2^{\boxed{2}}$$

$$= \frac{EA}{l}\left\{(-1)\bar{u}_1 + 0\bar{v}_1 + (1)\bar{u}_2 + 0\bar{v}_2\right\} + \frac{EA}{2l}\left\{0.25\bar{u}_2 + \left(\sqrt{3}/4\right)\bar{v}_2 - 0.25\bar{u}_3 - \left(\sqrt{3}/4\right)\bar{v}_3\right\}$$

$$= \frac{EA}{2l}\left\{(-2)\bar{u}_1 + 0\bar{v}_1 + 2.25\bar{u}_2 + \left(\sqrt{3}/4\right)\bar{v}_2 - 0.25\bar{u}_3 - \left(\sqrt{3}/4\right)\bar{v}_3\right\}$$

$$\sum \bar{Y}_2 = \bar{Y}_2^{\boxed{1}} + \bar{Y}_2^{\boxed{2}}$$

$$= \frac{EA}{l}\left\{0\bar{u}_1 + 0\bar{v}_1 + 0\bar{u}_2 + 0\bar{v}_2\right\} + \frac{EA}{2l}\left\{\left(\sqrt{3}/4\right)\bar{u}_2 + 0.75\bar{v}_2 - \left(\sqrt{3}/4\right)\bar{u}_3 - 0.75\bar{v}_3\right\}$$

$$= \frac{EA}{2l}\left\{0\bar{u}_1 + 0\bar{v}_1 + \left(\sqrt{3}/4\right)\bar{u}_2 + 0.75\bar{v}_2 - \left(\sqrt{3}/4\right)\bar{u}_3 - 0.75\bar{v}_3\right\}$$

これらをマトリックス表示したものが式 (3) であるから，式 (3) はすべての節点で力の釣合いを考えた式であることがわかる．

図 12.13 において，外力との釣合いは後述するように

$$\sum \bar{X}_2 = 0, \qquad \sum \bar{Y}_2 = P$$

となる．

節点①と③は回転支承だから，$\bar{u}_1 = \bar{v}_1 = \bar{u}_3 = \bar{v}_3 = 0$ である．したがって，上の全体の剛性マトリックスの第 1 列，第 2 列，第 5 列，第 6 列はなくてもよいので，取り去る．

$$\begin{Bmatrix} \Sigma\bar{X}_1 \\ \Sigma\bar{Y}_1 \\ \Sigma\bar{X}_2 \\ \Sigma\bar{Y}_2 \\ \Sigma\bar{X}_3 \\ \Sigma\bar{Y}_3 \end{Bmatrix} = \frac{EA}{2l}\begin{bmatrix} -2 & 0 \\ 0 & 0 \\ 2.25 & \sqrt{3}/4 \\ \sqrt{3}/4 & 0.75 \\ -0.25 & -\sqrt{3}/4 \\ -\sqrt{3}/4 & -0.75 \end{bmatrix}\begin{Bmatrix} \bar{u}_2 \\ \bar{v}_2 \end{Bmatrix}$$

この6行2列マトリックスを，以下のように，左辺が既知である行と未知である行の2つのマトリックスに分けると

$$\begin{Bmatrix} \Sigma\bar{X}_2 \\ \Sigma\bar{Y}_2 \end{Bmatrix} = \frac{EA}{2l}\begin{bmatrix} 2.25 & \sqrt{3}/4 \\ \sqrt{3}/4 & 0.75 \end{bmatrix}\begin{Bmatrix} \bar{u}_2 \\ \bar{v}_2 \end{Bmatrix} \tag{4}$$

$$\begin{Bmatrix} \Sigma\bar{X}_1 \\ \Sigma\bar{Y}_1 \\ \Sigma\bar{X}_3 \\ \Sigma\bar{Y}_3 \end{Bmatrix} = \frac{EA}{2l}\begin{bmatrix} -2 & 0 \\ 0 & 0 \\ -0.25 & -\sqrt{3}/4 \\ -\sqrt{3}/4 & -0.75 \end{bmatrix}\begin{Bmatrix} \bar{u}_2 \\ \bar{v}_2 \end{Bmatrix} \tag{5}$$

式（4）において，外力として$\Sigma\bar{X}_2=0$，$\Sigma\bar{Y}_2=P$を与えて解くと

$$\bar{u}_2 = -\frac{\sqrt{3}}{3}\frac{Pl}{EA},\ \bar{v}_2 = \frac{3Pl}{EA}$$

となる．

これらの変位を式（12.7）に代入すると部材力が得られる．部材[1]ではi=①，j=②から

$$\bar{u}_j = \bar{u}_2 = -\frac{\sqrt{3}}{3}\frac{Pl}{EA},\qquad \bar{u}_i = \bar{u}_1 = 0$$

$$\bar{v}_j = \bar{v}_2 = \frac{3Pl}{EA},\qquad \bar{v}_i = \bar{v}_1 = 0$$

であって

$$N_1 = \frac{EA}{l}\left[\left(-\frac{\sqrt{3}}{3}\frac{Pl}{EA}-0\right)\times 1+\left(\frac{3Pl}{EA}-0\right)\times 0\right]$$

$$= -\frac{\sqrt{3}}{3}P \qquad （圧縮力）$$

同様に，$N_2=(2/3)\sqrt{3}P$ となる．

なお，反力は式（5）に

$$\bar{u}_2=-\frac{\sqrt{3}}{3}\frac{Pl}{EA},\quad \bar{v}_2=\frac{3Pl}{EA}$$

を代入すると得られ

$$\Sigma\bar{X}_1=\frac{\sqrt{3}}{3}P,\quad \Sigma\bar{Y}_1=0,\quad \Sigma\bar{X}_3=-\frac{\sqrt{3}}{3}P,\quad \Sigma\bar{Y}_3=-P$$

となる．結果をまとめると，図 12.14 のようになる．負の軸力は圧縮力を意味する．

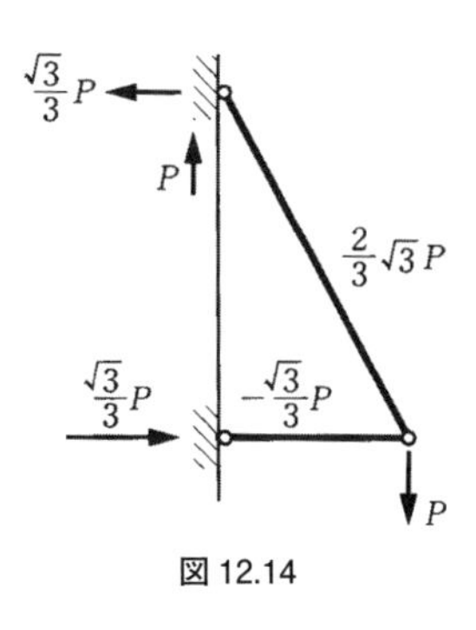

図 12.14

計算例 5　図 12.15 のように節点②と③に集中荷重を受ける直線トラスの部材力を計算せよ．また，固定端反力を求めよ．

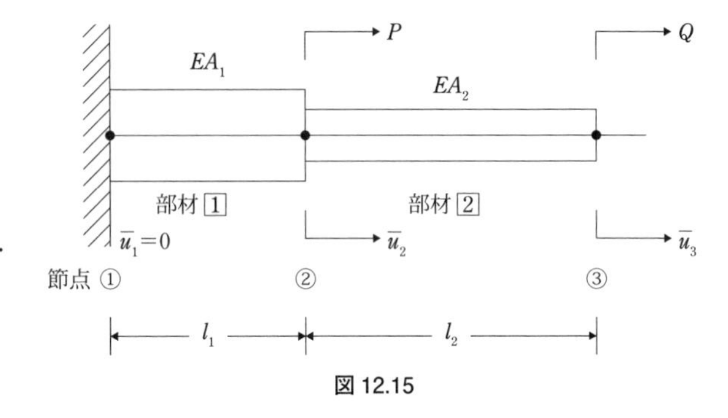

図 12.15

解

$k_1=\frac{EA_1}{l_1},\quad k_2=\frac{EA_2}{l_2}$ とおくと，

部材 1 の剛性方程式は

$$\begin{Bmatrix}\bar{X}_1\\ \bar{Y}_1\\ \bar{X}_2\\ \bar{Y}_2\end{Bmatrix}=k_1\begin{bmatrix}1&0&-1&0\\0&0&0&0\\-1&0&1&0\\0&0&0&0\end{bmatrix}\begin{Bmatrix}\bar{u}_1\\ \bar{v}_1\\ \bar{u}_2\\ \bar{v}_2\end{Bmatrix}\tag{1}$$

部材 2 の剛性方程式は

$$\begin{Bmatrix}\bar{X}_2\\ \bar{Y}_2\\ \bar{X}_3\\ \bar{Y}_3\end{Bmatrix}=k_2\begin{bmatrix}1&0&-1&0\\0&0&0&0\\-1&0&-1&0\\0&0&0&0\end{bmatrix}\begin{Bmatrix}\bar{u}_2\\ \bar{v}_2\\ \bar{u}_3\\ \bar{v}_3\end{Bmatrix}\tag{2}$$

この2つの剛性方程式を重ね合わせる．

$$\begin{Bmatrix} \sum \overline{X}_1 \\ \sum \overline{Y}_1 \\ \sum \overline{X}_2 \\ \sum \overline{Y}_2 \\ \sum \overline{X}_3 \\ \sum \overline{Y}_3 \end{Bmatrix} = \begin{bmatrix} k_1 & 0 & -k_1 & 0 & 0 & 0 \\ 0 & 0 & 0 & 0 & 0 & 0 \\ -k_1 & 0 & k_1+k_2 & 0 & -k_2 & 0 \\ 0 & 0 & 0 & 0 & 0 & 0 \\ 0 & 0 & -k_2 & 0 & k_2 & 0 \\ 0 & 0 & 0 & 0 & 0 & 0 \end{bmatrix} \begin{Bmatrix} \overline{u}_1 \\ \overline{v}_1 \\ \overline{u}_2 \\ \overline{v}_2 \\ \overline{u}_3 \\ \overline{v}_3 \end{Bmatrix} \tag{3}$$

いま，節点②付近で力の釣合いを考えると

$$\sum \overline{X}_2 = \left(k_1 + k_2\right)\overline{u}_2 - k_2\overline{u}_3 = P \tag{4}$$

節点③付近で力の釣合いを考えると

$$\sum \overline{X}_3 = -k_2\overline{u}_2 + k_2\overline{u}_3 = Q \tag{5}$$

式（5）より，

$$k_2\overline{u}_3 = k_2\overline{u}_2 + Q$$

これより，

$$\overline{u}_3 = \overline{u}_2 + \frac{1}{k_2}Q$$

これを式（4）を代入して

$$\left(k_1 + k_2\right)\overline{u}_2 = k_2\overline{u}_3 + P = k_2\left(\overline{u}_2 + \frac{1}{k_2}Q\right) + P = k_2\overline{u}_2 + P + Q$$

$$\left(k_1 + k_2 - k_2\right)\overline{u}_2 = P + Q$$

$$k_1\overline{u}_2 = P + Q$$

したがって

$$\overline{u}_2 = \frac{1}{k_1}\left(P + Q\right)$$

これより，

$$\overline{u}_3 = \overline{u}_2 + \frac{1}{k_2}Q = \frac{1}{k_1}\left(P + Q\right) + \frac{1}{k_2}Q = \frac{1}{k_1}P + \left(\frac{1}{k_1} + \frac{1}{k_2}\right)Q$$

これらの変位を式（12.7）に代入すると部材力が得られる．

部材$\boxed{1}$では，$i =$①，$j =$②，$\lambda = 1$，$\mu = 0$なので

$$\bar{u}_j = \bar{u}_2 = \frac{1}{k_1}(P+Q) \qquad \bar{u}_i = \bar{u}_1 = 0$$

$$N_1 = k_1\left\{\frac{1}{k_1}(P+Q)\times 1 + 0\times 0\right\} = P+Q$$

同様に部材$\boxed{2}$では，$i =$②，$j =$③，$\lambda = 1$，$\mu = 0$なので

$$\bar{u}_j = \bar{u}_3 = \frac{1}{k_1}P + \left(\frac{1}{k_1}+\frac{1}{k_2}\right)Q \qquad \bar{u}_i = \bar{u}_2 = \frac{1}{k_1}(P+Q)$$

$$N_2 = k_2\left\{\frac{1}{k_1}P + \left(\frac{1}{k_1}+\frac{1}{k_2}\right)Q - \frac{1}{k_1}(P+Q)\right\} = Q$$

反力は

$$\sum \overline{X}_1 = k_1\bar{u}_1 - k_1\bar{u}_2 = k_1\times 0 - k_1\times\frac{1}{k_1}(P+Q) = -(P+Q)$$

となる．結果をまとめると図 12.16 のようになる．

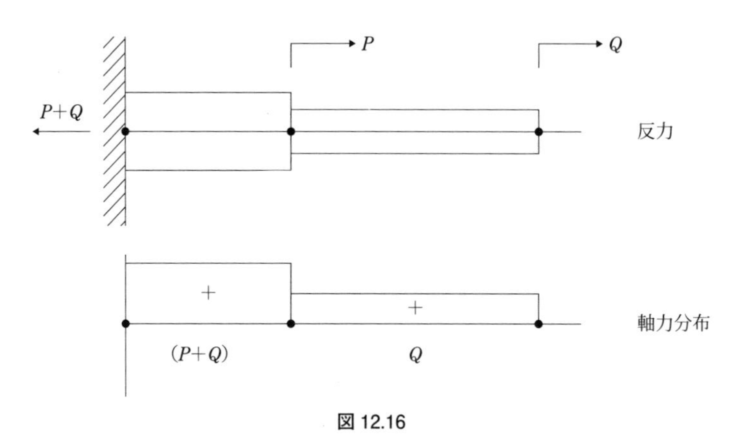

図 12.16

計算例 6　図 12.17 に示す直線トラスについて，次の問いに答えよ．

境界条件（B.C.）は，$u_1 = 0$，$f_2 = 2P_0$，$f_3 = P_0$，$f_4 = 3P_0$（ある荷重P_0を基準として）とする．

部材の幾何学的条件は，ある基準値をl_0，E_0，A_0として，それからの比率で表

して

部材1：$l_{(1)}=2l_0$，$E_{(1)}=E_0$，$A_{(1)}=5A_0$

部材2：$l_{(2)}=l_0$，$E_{(2)}=E_0$，$A_{(2)}=2A_0$

部材3：$l_{(3)}=l_0$，$E_{(3)}=E_0$，$A_{(3)}=A_0$

とする.

(1) 各節点の変位と固定端反力を求めよ.

(2) 各部材の軸力を求めよ.

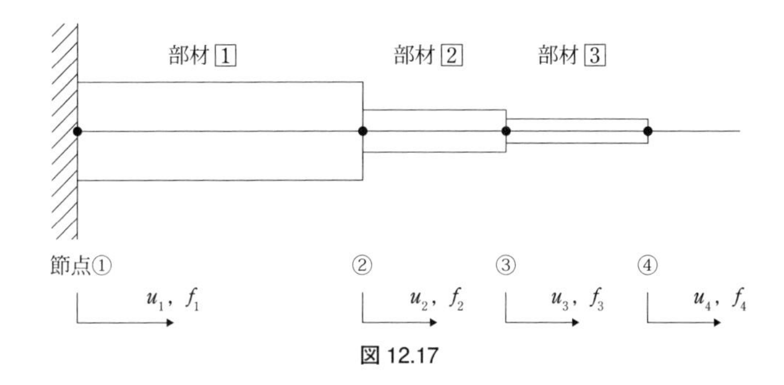

図 12.17

解

(1)　$k_e=\dfrac{E_eA_e}{l_e}$ より　$k_0=\dfrac{E_0A_0}{l_0}$ とすると

$$k_1=\frac{E_1A_1}{l_1}=\frac{E_0\cdot 5A_0}{2l_0}=2.5k_0,\quad k_2=\frac{E_2A_2}{l_2}=\frac{E_0\cdot 2A_0}{l_0}=2k_0,$$

$$k_3=\frac{E_3A_3}{l_3}=\frac{E_0\cdot A_0}{l_0}=k_0$$

また，$k_1+k_2=4.5k_0$，$k_2+k_3=3k_0$ となる.

部材1の剛性方程式は

$$\begin{Bmatrix}\overline{X}_1\\\overline{Y}_1\\\overline{X}_2\\\overline{Y}_2\end{Bmatrix}=k_1\begin{bmatrix}1&0&-1&0\\0&0&0&0\\-1&0&1&0\\0&0&0&0\end{bmatrix}\begin{Bmatrix}\overline{u}_1\\\overline{v}_1\\\overline{u}_2\\\overline{v}_2\end{Bmatrix}\tag{1}$$

部材2の剛性方程式は

$$\begin{Bmatrix} \overline{X}_2 \\ \overline{Y}_2 \\ \overline{X}_3 \\ \overline{Y}_3 \end{Bmatrix} = k_2 \begin{bmatrix} 1 & 0 & -1 & 0 \\ 0 & 0 & 0 & 0 \\ -1 & 0 & 1 & 0 \\ 0 & 0 & 0 & 0 \end{bmatrix} \begin{Bmatrix} \overline{u}_2 \\ \overline{v}_2 \\ \overline{u}_3 \\ \overline{v}_3 \end{Bmatrix} \tag{2}$$

部材3の剛性方程式は

$$\begin{Bmatrix} \overline{X}_3 \\ \overline{Y}_3 \\ \overline{X}_4 \\ \overline{Y}_4 \end{Bmatrix} = k_3 \begin{bmatrix} 1 & 0 & -1 & 0 \\ 0 & 0 & 0 & 0 \\ -1 & 0 & 1 & 0 \\ 0 & 0 & 0 & 0 \end{bmatrix} \begin{Bmatrix} \overline{u}_3 \\ \overline{v}_3 \\ \overline{u}_4 \\ \overline{v}_4 \end{Bmatrix} \tag{3}$$

この3つの剛性方程式を重ね合わせる.

$$\begin{Bmatrix} \sum\overline{X}_1 \\ \sum\overline{Y}_1 \\ \sum\overline{X}_2 \\ \sum\overline{Y}_2 \\ \sum\overline{X}_3 \\ \sum\overline{Y}_3 \\ \sum\overline{X}_4 \\ \sum\overline{Y}_4 \end{Bmatrix} = \begin{bmatrix} k_1 & 0 & -k_1 & 0 & 0 & 0 & 0 & 0 \\ 0 & 0 & 0 & 0 & 0 & 0 & 0 & 0 \\ -k_1 & 0 & k_1+k_2 & 0 & -k_2 & 0 & 0 & 0 \\ 0 & 0 & 0 & 0 & 0 & 0 & 0 & 0 \\ 0 & 0 & -k_2 & 0 & k_2+k_3 & 0 & -k_3 & 0 \\ 0 & 0 & 0 & 0 & 0 & 0 & 0 & 0 \\ 0 & 0 & 0 & 0 & -k_3 & 0 & k_3 & 0 \\ 0 & 0 & 0 & 0 & 0 & 0 & 0 & 0 \end{bmatrix} \begin{Bmatrix} \overline{u}_1 \\ \overline{v}_1 \\ \overline{u}_2 \\ \overline{v}_2 \\ \overline{u}_3 \\ \overline{v}_3 \\ \overline{u}_4 \\ \overline{v}_4 \end{Bmatrix}$$

$$= k_0 \begin{bmatrix} 2.5 & 0 & -2.5 & 0 & 0 & 0 & 0 & 0 \\ 0 & 0 & 0 & 0 & 0 & 0 & 0 & 0 \\ -2.5 & 0 & 4.5 & 0 & -2 & 0 & 0 & 0 \\ 0 & 0 & 0 & 0 & 0 & 0 & 0 & 0 \\ 0 & 0 & -2 & 0 & 3 & 0 & -1 & 0 \\ 0 & 0 & 0 & 0 & 0 & 0 & 0 & 0 \\ 0 & 0 & 0 & 0 & -1 & 0 & 1 & 0 \\ 0 & 0 & 0 & 0 & 0 & 0 & 0 & 0 \end{bmatrix} \begin{Bmatrix} \overline{u}_1 \\ \overline{v}_1 \\ \overline{u}_2 \\ \overline{v}_2 \\ \overline{u}_3 \\ \overline{v}_3 \\ \overline{u}_4 \\ \overline{v}_4 \end{Bmatrix} \tag{4}$$

いま，節点②付近で力の釣合いを考えると

$$\sum\overline{X}_2 = 4.5k_0\overline{u}_2 - 2k_0\overline{u}_3 = f_2 \tag{5}$$

節点③付近で力の釣合いを考えると

$$\sum \overline{X}_3 = -2k_0\bar{u}_2 + 3k_0\bar{u}_3 - k_0\bar{u}_4 = f_3 \tag{6}$$

節点④付近で力の釣合いを考えると

$$\sum \overline{X}_4 = -k_0\bar{u}_3 + k_0\bar{u}_4 = f_4 \tag{7}$$

式（5）より

$$4.5k_0\bar{u}_2 = 2k_0\bar{u}_3 + f_2$$

これより

$$\bar{u}_2 = \frac{1}{4.5k_0}\left(2k_0\bar{u}_3 + f_2\right) = \frac{2}{4.5}\bar{u}_3 + \frac{1}{4.5k_0}f_2 \tag{8}$$

式（7）より

$$k_0\bar{u}_4 = k_0\bar{u}_3 + f_4$$

これより

$$\bar{u}_4 = \bar{u}_3 + \frac{1}{k_0}f_4 \tag{9}$$

これらの$\bar{u}_2$と$\bar{u}_4$を式（6）に代入して

$$-2k_0\left(\frac{2}{4.5}\bar{u}_3 + \frac{1}{4.5k_0}f_2\right) + 3k_0\bar{u}_3 - k_0\left(\bar{u}_3 + \frac{1}{k_0}f_4\right) = f_3$$

$$\bar{u}_3 = \frac{4.5}{5}\cdot\frac{1}{k_0}\left(\frac{2}{4.5}f_2 + f_3 + f_4\right) = \frac{22}{5}\cdot\frac{P_0}{k_0} = \frac{22}{5}\cdot\frac{P_0 l_0}{E_0 A_0}$$

これより

$$\bar{u}_2 = \frac{2}{4.5}\bar{u}_3 + \frac{1}{4.5k_0}f_2 = \frac{12}{5}\cdot\frac{P_0}{k_0} = \frac{12}{5}\cdot\frac{P_0 l_0}{E_0 A_0}$$

$$\bar{u}_4 = \bar{u}_3 + \frac{1}{k_0}f_4 = \frac{37}{5}\frac{P_0}{k_0} = \frac{37}{5}\cdot\frac{P_0 l_0}{E_0 A_0}$$

反力は

$$\sum \overline{X}_1 = k_1\bar{u}_1 - k_1\bar{u}_2 = k_1 \times 0 - k_1 \times \bar{u}_2$$
$$= -2.5k_0 \times \frac{12}{5} \cdot \frac{P_0}{k_0} = -6P_0$$

(2)　これらの変位を式（12.7）に代入すると部材力が得られる．

部材[1]では，i =①，j =②，$\lambda = 1$，$\mu = 0$ なので

$$\bar{u}_j = \bar{u}_2 = \frac{12}{5} \cdot \frac{P_0}{k_0} \qquad \bar{u}_i = \bar{u}_1 = 0$$

$$N_1 = k_1\{\bar{u}_2 \times 1 + 0 \times 0\} = 2.5k_0 \times \frac{12}{5} \cdot \frac{P_0}{k_0} = 6P_0$$

同様に部材[2]では，i =②，j =③，$\lambda = 1$，$\mu = 0$ なので

$$\bar{u}_j = \bar{u}_3 = \frac{22}{5} \cdot \frac{P_0}{k_0} \qquad \bar{u}_i = \bar{u}_2 = \frac{12}{5} \cdot \frac{P_0}{k_0}$$

$$N_2 = k_2\{(\bar{u}_3 - \bar{u}_2) \times 1 + 0 \times 0\} = 2k_0 \left\{ \frac{22}{5}\frac{P_0}{k_0} - \frac{12}{5}\frac{P_0}{k_0} \right\} = 4P_0$$

同様に部材[3]では，i =③，j =④，$\lambda = 1$，$\mu = 0$ なので

$$\bar{u}_j = \bar{u}_4 = \frac{37}{5} \cdot \frac{P_0}{k_0} \qquad \bar{u}_i = \bar{u}_3 = \frac{22}{5} \cdot \frac{P_0}{k_0}$$

$$N_3 = k_3\{(\bar{u}_4 - \bar{u}_3) \times 1 + 0 \times 0\} = k_0 \left\{ \frac{37}{5} \cdot \frac{P_0}{k_0} - \frac{22}{5} \cdot \frac{P_0}{k_0} \right\} = 3P_0$$

結果をまとめると図 12.18 のようになる．

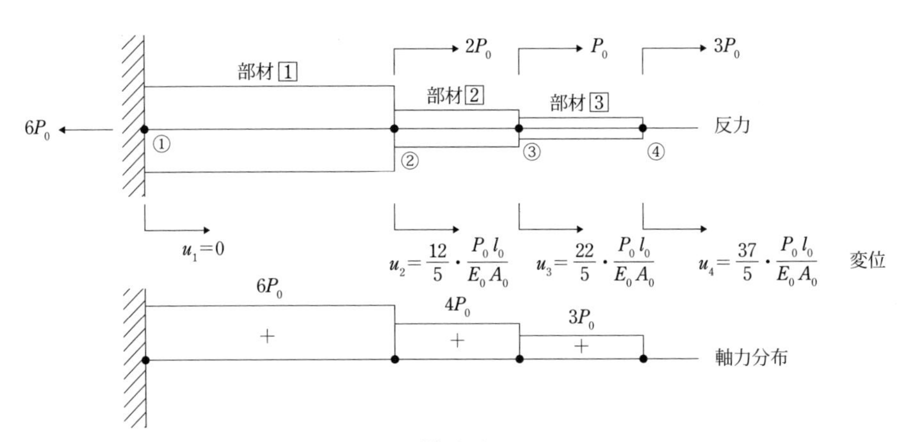

図 12.18

12.4　梁の剛性マトリックス法

長さがlで，断面二次モーメントがIの梁部材を考える.

節点iのたわみ角，垂直変位をそれぞれθ_i，v_iとし，節点jのたわみ角，垂直変位をそれぞれθ_j，v_jとする.

第10章のたわみ角公式において，左端のせん断力の向きを変えると，剛性マトリックス法の計算約束に従った力の向きになる.

たわみ角公式においては部材間に中間荷重は考えないものとする．そうすると，式（10.7)，（10.8）のたわみ角式および式（10.25)，（10.26）のせん断力に関する式から

$$M_i = \frac{2EI}{l}\left(2\theta_i + \theta_j - 3R\right)$$

$$M_j = \frac{2EI}{l}\left(\theta_i + 2\theta_j - 3R\right)$$

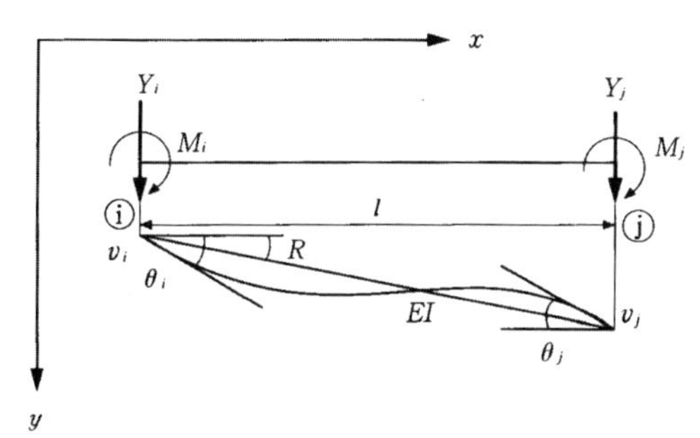

図 12.19

$$Y_i = \frac{EI}{l^2}\left(6\theta_i + 6\theta_j - 12R\right)$$

$$Y_j = -\frac{EI}{l^2}\left(6\theta_i + 6\theta_j - 12R\right)$$

$\uparrow S_i\left(S_{AB}\right)$　$\downarrow S_j\left(S_{BA}\right)$

$\downarrow Y_i$　$\downarrow Y_j$

これらの式における部材回転角Rは，$R=(1/l)(v_j - v_i)$であるから，これを代入すると，上式は次のようになる.

$$Y_i = EI\left(\frac{12}{l^3}v_i + \frac{6}{l^2}\theta_i - \frac{12}{l^3}v_j + \frac{6}{l^2}\theta_j\right)$$

$$M_i = EI\left(\frac{6}{l^2}v_i + \frac{4}{l}\theta_i - \frac{6}{l^2}v_j + \frac{2}{l}\theta_j\right)$$

$$Y_j = EI\left(-\frac{12}{l^3}v_i - \frac{6}{l^2}\theta_i + \frac{12}{l^3}v_j - \frac{6}{l^2}\theta_j\right)$$

$$M_j = EI\left(\frac{6}{l^2}v_i + \frac{2}{l}\theta_i - \frac{6}{l^2}v_j + \frac{4}{l}\theta_j\right)$$

これらの式をマトリックス表示して次の式を得る．

$$\begin{Bmatrix} Y_i \\ M_i \\ Y_j \\ M_j \end{Bmatrix} = EI\begin{bmatrix} \frac{12}{l^3} & \frac{6}{l^2} & -\frac{12}{l^3} & \frac{6}{l^2} \\ \frac{6}{l^2} & \frac{4}{l} & -\frac{6}{l^2} & \frac{2}{l} \\ -\frac{12}{l^3} & -\frac{6}{l^2} & \frac{12}{l^3} & -\frac{6}{l^2} \\ \frac{6}{l^2} & \frac{2}{l} & -\frac{6}{l^2} & \frac{4}{l} \end{bmatrix}\begin{Bmatrix} v_i \\ \theta_i \\ v_j \\ \theta_j \end{Bmatrix} \tag{12.8}$$

計算例 7 図 12.20 に示す梁において EI ＝一定として，曲げモーメント図を求めよ．

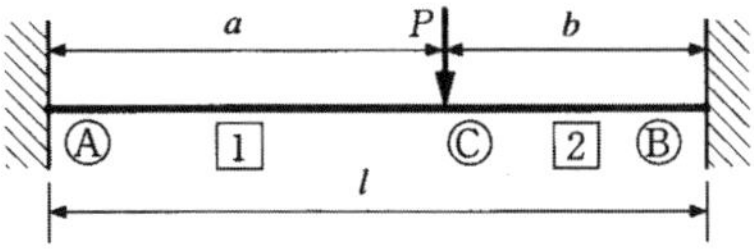

図 12.20

解 部材[1]の剛性マトリックスは

$$\begin{Bmatrix} Y_A \\ M_A \\ Y_C \\ M_C \end{Bmatrix} = EI\begin{bmatrix} 12/a^3 & 6/a^2 & -12/a^3 & 6/a^2 \\ 6/a^2 & 4/a & -6/a^2 & 2/a \\ -12/a^3 & -6/a^2 & 12/a^3 & -6/a^2 \\ 6/a^2 & 2/a & -6/a^2 & 4/a \end{bmatrix}\begin{Bmatrix} v_A \\ \theta_A \\ v_C \\ \theta_C \end{Bmatrix} \tag{1}$$

部材[2]の剛性マトリックスは

$$\begin{Bmatrix} Y_C \\ M_C \\ Y_B \\ M_B \end{Bmatrix} = EI\begin{bmatrix} 12/b^3 & 6/b^2 & -12/b^3 & 6/b^2 \\ 6/b^2 & 4/b & -6/b^2 & 2/b \\ -12/b^3 & -6/b^2 & 12/b^3 & -6/b^2 \\ 6/b^2 & 2/b & -6/b^2 & 4/b \end{bmatrix}\begin{Bmatrix} v_C \\ \theta_C \\ v_B \\ \theta_B \end{Bmatrix} \tag{2}$$

この 2 つの剛性マトリックスを重ね合せて（これはトラスのところで述べたように力の釣合いを考えること）

$$
\begin{Bmatrix} \Sigma Y_A \\ \Sigma M_A \\ \Sigma Y_C \\ \Sigma M_C \\ \Sigma Y_B \\ \Sigma M_B \end{Bmatrix} = EI \begin{bmatrix} 12/a^3 & 6/a^2 & -12/a^3 & 6/a^2 & 0 & 0 \\ 6/a^2 & 4/a & -6/a^2 & 2/a & 0 & 0 \\ -12/a^3 & -6/a^2 & 12/a^3+12/b^3 & -6/a^2+6/b^2 & -12/b^3 & 6/b^2 \\ 6/a^2 & 2/a & -6/a^2+6/b^2 & 4/a+4/b & -6/b^2 & 2/b \\ 0 & 0 & -12/b^3 & -6/b^2 & 12/b^3 & -6/b^2 \\ 0 & 0 & 6/b^2 & 2/b & -6/b^2 & 4/b \end{bmatrix} \begin{Bmatrix} v_A \\ \theta_A \\ v_C \\ \theta_C \\ v_B \\ \theta_B \end{Bmatrix}
$$

外力は $\Sigma Y_C = P$，$\Sigma M_C = 0$ が既知である（ΣY_A，ΣM_A，ΣY_B，ΣM_B は未知反力）．

支承条件を考えると，$v_A = \theta_A = v_B = \theta_B = 0$ だから，このマトリックスの第 1 列，第 2 列，第 5 列，第 6 列はなくてもよいので取り去る．したがって

$$
\begin{Bmatrix} \Sigma Y_A \\ \Sigma M_A \\ P \\ 0 \\ \Sigma Y_B \\ \Sigma M_B \end{Bmatrix} = EI \begin{bmatrix} -12/a^3 & 6/a^2 \\ -6/a^2 & 2/a \\ 12/a^3+12/b^3 & -6/a^2+6/b^2 \\ -6/a^2+6/b^2 & 4/a+4/b \\ -12/b^3 & -6/b^2 \\ 6/b^2 & 2/b \end{bmatrix} \begin{Bmatrix} v_C \\ \theta_C \end{Bmatrix}
$$

これを左辺が既知のものと，未知のもの（反力）の 2 つに分ける．

$$
\begin{Bmatrix} P \\ 0 \end{Bmatrix} = EI \begin{bmatrix} 12/a^3+12/b^3 & -6/a^2+6/b^2 \\ -6/a^2+6/b^2 & 4/a+4/b \end{bmatrix} \begin{Bmatrix} v_C \\ \theta_C \end{Bmatrix} \tag{3}
$$

$$
\begin{Bmatrix} \Sigma Y_A \\ \Sigma M_A \\ \Sigma Y_B \\ \Sigma M_B \end{Bmatrix} = EI \begin{bmatrix} -12/a^3 & 6/a^2 \\ -6/a^2 & 2/a \\ -12/b^3 & -6/b^2 \\ 6/b^2 & 2/b \end{bmatrix} \begin{Bmatrix} v_C \\ \theta_C \end{Bmatrix} \tag{4}
$$

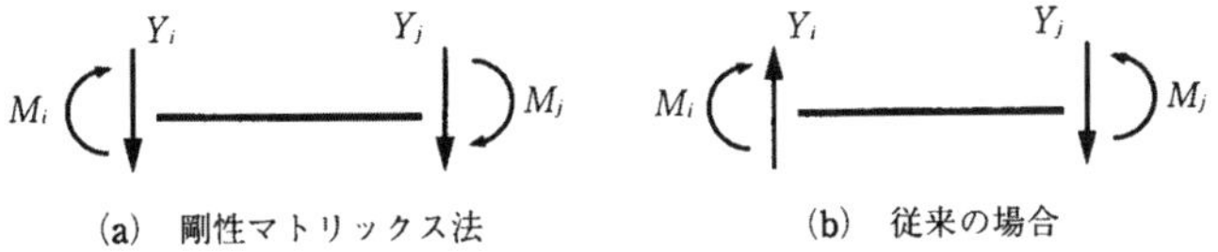

(a)　剛性マトリックス法　　(b)　従来の場合

図 12.21

式 (3) を解いて

$$v_C = \frac{Pa^3b^3}{3(a+b)^3 EI}$$

$$\theta_C = \frac{Pa^2b^2(b-a)}{2(a+b)^3 EI}$$

これらの変位を式 (1), (2) に代入すると，部材力が得られる．ただし，剛性マトリックスの定義と従来の力やモーメントの定義を比較して，せん断力は部材の右端 Y_j の符号を，曲げモーメントは部材の左端 M_i の符号をとる．

したがって，式 (1) に上記の v_C, θ_C の値を代入して

$$M_A = EI\left(-\frac{6}{a^2}v_C + \frac{2}{a}\theta_C\right) = -\frac{Pab^2}{l^2}$$

式 (2) に v_C, θ_C を代入して

$$M_C = EI\left(\frac{6}{b^2}v_C + \frac{4}{b}\theta_C\right) = \frac{2Pa^2b^2}{l^3}$$

$$M_B = \frac{Pa^2b}{l^2} \quad \text{符号を変えて} \quad M_B = -\frac{Pa^2b}{l^2}$$

したがって，曲げモーメント図は図 12.22 のようになる．

くわしい計算例は参考文献 1) を参照されたい．

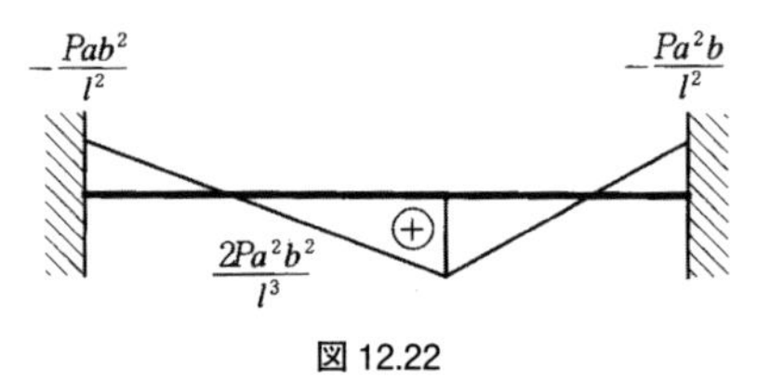

図 12.22

計算例 8　図 12.23 に示す梁において EI＝一定として，曲げモーメント図を求めよ．

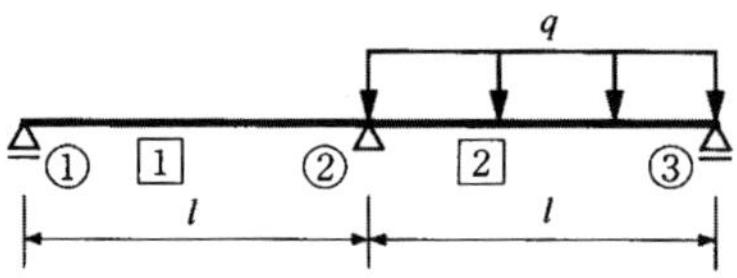

図 12.23

解　部材1の剛性マトリックスは

$$\begin{Bmatrix} Y_1 \\ M_1 \\ Y_2 \\ M_2 \end{Bmatrix} = EI \begin{bmatrix} 12/l^3 & 6/l^2 & -12/l^3 & 6/l^2 \\ 6/l^2 & 4/l & -6/l^2 & 2/l \\ -12/l^3 & -6/l^2 & 12/l^3 & -6/l^2 \\ 6/l^2 & 2/l & -6/l^2 & 4/l \end{bmatrix} \begin{Bmatrix} v_1 \\ \theta_1 \\ v_2 \\ \theta_2 \end{Bmatrix} \qquad (1)$$

部材2の剛性マトリックスは

$$\begin{Bmatrix} Y_2 \\ M_2 \\ Y_3 \\ M_3 \end{Bmatrix} = EI \begin{bmatrix} 12/l^3 & 6/l^2 & -12/l^3 & 6/l^2 \\ 6/l^2 & 4/l & -6/l^2 & 2/l \\ -12/l^3 & -6/l^2 & 12/l^3 & -6/l^2 \\ 6/l^2 & 2/l & -6/l^2 & 4/l \end{bmatrix} \begin{Bmatrix} v_2 \\ \theta_2 \\ v_3 \\ \theta_3 \end{Bmatrix} + \begin{Bmatrix} -ql/2 \\ -ql^2/12 \\ -ql/2 \\ ql^2/12 \end{Bmatrix} \tag{2}$$

式（2）の右端のベクトルは荷重項（load vector）といい，図 12.24 のような荷重を受ける両端固定梁の反力を表わす．

この 2 つの剛性マトリックスを重ね合せて，次のマトリックスを得る．

$$\begin{Bmatrix} \sum Y_1 \\ \sum M_1 \\ \sum Y_2 \\ \sum M_2 \\ \sum Y_3 \\ \sum M_3 \end{Bmatrix} = EI \begin{bmatrix} 12/l^3 & 6/l^2 & -12/l^3 & 6/l^2 & 0 & 0 \\ 6/l^2 & 4/l & -6/l^2 & 2/l & 0 & 0 \\ -12/l^3 & -6/l^2 & 24/l^3 & 0 & -12/l^3 & 6/l^2 \\ 6/l^2 & 2/l & 0 & 8/l & -6/l^2 & 2/l \\ 0 & 0 & -12/l^3 & -6/l^2 & 12/l^3 & -6/l^2 \\ 0 & 0 & 6/l^2 & 2/l & -6/l^2 & 4/l \end{bmatrix}$$

$$\cdot \begin{Bmatrix} v_1 \\ \theta_1 \\ v_2 \\ \theta_2 \\ v_3 \\ \theta_3 \end{Bmatrix} + \begin{Bmatrix} 0 \\ 0 \\ -ql/2 \\ -ql^2/12 \\ -ql/2 \\ ql^2/12 \end{Bmatrix} \tag{3}$$

外力は $\sum M_1 = \sum M_2 = \sum M_3 = 0$ が既知である（$\sum Y_1$，$\sum Y_2$，$\sum Y_3$ は未知反力）．

支承条件を考えると $v_1 = v_2 = v_3 = 0$ なので，未知変位（たわみ角）θ_1，θ_2，θ_3 を求める方程式は，上のマトリックスの第 1 列，第 3 列，第 5 列，さらに第 1 行，第 3 行，第 5 行をとることにより得られる．

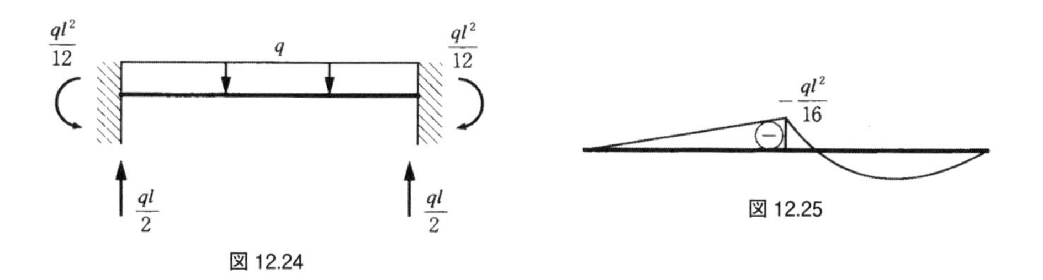

図 12.24

図 12.25

したがって

$$\begin{Bmatrix} 0 \\ 0 \\ 0 \end{Bmatrix} = EI \begin{bmatrix} 4/l & 2/l & 0 \\ 2/l & 8/l & 2/l \\ 0 & 2/l & 4/l \end{bmatrix} \begin{Bmatrix} \theta_1 \\ \theta_2 \\ \theta_3 \end{Bmatrix} + \begin{Bmatrix} 0 \\ -ql^2/12 \\ ql^2/12 \end{Bmatrix} \tag{4}$$

右端のベクトルを左辺に移項して解くと

$$\theta_1 = -\frac{ql^3}{96EI}, \qquad \theta_2 = \frac{ql^3}{48EI}, \qquad \theta_3 = -\frac{ql^3}{32EI}$$

を得る.

これらのたわみ角を部材②の剛性マトリックス式に代入すると，左端の曲げモーメント

$$\begin{aligned} M_2 &= EI\left(\frac{4}{l}\right)\frac{ql^3}{48EI} + EI\left(\frac{2}{l}\right)\left(-\frac{ql^3}{32EI}\right) - \frac{ql^2}{12} \\ &= -\frac{ql^2}{16} \end{aligned}$$

が求められる.

12.5　ラーメンの剛性マトリックス法

式（12.6）で$\lambda=1$，$\mu=0$とおいた式，つまりトラスの計算例4の式（1）が基本の状態のトラスの剛性マトリックスである.

$$\begin{Bmatrix} X_i \\ Y_i \\ X_j \\ Y_j \end{Bmatrix} = \frac{EA}{l} \begin{bmatrix} 1 & 0 & -1 & 0 \\ 0 & 0 & 0 & 0 \\ -1 & 0 & 1 & 0 \\ 0 & 0 & 0 & 0 \end{bmatrix} \begin{Bmatrix} u_i \\ v_i \\ u_j \\ v_j \end{Bmatrix} \tag{12.9}$$

また，式（12.8）より梁の剛性マトリックスが与えられる.

$$\begin{Bmatrix} Y_i \\ M_i \\ Y_j \\ M_j \end{Bmatrix} = EI \begin{bmatrix} 12/l^3 & +6/l^2 & -12/l^3 & +6/l^2 \\ 6/l^2 & 4/l & -6/l^2 & 2/l \\ -12/l^3 & -6/l^2 & 12/l^3 & -6/l^2 \\ 6/l^2 & 2/l & -6/l^2 & 4/l \end{bmatrix} \begin{Bmatrix} v_i \\ \theta_i \\ v_j \\ \theta_j \end{Bmatrix} \tag{12.10}$$

したがって，式（12.9）と式（12.10）を重ね合せたものが，ラーメンの部材の剛

性マトリックスである.

$$\begin{Bmatrix} X_i \\ Y_i \\ M_i \\ X_j \\ Y_j \\ M_j \end{Bmatrix} = \begin{bmatrix} EA/l & 0 & 0 & -EA/l & 0 & 0 \\ 0 & 12EI/l^3 & 6EI/l^2 & 0 & -12EI/l^3 & 6EI/l^2 \\ 0 & 6EI/l^2 & 4EI/l & 0 & -6EI/l^2 & 2EI/l \\ -EA/l & 0 & 0 & EA/l & 0 & 0 \\ 0 & -12EI/l^3 & -6EI/l^2 & 0 & 12EI/l^3 & -6EI/l^2 \\ 0 & 6EI/l^2 & 2EI/l & 0 & -6EI/l^2 & 4EI/l \end{bmatrix} \begin{Bmatrix} u_i \\ v_i \\ \theta_i \\ u_j \\ v_j \\ \theta_j \end{Bmatrix} \tag{12.11}$$

簡単に

$$\{X\} = [K]\{u\} \tag{12.12}$$

次に$x-y$平面上で考えると，ラーメンの各部材の部材力（断面力X_i，Y_i，M_i）は座標変換させることにより，統一された全体座標系での部材力（断面力$\bar{X}_i$，$\bar{Y}_i$，$\bar{M}_i$）で表わされることがわかる．この統一された全体座標系での各部材力による，釣合い条件式が，剛性マトリックスの重ね合せと外力を与えることである．

部材座標系$(x-y)$と全体座標系$(\bar{x}-\bar{y})$に関する変位と力の関係式は

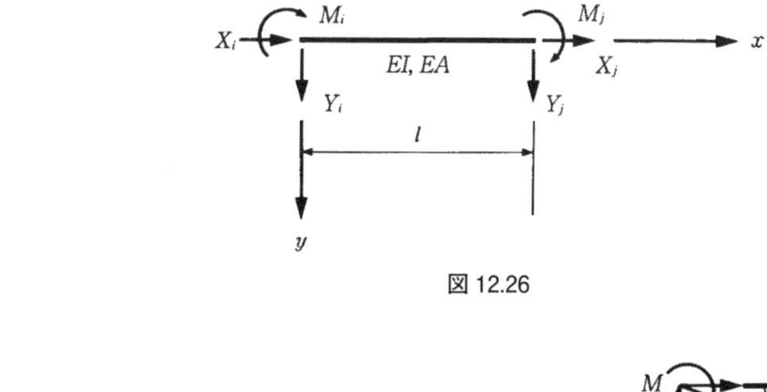

図 12.26

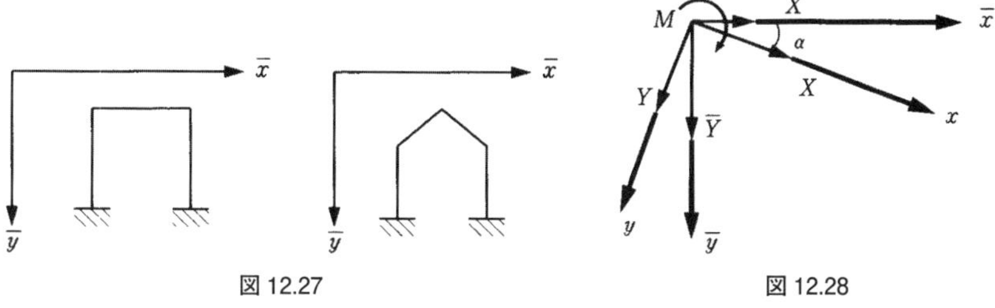

図 12.27　図 12.28

$$\begin{Bmatrix} u \\ v \\ \theta \end{Bmatrix} = \begin{bmatrix} \lambda & \mu & 0 \\ -\mu & \lambda & 0 \\ 0 & 0 & 1 \end{bmatrix} \begin{Bmatrix} \bar{u} \\ \bar{v} \\ \bar{\theta} \end{Bmatrix}, \qquad \begin{Bmatrix} X \\ Y \\ M \end{Bmatrix} = \begin{bmatrix} \lambda & \mu & 0 \\ -\mu & \lambda & 0 \\ 0 & 0 & 1 \end{bmatrix} \begin{Bmatrix} \bar{X} \\ \bar{Y} \\ \bar{M} \end{Bmatrix} \tag{12.13}$$

ここで

$$\begin{aligned} &\lambda = \cos\alpha = \frac{x_j - x_i}{L}, \qquad \mu = \sin\alpha = \frac{y_j - y_i}{L} \\ &L = \sqrt{\left(x_j - x_i\right)^2 + \left(y_j - y_i\right)^2} \end{aligned} \tag{12.14}$$

つまり

$$\begin{Bmatrix} u_i \\ v_i \\ \theta_i \\ u_j \\ v_j \\ \theta_j \end{Bmatrix} = \begin{bmatrix} \lambda & \mu & 0 & & & \\ -\mu & \lambda & 0 & & 0 & \\ 0 & 0 & 1 & & & \\ & & & \lambda & \mu & 0 \\ & 0 & & -\mu & \lambda & 0 \\ & & & 0 & 0 & 1 \end{bmatrix} \begin{Bmatrix} \bar{u}_i \\ \bar{v}_i \\ \bar{\theta}_i \\ \bar{u}_j \\ \bar{v}_j \\ \bar{\theta}_j \end{Bmatrix} \tag{12.15}$$

簡単に

$$\{u\} = [r]\{\bar{u}\} \tag{12.16}$$

力についても同様の座標変換マトリックスが考えられる.

$$\begin{Bmatrix} X_i \\ Y_i \\ M_i \\ X_j \\ Y_j \\ M_j \end{Bmatrix} = \begin{bmatrix} \lambda & \mu & 0 & & & \\ -\mu & \lambda & 0 & & 0 & \\ 0 & 0 & 1 & & & \\ & & & \lambda & \mu & 0 \\ & 0 & & -\mu & \lambda & 0 \\ & & & 0 & 0 & 1 \end{bmatrix} \begin{Bmatrix} \bar{X}_i \\ \bar{Y}_i \\ \bar{M}_i \\ \bar{X}_j \\ \bar{Y}_j \\ \bar{M}_j \end{Bmatrix} \tag{12.17}$$

簡単に

$$\{X\} = [r]\{\bar{X}\} \tag{12.18}$$

式(12.16),(12.18)を式(12.12)に代入すると

$$[r]\{\bar{X}\} = [K][r]\{\bar{u}\}$$

$$\{\bar{X}\} = [r]^{-1}[K][r]\{\bar{u}\}$$

ここで,$[\bar{K}] = [r]^{-1}[K][r]$とおき,この$[\bar{K}]$を全体座標系で表わされた剛性マトリックスとすれば

$$\{\bar{X}\}=[\bar{K}]\{\bar{u}\} \tag{12.19}$$

である．

$[\bar{K}]$を次のようにして求めてみる．ただし，式（12.11）を改めて次のようにおく．

$$\begin{Bmatrix} X_i \\ Y_i \\ M_i \\ X_j \\ Y_j \\ M_j \end{Bmatrix}=\begin{bmatrix} k_{11} & 0 & 0 & k_{14} & 0 & 0 \\ 0 & k_{22} & k_{23} & 0 & k_{25} & k_{26} \\ 0 & k_{32} & k_{33} & 0 & k_{35} & k_{36} \\ k_{41} & 0 & 0 & k_{44} & 0 & 0 \\ 0 & k_{52} & k_{53} & 0 & k_{55} & k_{56} \\ 0 & k_{62} & k_{63} & 0 & k_{65} & k_{66} \end{bmatrix}\begin{Bmatrix} u_i \\ v_i \\ \theta_i \\ u_j \\ v_j \\ \theta_j \end{Bmatrix} \tag{12.20}$$

$[K][r]$ の計算結果

$$\begin{bmatrix} \lambda k_{11} & \mu k_{11} & 0 & \lambda k_{14} & \mu k_{14} & 0 \\ -\mu k_{22} & \lambda k_{22} & k_{23} & -\mu k_{25} & \lambda k_{25} & k_{26} \\ -\mu k_{32} & \lambda k_{32} & k_{33} & -\mu k_{35} & \lambda k_{35} & k_{36} \\ \lambda k_{41} & \mu k_{41} & 0 & \lambda k_{44} & \mu k_{44} & 0 \\ -\mu k_{52} & \lambda k_{52} & k_{53} & -\mu k_{55} & \lambda k_{55} & k_{56} \\ -\mu k_{62} & \lambda k_{62} & k_{63} & -\mu k_{65} & \lambda k_{65} & k_{66} \end{bmatrix} \tag{12.21}$$

$[r]^T[K][r]$ の計算結果（$\because [r]^{-1}=[r]^T$）

$$\begin{bmatrix} (\lambda^2 k_{11}+\mu^2 k_{22}) & \lambda\mu(k_{11}-k_{22}) & -\mu k_{23} & (\lambda^2 k_{14}+\mu^2 k_{25}) & \lambda\mu(k_{14}-k_{25}) & -\mu k_{26} \\ \lambda\mu(k_{11}-k_{22}) & (\mu^2 k_{11}+\lambda^2 k_{22}) & \lambda k_{23} & \lambda\mu(k_{14}-k_{25}) & (\mu^2 k_{14}+\lambda^2 k_{25}) & \lambda k_{26} \\ -\mu k_{32} & \lambda k_{32} & k_{33} & -\mu k_{35} & \lambda k_{35} & k_{36} \\ (\lambda^2 k_{41}+\mu^2 k_{52}) & \lambda\mu(k_{41}-k_{52}) & -\mu k_{53} & (\lambda^2 k_{44}+\mu^2 k_{55}) & \lambda\mu(k_{44}-k_{55}) & -\mu k_{56} \\ \lambda\mu(k_{41}-k_{52}) & (\mu^2 k_{41}+\lambda^2 k_{52}) & \lambda k_{53} & \lambda\mu(k_{44}-k_{55}) & (\mu^2 k_{44}+\lambda^2 k_{55}) & \lambda k_{56} \\ -\mu k_{62} & \lambda k_{62} & k_{63} & -\mu k_{65} & \lambda k_{65} & k_{66} \end{bmatrix} \tag{12.22}$$

$[\bar{K}]$が求められたので，剛性マトリックスの重ね合せをする．つまり，全体の力の釣合いを考えると

$$\Sigma\{\bar{X}\}=\Sigma[\bar{K}]\{\bar{u}\}$$

となり，拘束点の条件を考慮し，外力$\Sigma\{\bar{X}\}$を与えると，全体座標系に関する変位$\{\bar{u}\}$が求められる．

次に，この$\{\bar{u}\}$から各部材の断面力を計算するには，式（12.16）を式（12.12）

に代入して

$$\{X\}=[K][r]\{\bar{u}\}$$

より，$\{X\}$を計算するとよい．なお，$[K]$ $[r]$ は応力マトリックス（stress matrix）と呼ばれ，式（12.21）で与えられる．

計算例 9　図 12.29 のような門形ラーメンの節点変位を求め，部材端力を計算せよ[1)]．ただし，すべての部材について，EA＝一定，EI＝一定とする．

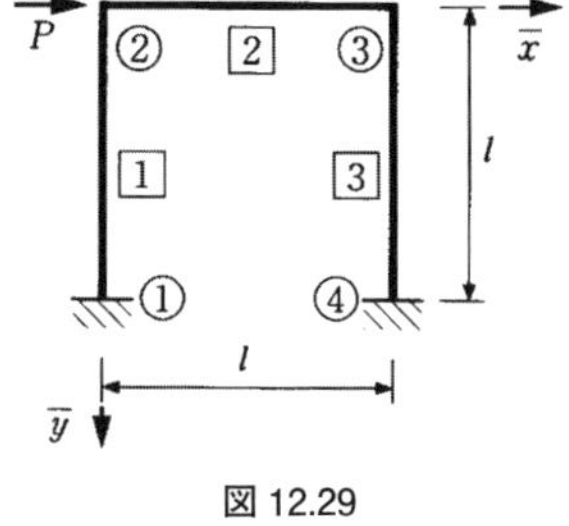

図 12.29

解　表 12.2 のようにλ，μを計算する．

部材1の剛性マトリックスは

表 12.2

部材	i	j	$\bar{x}_i$	$\bar{y}_i$	$\bar{x}_j$	$\bar{y}_j$	$\bar{x}_j-\bar{x}_i$	$\bar{y}_j-\bar{y}_i$	l	λ	μ
1	①	②	0	l	0	0	0	$-l$	l	0	−1
2	②	③	0	0	l	0	l	0	l	1	0
3	③	④	l	0	l	l	0	l	l	0	1

$$\begin{Bmatrix} \bar{X}_1 \\ \bar{Y}_1 \\ \bar{M}_1 \\ \bar{X}_2 \\ \bar{Y}_2 \\ \bar{M}_2 \end{Bmatrix} = \frac{E}{l}\begin{bmatrix} \frac{12I}{l^2} & 0 & \frac{6I}{l} & -\frac{12I}{l^2} & 0 & \frac{6I}{l} \\ 0 & A & 0 & 0 & -A & 0 \\ \frac{6I}{l} & 0 & 4I & -\frac{6I}{l} & 0 & 2I \\ -\frac{12I}{l^2} & 0 & -\frac{6I}{l} & \frac{12I}{l^2} & 0 & -\frac{6I}{l} \\ 0 & -A & 0 & 0 & A & 0 \\ \frac{6I}{l} & 0 & 2I & -\frac{6I}{l} & 0 & 4I \end{bmatrix} \begin{Bmatrix} \bar{u}_1 \\ \bar{v}_1 \\ \bar{\theta}_1 \\ \bar{u}_2 \\ \bar{v}_2 \\ \bar{\theta}_2 \end{Bmatrix} \tag{1}$$

部材2の剛性マトリックスは

$$\begin{Bmatrix} \bar{X}_2 \\ \bar{Y}_2 \\ \bar{M}_2 \\ \bar{X}_3 \\ \bar{Y}_3 \\ \bar{M}_3 \end{Bmatrix} = \frac{E}{l} \begin{bmatrix} A & 0 & 0 & -A & 0 & 0 \\ 0 & \frac{12I}{l^2} & \frac{6I}{l} & 0 & -\frac{12I}{l^2} & \frac{6I}{l} \\ 0 & \frac{6I}{l} & 4I & 0 & -\frac{6I}{l} & 2I \\ -A & 0 & 0 & A & 0 & 0 \\ 0 & -\frac{12I}{l^2} & -\frac{6I}{l} & 0 & \frac{12I}{l^2} & -\frac{6I}{l} \\ 0 & \frac{6I}{l} & 2I & 0 & -\frac{6I}{l} & 4I \end{bmatrix} \begin{Bmatrix} \bar{u}_2 \\ \bar{v}_2 \\ \bar{\theta}_2 \\ \bar{u}_3 \\ \bar{v}_3 \\ \bar{\theta}_3 \end{Bmatrix} \tag{2}$$

部材[3]の剛性マトリックスは

$$\begin{Bmatrix} \bar{X}_3 \\ \bar{Y}_3 \\ \bar{M}_3 \\ \bar{X}_4 \\ \bar{Y}_4 \\ \bar{M}_4 \end{Bmatrix} = \frac{E}{l} \begin{bmatrix} \frac{12I}{l^2} & 0 & -\frac{6I}{l} & -\frac{12I}{l^2} & 0 & -\frac{6I}{l} \\ 0 & A & 0 & 0 & -A & 0 \\ -\frac{6I}{l} & 0 & 4I & \frac{6I}{l} & 0 & 2I \\ -\frac{12I}{l^2} & 0 & \frac{6I}{l} & \frac{12I}{l^2} & 0 & \frac{6I}{l} \\ 0 & -A & 0 & 0 & A & 0 \\ -\frac{6I}{l} & 0 & 2I & \frac{6I}{l} & 0 & 4I \end{bmatrix} \begin{Bmatrix} \bar{u}_3 \\ \bar{v}_3 \\ \bar{\theta}_3 \\ \bar{u}_4 \\ \bar{v}_4 \\ \bar{\theta}_4 \end{Bmatrix} \tag{3}$$

これらの3つの剛性マトリックスを重ね合せて，12行12列の全体の剛性マトリックスができる．

しかし，ラーメンでは桁の場合と同様に支承条件 $\bar{u}_1 = \bar{v}_1 = \bar{\theta}_1 = \bar{u}_4 = \bar{v}_4 = \bar{\theta}_4 = 0$ を考慮すると，第1列，第2列，第3列，第10列，第11列，第12列は省略でき，12行6列のマトリックスとなる．このマトリックスの第1行，第2行，第3行，第10行，第11行，第12行は反力を求めるための行なので，これらの行を取り去った結果，次のようなマトリックスとなる．

$$\begin{Bmatrix} \Sigma\bar{X}_2 \\ \Sigma\bar{Y}_2 \\ \Sigma\bar{M}_2 \\ \Sigma\bar{X}_3 \\ \Sigma\bar{Y}_3 \\ \Sigma\bar{M}_3 \end{Bmatrix} = \frac{E}{l}\begin{bmatrix} A+\frac{12I}{l^2} & 0 & -\frac{6I}{l} & -A & 0 & 0 \\ 0 & A+\frac{12I}{l^2} & \frac{6I}{l} & 0 & -\frac{12I}{l^2} & \frac{6I}{l} \\ -\frac{6I}{l} & \frac{6I}{l} & 8I & 0 & -\frac{6I}{l} & 2I \\ -A & 0 & 0 & A+\frac{12I}{l^2} & 0 & -\frac{6I}{l} \\ 0 & -\frac{12I}{l^2} & -\frac{6I}{l} & 0 & A+\frac{12I}{l^2} & -\frac{6I}{l} \\ 0 & \frac{6I}{l} & 2I & -\frac{6I}{l} & -\frac{6I}{l} & 8I \end{bmatrix}\begin{Bmatrix} \bar{u}_2 \\ \bar{v}_2 \\ \bar{\theta}_2 \\ \bar{u}_3 \\ \bar{v}_3 \\ \bar{\theta}_3 \end{Bmatrix}$$

ここで

$$\frac{12EI}{l^3}=a, \quad \frac{6EI}{l^2}=b, \quad \frac{2EI}{l}=c, \quad \frac{EA}{l}=d$$

とおいてマトリックスを簡単に表現する．外力は$\Sigma\bar{X}_2=P$以外は0である．

$$\begin{Bmatrix} P \\ 0 \\ 0 \\ 0 \\ 0 \\ 0 \end{Bmatrix} = \begin{bmatrix} a+d & 0 & -b & -d & 0 & 0 \\ 0 & a+d & b & 0 & -a & b \\ -b & b & 4c & 0 & -b & c \\ -d & 0 & 0 & a+d & 0 & -b \\ 0 & -a & -b & 0 & a+d & -b \\ 0 & b & c & -b & -b & 4c \end{bmatrix}\begin{Bmatrix} \bar{u}_2 \\ \bar{v}_2 \\ \bar{\theta}_2 \\ \bar{u}_3 \\ \bar{v}_3 \\ \bar{\theta}_3 \end{Bmatrix} \tag{4}$$

これを解くと

$$\bar{u}_2=Pe\{(de)^2+16.8de+43.2\}/[2.4\{7(de)^2+45de+72\}]$$

$$\bar{u}_3=Pe\{(de)^2+8.4de+14.4\}/[2.4\{7(de)^2+45de+72\}]$$

$$\bar{\theta}_2=Pe\{(de)^2+34de+96\}/[4l\{7(de)^2+45de+72\}]$$

$$\bar{\theta}_3=Pe\{(de)^2+20de+48\}/[4l\{7(de)^2+45de+72\}]$$

$$\bar{v}_3=-\bar{v}_2=3Pe/(7de+24)$$

となる．ただし，$e=l^3/EI$とおいた．

これらの変位の値を，それぞれの部材の応力マトリックスに代入すると，部材端力が得られる．

なお，剛性マトリックスの定義と従来の力やモーメントの定義とを比較して，軸力は部材の右端X_jの符号を，せん断力は部材の右端Y_jの符号を，曲げモーメ

ントは部材の左端 M_i の符号をとる．

たとえば部材②では

$$\begin{Bmatrix} X_2 \\ Y_2 \\ M_2 \\ X_3 \\ Y_3 \\ M_3 \end{Bmatrix} = \frac{E}{l}\begin{bmatrix} A & 0 & 0 & -A & 0 & 0 \\ 0 & \frac{12I}{l^2} & \frac{6I}{l} & 0 & -\frac{12I}{l^2} & \frac{6I}{l} \\ 0 & \frac{6I}{l} & 4I & 0 & -\frac{6I}{l} & 2I \\ -A & 0 & 0 & A & 0 & 0 \\ 0 & -\frac{12I}{l^2} & -\frac{6I}{l} & 0 & \frac{12I}{l^2} & -\frac{6I}{l} \\ 0 & \frac{6I}{l} & 2I & 0 & -\frac{6I}{l} & 4I \end{bmatrix}\begin{Bmatrix} \bar{u}_2 \\ \bar{v}_2 \\ \bar{\theta}_2 \\ \bar{u}_3 \\ \bar{v}_3 \\ \bar{\theta}_3 \end{Bmatrix}$$

これより

$$X_3 = -Pde/(2de+6), \qquad Y_3 = -3Pde/(7de+24)$$

$$M_2 = Pl\{1.5(de)^2+8de+12\}/\{7(de)^2+45de+72\}$$

同様に部材①の応力マトリックスを使って

$$X_2 = 3Pde/(7de+24), \qquad Y_2 = P(de+6)/(2de+6)$$

部材③の応力マトリックスを使って

$$M_3 = -Pl\{1.5(de)^2+de-12\}/\{7(de)^2+45de+72\}$$

を得る．考察として，$de=(EA/l)(l^3/EI)$ を大きくして，$de=10^3$ より大きくすると，$de\to\infty$ とした，つまり部材軸の伸縮を無視した，たわみ角法による解と一致する．図 12.30 は de を変えたときの M_2，M_3 の変化を表わす．たわみ角法による曲げモーメント図は，第 10 章の図 10.22 のようになる．

なお，ここでは省略したところが多いが，くわしい計算例については，参考文献 1）を参照して頂きたい．

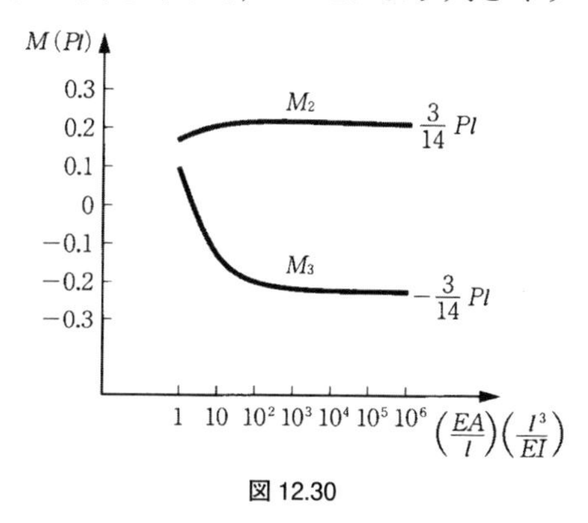

図 12.30

■参考文献

1）　宮本　裕他：構造工学の基礎と応用（第 4 版），技報堂出版，pp.175～179，2016.

鎖橋（ハンガリー・ブダベスト）

現代なら，吊橋のケーブルは鋼鉄製だが，この橋はケーブルに鎖を使った橋ということになっている．実際は鎖ではなく，アイバーという細長い（短冊状の）鉄板を使っている．関東大震災の震災復興事業として建設された隅田川の清洲橋もこの形式の橋である．

（写真提供：小出英夫）

第 13 章　振動と衝撃

本章では，大きさ，方向，位置が時間とともに変化する動的荷重を受けたときの構造物の応答解析の基礎として，まず初めに 1 質点系の固有振動と単純梁の固有振動について述べ，次に単純梁に物体が落下したとき，梁に生じる動たわみについて述べる．

13.1　1 質点の振動

ニュートン(Newton)の運動の第 2 法則に従えば，動的作用を受けた系の運動方程式は次式となる．

$$f = m\alpha \tag{13.1}$$

ここに，f は質点(lumped mass)に作用する力であり，m は質量(mass)，α は質点の加速度(acceleration)である．式(13.1)は式(13.2)のように変形でき，ダランベール(d'Alembert)の原理として知られている．

$$f - m\alpha = 0 \tag{13.2}$$

ここに，$-m\alpha$ は質点に作用する慣性力(inertia force)となる．

式(13.2)は質点の運動方程式を動的な釣合い方程式として表わすことができることを示している．この場合，f は変位に抵抗する弾性力(elastic force)，速度に抵抗する減衰力(damping force)，外部荷重など質点に作用する種々の力を含んだものと考えてよい．なお構造物の重心にその全質量が集まっているとし，重心の位置の運動によってその構造物全体の運動を表わすとき，この重心の点を質点という．図 13.1 に示す 1 質点系に動的荷重 f が作用したとき生ずる力は慣性力 f_i，減衰力 f_c，弾性力 f_k からなる．したがって，このときの運動方程式は力の釣合いを考えて

$$(f - f_c - f_k) - f_i = 0$$

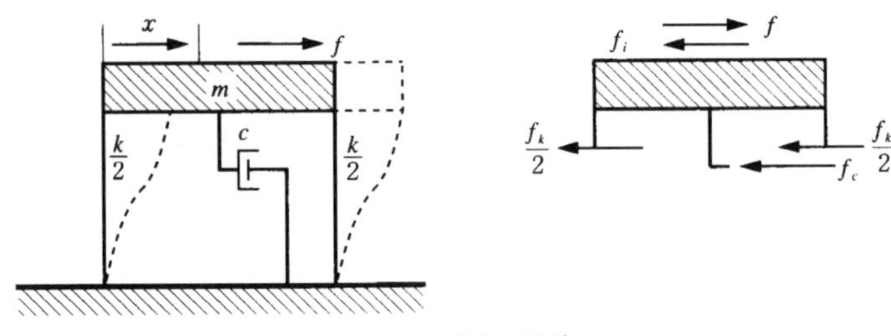

図 13.1　質点の振動

となる．ここで，f_i はニュートンの運動の第 2 法則によって質量 m と加速度 $\ddot{x}$ の積であり

$$f_i = m\ddot{x}$$

f_c は速度に比例する粘性減衰を仮定すれば，減衰係数 c と速度 $\dot{x}$ の積であり

$$f_c = c\dot{x}$$

となる．f_k はばねの剛性 k と変位 x の積で表わされ，次式となる．

$$f_k = kx$$

したがって，1 質点系の運動方程式は

$$m\ddot{x} + c\dot{x} + kx = f \tag{13.3}$$

となる．式(13.3)の解は右辺を 0 に等しいとおいた方程式を考えることによって求められる．

$$m\ddot{x} + c\dot{x} + kx = 0 \tag{13.4}$$

作用する力 $f=0$ のときに生じる運動を自由振動（free vibration）という．いま，系に減衰がないときを考えると $c = 0$ であり，式（13.4）は

$$m\ddot{x} + kx = 0 \tag{13.5}$$

となり，これは 2 階の線形同次常微分方程式である．

いま，$\omega^2 = k/m$ とおくと

$$\ddot{x} + \omega^2 x = 0$$

この解は $x = \mathrm{e}^{\lambda t}$ とおいて

$$\lambda^2 \mathrm{e}^{\lambda t} + \omega^2 \mathrm{e}^{\lambda t} = 0$$

$$\therefore \lambda^2 + \omega^2 = 0 \quad \text{または} \quad \lambda = \pm i\omega$$

よって

$$x = A_1 \mathrm{e}^{i\omega t} + A_2 \mathrm{e}^{-i\omega t}$$

オイラー（Euler）の公式である $e^{\pm i\alpha}=\cos\alpha\pm i\sin\alpha$ を用いると

$$x=A_1(\cos\omega t+i\sin\omega t)+A_2(\cos\omega t-i\sin\omega t)$$

ここで新たに，$i(A_1-A_2)=A$，$(A_1+A_2)=B$ とおくと

$$x=A\sin\omega t+B\cos\omega t \tag{13.6}$$

となる．ここで，A，B は自由振動の引き起こした時刻 $t=0$ における初期条件によって決定される．

式（13.6）において $A=a\sin\varphi$，$B=a\cos\varphi$ とおいて整理すると

$$x=a\cos(\omega t-\varphi)=a\cos\omega\left(t-\frac{\varphi}{\omega}\right) \tag{13.7}$$

ただし

$$a=\sqrt{A^2+B^2},\quad \varphi=\tan^{-1}\left(\frac{B}{A}\right)$$

式(13.7)で表わされる変位の時刻歴を図示すると図13.2のようになる．図13.2にみられるように $\pm a$ の間に正負の変位が繰り返されており，この現象を振動（vibration）という．変位 a は振れ幅を表わし，振幅（amplitude）という．また，φ は位相角である．いま式(13.7)において，ある時刻 t から時間が $2\pi/\omega$ だけ経過すると，変位は

$$x=a\cos\left\{\omega\left(t+\frac{2\pi}{\omega}\right)-\varphi\right\}=a\cos(\omega t+2\pi-\varphi)$$
$$=a\cos(\omega t-\varphi)$$

となり，時刻 t と同じ位置に戻るから，周期は

$$T=2\pi/\omega \tag{13.8}$$

となる．式(13.8)の T はこの系の固有なものであるので，固有周期（natural period）という．すなわち，T は同じ状態が再現されるまでの最小時間を表わし

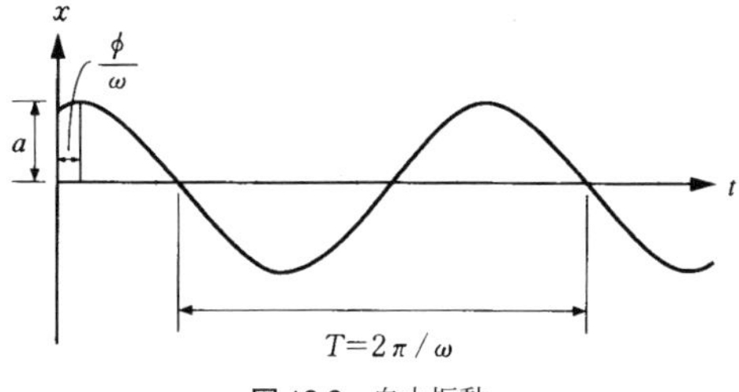

図13.2　自由振動

ている．式（13.7）のωは固有円振動数（natural circular frequency）といい，2π時間の間にxが何回同じ状態にもどるかを示す回数である．これは式（13.9）のように表わされる．

$$\omega=\sqrt{k/m} \tag{13.9}$$

式（13.8）の逆数を固有振動数（natural frequency）といい，式（13.10）となる．

$$f=1/T \tag{13.10}$$

固有振動数は，この系が1秒間に何回振動するかを示すものである．

13.2　梁の曲げ振動

図13.3に示すように，単純梁が位置と時間によって変化する横方向荷重$q(x, t)$を受けたとき，梁にはたわみ振動が発生する．このような振動を梁の曲げ振動という．梁の曲げ振動に関する運動方程式は，梁の断面に作用する力の釣合い方程式と，梁のたわみと曲げモーメントの関係式を用いて誘導できる．図13.3(b)は梁の微小要素に作用する断面力と慣性力の釣合いを示したものである．ここに，曲げ剛性$EI(x)$，単位長さ当りの質量$m(x)$はスパン方向に変化するものとし，Sはせん断力，Mは曲げモーメントを表わす．また，時刻tにおける点xの鉛直変位を$y(x, t)$とする．

鉛直方向の力の釣合いは

$$-S+\left(S+\frac{\partial S}{\partial x}dx\right)+q\left(x,\quad t\right)dx-f_i dx=0 \tag{13.11}$$

となる．f_iは分布した横方向慣性力であり，微小要素dxの単位長さ当りの質量$m(x)$とその位置の加速度の積として次のように表わされる．

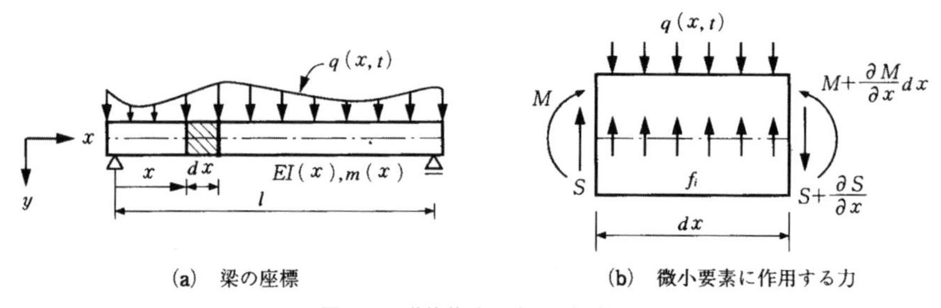

(a)　梁の座標　　(b)　微小要素に作用する力

図13.3　動的荷重を受ける単純梁

$$f_i dx = m(x)dx\frac{\partial^2 y}{\partial t^2} \tag{13.12}$$

式（13.11）に式（13.12）を代入し整理すると

$$\frac{\partial S}{\partial x}dx + q(x,\ t)dx - m(x)dx\frac{\partial^2 y}{\partial t^2} = 0 \tag{13.13}$$

ここで第 6 章で学んだように

$$S = \frac{\partial M}{\partial x} \tag{13.14}$$

の関係があり，第 6 章で学んだように

$$\frac{\partial^2 y(x,\ t)}{\partial x^2} = -\frac{M}{EI} \tag{13.15}$$

の関係がある．したがって，式（13.14），（13.15）から

$$S = \frac{\partial M}{\partial x} = \frac{\partial}{\partial x}\left(-EI\frac{\partial^2 y(x,\ t)}{\partial x^2}\right) \tag{13.16}$$

さらに

$$\frac{\partial S}{\partial x} = \frac{\partial^2}{\partial x^2}\left(-EI\frac{\partial^2 y(x,\ t)}{\partial x^2}\right) \tag{13.17}$$

上式を式(13.13)に代入し整理すると，曲げ振動の微分方程式が得られる．

$$m(x)\frac{\partial^2 y(x,\ t)}{\partial t^2} + \frac{\partial^2}{\partial x^2}\left(EI\frac{\partial^2 y(x,\ t)}{\partial x^2}\right) = q(x,\ t) \tag{13.18}$$

いま，$q(x,\ t)=0$ とし，梁の断面が一様なときは

$$m\frac{\partial^2 y(x,\ t)}{\partial t^2} + EI\frac{\partial^4 y(x,\ t)}{\partial x^4} = 0 \tag{13.19}$$

と表わされ，梁に作用する動的荷重が取り除かれた後の曲げ振動の自由振動に関する運動方程式となる．

式（13.19）を解くことによって，振動モード形（vibration mode shape）と振動数（frequency）を求めることができる．式（13.19）の解は変数分離法によって求められる．まず，式（13.19）を変形して

$$\lambda^2\frac{\partial^2 y(x,\ t)}{\partial t^2} + \frac{\partial^4 y(x,\ t)}{\partial x^4} = 0,\ \text{ただし，}\ \lambda^2 = \frac{m}{EI} \tag{13.20}$$

となる．いま，式（13.20）の解が位置 x の関数 $Y(x)$ と時間 t の関数 $F(t)$ との積からなると仮定する．

$$y(x,\ t) = Y(x)\cdot F(t) \tag{13.21}$$

上式を式（13.20）に代入して整理すると

$$\frac{d^4Y(x)}{dx^4}\cdot\frac{1}{Y(x)}=-\frac{\lambda^2}{F(t)}\cdot\frac{d^2F(t)}{dt^2} \tag{13.22}$$

変数分離法により，上式の両辺をβ^4とおくと

$$\frac{d^4Y(x)}{dx^4}=Y(x)\beta^4 \tag{13.23}$$

$$\frac{d^2F(t)}{dt^2}=-\frac{\beta^4}{\lambda^2}F(t) \tag{13.24}$$

式（13.24）は，式（13.5）と同じ非減衰自由度系の自由振動方程式であり，解は次式のように表わされる．

$$F(t)=A\sin\omega t+B\cos\omega t \tag{13.25}$$

A，Bは積分定数であり，初期条件から決定される．
ただし

$$\omega=\frac{\beta^2}{\lambda}=\beta^2\sqrt{\frac{EI}{m}} \tag{13.26}$$

式（13.23）は梁の変形形状に関する方程式となっており，これを解くことによって振動モード形が求まる．いま，この解を

$$Y(x)=ce^{px} \tag{13.27}$$

とおき，式(13.23)に代入すると

$$(p^4-\beta^4)ce^{px}=0$$

となるから

$$p^4-\beta^4=0 \qquad \therefore p=\pm\beta,\ \pm i\beta$$

これを式（13.27）に代入して

$$Y(x)=c_1e^{\beta x}+c_2e^{-\beta x}+c_3e^{i\beta x}+c_4e^{-i\beta x}$$

となる．上式の指数関数を三角関数および双曲線関数で表わせば次式を得る．

$$Y(x)=A\sin\beta x+B\cos\beta x+C\sinh\beta x+D\cosh\beta x \tag{13.28}$$

A，B，C，Dは積分定数であり，梁の振動の形状および振幅を定める．これらの定数は梁の境界条件から決定される．

単純梁の境界条件は，両端で変位と曲げモーメントが0であるから

$x=0$ で $Y(x)=0$，　$d^2Y(x)/dx^2=0$

$x=l$ で $Y(x)=0$，　$d^2Y(x)/dx^2=0$

となる．この条件を式（13.28）に適用すると，$x=0$ での境界条件から

$$B+D=0, \qquad -\beta^2(B-D)=0$$

したがって，$B=D=0$ となる．$x=l$ での境界条件から

$$\begin{bmatrix} \sin\beta l & \sinh\beta l \\ -\beta^2\sin\beta l & \beta^2\sinh\beta l \end{bmatrix}\begin{bmatrix} A \\ C \end{bmatrix}=\begin{bmatrix} 0 \\ 0 \end{bmatrix} \tag{13.29}$$

上式が解をもつためには，係数行列の行列式が0とならなければならない．したがって

$$\begin{vmatrix} \sin\beta l & \sinh\beta l \\ -\beta^2\sin\beta l & \beta^2\sinh\beta l \end{vmatrix}=0$$

$$\therefore \sin\beta l\cdot\sinh\beta l=0$$

ここで，$\sinh\beta l$ は $\beta l=0$ 以外は0とならないから

$$\sin\beta l=0 \tag{13.30}$$

となる．上式が振動数方程式となる．この解は

$$\beta l=n\pi \qquad (n=1,2,\cdots\cdots\infty) \tag{13.31}$$

となる．式(13.26)から固有円振動数は

$$\omega=(n\pi)^2\sqrt{\frac{EI}{ml^4}} \qquad (n=1,2,\cdots\cdots\infty)$$

となり，無限個存在する．いま振動数の小さい順に ω_1，ω_2，……として，ω_n を n 次の固有円振動数と呼ぶ．ただし，$m=\gamma A/g$ で γ は単位体積重量，A は断面積，g は重力加速度である．

式（13.29）において $A\sin\beta l+C\sinh\beta l=0$ であり，式（13.30）において $\sin\beta l=0$ であるから，$C=0$ が得られる．したがって，$B=C=D=0$ から式（13.28）において

$$Y(x)=A\sin\beta x \tag{13.32}$$

となる．ここで，β は式（13.31）から決定されるので，n 次の固有振動モード形が次式で与えられる．

$$Y_n(x)=A\sin\frac{n\pi}{l}x \tag{13.33}$$

または，振動モード形はその形状に意味があるので，簡単のため $A=1$ とおくと

$$Y_n(x) = \sin\frac{n\pi}{l}x \qquad (13.34)$$

となる．上式に $n=1\sim\infty$ を代入し，各次の振動形が求まる．
式(13.21)から

$$y_n(x,\ t) = \sin\frac{n\pi}{l}x\left(A_n \sin\omega_n t + B_n \cos\omega_n t\right) \qquad (13.35)$$

したがって，境界条件を満足する式（13.19）の解は，各次数の振動の和として次式のように表わされる．

$$y_n(x,\ t) = \sum_{n=1}^{\infty} \sin\frac{n\pi}{l}x\left(A_n \sin\omega_n t + B_n \cos\omega_n t\right) \qquad (13.36)$$

A_n，B_n は定数で振動の初期条件から決定される．

図 13.4 に単純支持梁の三次振動数までの振動モード形を示す．

振動モード形は，時間を止めたある一瞬における各質点の振動の空間的な形状変化を表わした波形である．これに対し，振動波形は図 13.2 に示すように，ある質点の振動量の変化を時間に対して表わした波形である．振動モード形における節の数はモード次数から 1 を引いたものに等しくなっている．振動数方程式 $\sin\beta l=0$ から無限個の固有値と固有モードが得られるが，単純梁理論を用いているので，高次モードになるほどその厳密性が減少することに注意しなければなら

固有円振動数 $\omega_n=(n\pi)^2\sqrt{\frac{EI}{ml^4}}$ m＝単位質量（$=\gamma A/g$，γ＝単位体積重量）	振動モード形 $Y_n(x)=\sin\frac{n\pi}{l}x$	
一次，$n=1$　$\omega_1=\pi^2\sqrt{\frac{EI}{ml^4}}$	$Y_1(x)=\sin\frac{\pi}{l}x$ 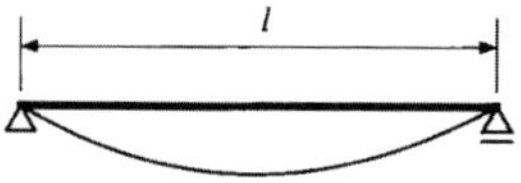	l
二次，$n=2$　$\omega_2=4\pi^2\sqrt{\frac{EI}{ml^4}}$	$Y_2(x)=\sin\frac{2\pi}{l}x$ 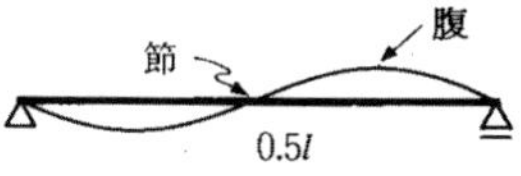	節　腹　$0.5l$
三次，$n=3$　$\omega_3=9\pi^2\sqrt{\frac{EI}{ml^4}}$	$Y_3(x)=\sin\frac{3\pi}{l}x$ 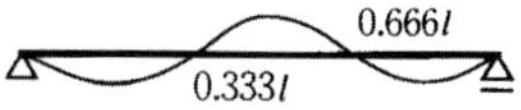	$0.666l$　$0.333l$

図 13.4　単純梁の固有円振動数と振動モード

ない．なぜなら，節の数がモードごとに増えるので，節の間の距離が減少して梁が波打つような形になるからである．したがって，モード数が増加するにつれて，梁要素の回転の運動エネルギーが無視できなくなる．また，梁の断面が大きくなった場合には，回転運動やせん断変形も無視できなくなる．これらの影響を考慮した場合は，チモシェンコ梁(Timoshenko beam)といわれる．

13.3　梁の衝撃解析

最近，土木工学の分野でも落石防護工における衝撃力（impact force）を求める問題，橋脚，欄干，ガードフェンスなどへの自動車の衝突問題，海洋構造物への船舶の衝突問題，原子力施設・電力施設の事故時に発生する内外飛来物体に対する耐衝撃性の問題など，衝撃力に対する安全性の検討が行われるようになってきた．このような現状を考慮して本節では衝撃問題の一例として剛体による梁への衝突問題を取り上げ，エネルギー法（近似解法）による衝撃解析（impact analysis）について説明した．

図 13.5 に示すような，長さ l の単純梁の中央に重さ W の物体が落下したときに梁に生ずるたわみの問題を考える．この場合落下物体は剛体と考え，落下物体の重量に比べて梁の重量は無視できるものとする．

δ を衝撃による梁の最大たわみとし，図 13.5 に示すように衝撃時のたわみ曲線を，静荷重によるたわみ曲線と同形にたわむと仮定すると，任意点と衝撃点のたわみ y，δ は次式のようになる．

$$y=\frac{P}{48EI}\left(3l^2-4x^2\right)x \qquad \left(0\leqq x\leqq\frac{l}{2}\right)$$

$$\delta=\frac{Pl^3}{48EI}$$

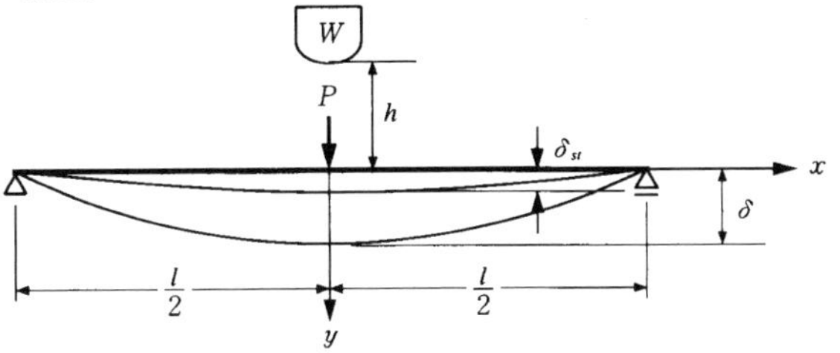

図 13.5

したがって，梁に蓄えられるひずみエネルギー U_i は，外力 P による仕事量に等しいから，U_i は次式のようになる．

$$U_i = \frac{P\delta}{2} = \frac{24EI}{l^3}\delta^2$$

重量 W の物体が高さ h から落下するときの外力のなす仕事量（物体の位置エネルギー）U_e は

$$U_e = W(h+\delta)$$

となる．$U_i = U_e$ より

$$W\left(h+\delta\right) = \frac{24EI}{l^3}\delta^2$$

上式を δ について解くと次式が得られる．

$$\delta = \delta_{st} + \sqrt{\delta_{st}^{\ 2} + 2\delta_{st}h}$$

あるいは

$$\delta = \delta_{st} + \sqrt{\delta_{st}^{\ 2} + \frac{\delta_{st}v^2}{g}} \tag{13.37}$$

ただし，$\delta_{st} = Wl^3/48EI$ は荷重 W が作用するときの最大静たわみを，また $v = \sqrt{2gh}$，g は重力加速度を表わす．

$h \to 0$ の場合でも力を瞬間的に作用させれば

$$\delta = \delta_{st} + \sqrt{\delta_{st}^2 + 2\delta_{st}h} \to \delta_{st} + \delta_{st} = 2\delta_{st} \tag{13.38}$$

となり，衝撃たわみは静的な場合の 2 倍に近づく．

以上述べた解法では梁の質量を無視し，衝突前に物体がもっていた運動エネルギーが，衝突後は完全に梁のひずみエネルギーに変わるものとした．実際には運動エネルギーの一部が衝撃の間に失われるから，上に行った方法は，動たわみや動応力の上限値を与える．さらに厳密な解を得るためには，梁の質量の影響も考慮しなければならない．この場合，重さ W，速度 v_0 の剛体が，重さ W_1 の静止した梁に中心線上で弾性衝突するものとすれば，衝突後の共通速度 v は，次式から求められる．

$$\frac{W}{g}v_0 = \frac{W + W_1}{g}v$$

上式より

$$v = v_0 \frac{W}{W + W_1} \tag{13.39}$$

ここで注意すべきことは，衝突の瞬間に剛体 W の速度 v と梁の速度が同じになるのは，接触点においてのみであるということである．梁の他の点は v とは異なる速度をもち，支点では速度は 0 である．ゆえに速度 v を計算するためには，式(13.39)において W_1/g は梁の実際の質量ではなく等価質量（equivalent mass）を用いなければならない．この等価質量の大きさ W_2/g は次のように求められる．

$$W_2 = \sum\left(\Delta W \frac{y^2}{\delta^2}\right) = 2\int_0^{\frac{l}{2}} \frac{W_1}{l} \frac{\left(3l^2 - 4x^2\right)^2 x^2}{l^6} dx$$
$$= \frac{17}{35} W_1$$

ここで，ΔW は梁の微小長さの重さを表わす．
したがって，共通速度 v は次式のようになる．

$$v = v_0 \frac{W}{W + \frac{17}{35} W_1}$$

また，系の運動エネルギーも次式のようになる．

$$\frac{\left(W + \frac{17}{35} W_1\right) v^2}{2g} = \frac{W v_0^2}{2g} \frac{1}{1 + \frac{17}{35} \frac{W_1}{W}}$$

梁の質量の影響を考慮に入れるためには，前式（13.37）の（$Wv_0{}^2/2g$）$= Wh$ の代わりにこの量を用いなければならない．このとき動たわみ δ_d は

$$\delta_d = \delta_{st} + \sqrt{\delta_{st}{}^2 + 2h\delta_{st} \frac{1}{1 + \frac{17}{35} \frac{W_1}{W}}} \tag{13.40}$$

となる．衝撃点における構造物の変位が力に比例するような衝撃の場合には，いつもこれと同じ方法が用いられる．

片持梁の自由端に重錘 W が落下する場合には，梁の等価質量は，(33/140)（W_1/g）となる．

■参考文献

1）溝辺　昇・宮本　裕：時刻歴地震応答解析法，技報堂出版，1985.

2）Paz,M.：Structural Dynamics, Theory and Computation, Van Nostrand Reinhold Company, 1980.

3）Meirovitch, L.：Elements of Vibration Analysis, McGraw-Hill Kogakusha, 1975.

思惟大橋（しいのおおはし）（岩手県田野畑村（たのはた））

鋼アーチ橋である．陸中海岸国立公園の名所北山崎のある田野畑村は，リアス式海岸の特徴をよく表わしていて，山と谷の多い村である．したがって，深い谷に大きな橋がたくさん架けられている．

有効数字について

（1）有効数字とは

設計，解析，実験などを行うとき，私たちは必ず数値を扱い，さらにそれらの値を用いて計算を行う場合がある．それらの値には，多くの場合，誤差が含まれていると考えられる．たとえば，設計では鉄筋の断面積や材料強度の誤差，解析では計算機を用いて計算することにより発生する誤差，実験では測定値の読取りによって生じる誤差などである．1つの数値には，それら誤差の影響を含まない桁と，それより下の桁に存在する誤差の影響を含む桁がある．数値は，ある桁に誤差が含まれているとするならば，その桁の数字の有効性はもちろんのこと，それより下の桁の数字の有効性も必然的になくなる．

以上のことから，誤差を含む桁を数多く表現することは無意味であり，一般に数値は誤差を含む桁のなかの最上位の桁で「四捨五入」し，表現するのが望ましいといえる．このような処理を，数の丸め（round off）という．数の丸めの方法は，上で述べた四捨五入が一般的であるが，設計計算などで数値が大きくなるほど危険側の設計が生じるような場合（たとえば耐力の算定）は，「切り捨て」を用いるときもぁる．

たとえば，12.18345という数値があり，小数第2位の“8”が誤差を含むならば，小数第3位以下の“345”も当然誤差を含んでおり，意味のない（有効でない）数字となる．このとき，12.18345をそのまま以後の計算などで用いる必要はなく，小数第2位の“8”を四捨五入し，12.2として扱えばよい．

このような数の丸めを行った後の数値のことを，有効数字（significant figures）という．そして一般に，有効数字であること，およびその桁数を明確に示すために“1.22×10^{1}”のように表わし，「有効数字は3桁」と表現する．同様に，有効数字0.001010は“1.010×10^{-3}”と表わし，「有効数字は4桁」となる．

(2) 有効数字の演算

加法，減法

ここでは，有効数字の加法および減法について，その計算結果の有効数字の求め方を解説する．

2つの有効数字“1.22×10^1”と“1.23×10^2”の和を考える．これを単に計算すると

$$12.2 + 123 = 135.2$$

しかし，123の一の位の“3”が数の丸めによる結果であることを考えると，135.2の小数第1位の“2”は意味をもたない数字となることは明らかである．

これより，135.2の“2”を四捨五入し，“1.35×10^2”を計算結果の有効数字として扱うのが妥当である．

次に，“1.23×10^2”と“1.22×10^1”の差を考える．これを単に計算すると

$$123 - 12.2 = 110.8$$

しかしこの結果は，和のときと同様に小数第1位の“8”は意味をもたない数字であり，四捨五入し“1.11×10^2”を計算結果の有効数字として扱うのが妥当である．

以上のことから，加法および減法より導かれる計算結果の有効数字は，末位の桁が高いほうの数字のその末位までとなる．

乗法，除法

ここでは，有効数字の乗法および除法について，その計算結果の有効数字の求め方を解説する．

2つの有効数字“5.248×10^2”と“2.3×10^1”の積を考える．これを単に計算すると

$$524.8 \times 23 = 12\,070.4$$

しかし，この計算結果12 070.4には誤差が含まれており，加法，減法のときと同様に有効数字を得るために数の丸めが必要となる．

524.8と23は，それぞれ数の丸めによって得られた有効数字であるので，それぞれの真の値をA，Bとすると，A，Bは以下の範囲に存在すると考えられる．

$$524.8 - 0.05 \leqq A < 524.8 + 0.05$$

$$23 - 0.5 \leqq B < 23 + 0.5$$

求めたい計算結果は，真の値 A と B の積である．$A \times B$ の値は

$$(524.8 - 0.05) \times (23 - 0.5) \leqq A \times B < (524.8 + 0.05) \times (23 + 0.5)$$

$$524.8 \times 23 - 263.525 \leqq A \times B < 524.8 \times 23 + 263.575$$

これより，“$524.8 \times 23 = 12\,070.4$” の百の位に誤差が含まれており，この桁で四捨五入し，有効数字 “1.2×10^4” とするのが妥当であることがわかる．

以上のことから，乗法より導かれる計算結果の有効数字の桁数は，桁数の少ない方の数字の桁数となる．

次に，商を考える．上記の 2 つの数字を用いて単に計算すると

$$524.8 \div 23 = 22.81739\cdots\cdots$$

しかし，この計算結果 22.81739……には誤差が含まれており，数の丸めが必要となる．

求めたい計算結果，$A \div B$ の値は

$$\frac{524.8 - 0.05}{23 + 0.5} \leqq A \div B < \frac{524.8 + 0.05}{23 - 0.5}$$

$$\frac{524.8}{23} \times \left\{ \frac{1 - (0.05/524.8)}{1 + (0.5/23)} \right\} \leqq A \div B < \frac{524.8}{23} \times \left\{ \frac{1 + (0.05/524.8)}{1 - (0.5/23)} \right\}$$

$$(524.8 \div 23) \times (1 - 0.021369\cdots\cdots) \leqq A \div B < (524.8 \div 23) \times (1 + 0.022319\cdots\cdots)$$

$$(22.81739\cdots\cdots) - (0.48760\cdots\cdots) \leqq A \div B < (22.81739\cdots\cdots) + (0.50927\cdots\cdots)$$

これより，“$524.8 \div 23 = 22.81739\cdots\cdots$” の小数第 1 位に誤差が含まれており，この桁で四捨五入し有効数字 “2.3×10^1” とするのが妥当であることがわかる．

以上のことから，除法より導かれる計算結果の有効数字の桁数は乗法同様，桁数の少ない方の数字の桁数となる．

(3) 情報落ちと桁落ち

計算機を用いて数値計算を行うとき，有効数字の桁数が，計算機の機能により定められた有限桁で行われることによる理由で定まる場合がある．たとえば，有効数字の桁数が 15 桁の数字であっても，計算機上ではその機能により，8 桁などとして扱われる．

このようなとき，以下に示すような情報落ち (loss of trailing digits) や桁落ち (cancellation of significant digits) といった現象が生じる．

たとえば，有効数字の桁数が無限である“$1.000\cdots\cdots \times 10^0$”と“$4.23 \times 10^{-10}$”のように，絶対値が大きく異なる2数の和を考える．理論上の和は

$$1 + 0.000000000423 = 1.000000000423$$

だが，計算機による計算で有効数字は8桁までとして扱われると

$$1 + 0.000000000423 = 1.0000000$$

となり，計算結果に“4.23×10^{-10}”の情報が入らない．また，減法によっても同様な現象が生じる．

このように，絶対値が大きく異なる2数の加法および減法によって，有効数字の下位の桁が失われる現象を情報落ちという．

一方，絶対値がほぼ等しい2数の加法または減法によって，下位の桁のみが計算結果として残る場合を考える．

例として，“$1.23456789012345 \times 10^0$”と“$1.23451234567890 \times 10^0$”の差を求める． 理論上は

$$1.23456789012345 - 1.23451234567890 = 0.00005554444455$$

となり，さらに計算機による計算で，たとえば有効数字は8桁までとして扱われると

$$1.2345679 - 1.2345123 = 0.0000556$$

両者とも有効数字の桁数が，計算に用いたもとの数字の桁数よりも減少し，特に計算機を用いた場合にその影響は大きくなる．

このように，絶対値がほぼ等しい2数の加法または減法によって，計算結果の有効数字の桁数が本来の桁数よりも減少する現象を桁落ちという．

情報落ちや桁落ちされた数値をそのまま用いてさらに演算を進めていくと，計算式は正しくても最終的な計算結果が理論値に対して大きな誤差を生じている可能性がある．計算機を用いた数値計算ではこの点に対する注意が必要であり，対応策としては，このような現象が起こりにくいように演算の順序を変えることなどが考えられる．

■参考文献

1)　林　正・浜田政則：新体系土木工学1，数値計算法，土木学会編，技報堂出版，1983.

索　引

タ行

構造工学（第４版）

定価はカバーに表示してあります．

1994年3月15日　1版1刷発行
1999年3月15日　2版1刷発行
2007年5月15日　3版1刷発行
2018年3月15日　4版1刷発行

ISBN 978-4-7655-1851-2 C3051

著　者　代表　宮　本　裕

発行者　長　滋　彦

発行所　技報堂出版株式会社

〒101-0051 東京都千代田区神田神保町1-2-5
電　話　営　業（03）（5217）0885
　　　　編　集（03）（5217）0881
　　　　ＦＡＸ（03）（5217）0886
振替口座　00140-4-10
http://gihodobooks.jp/

日本書籍出版協会会員
自然科学書協会会員
土木・建築書協会会員

Printed in Japan

印刷・製本　愛甲社